高等院校应用型人才培养实用教材

土壤学实训教程

主　编　严　云

副主编　陈太丽　沙建雄　王剑忠

西南交通大学出版社

·成　都·

图书在版编目（CIP）数据

土壤学实训教程 / 严云主编. -- 成都 : 西南交通大学出版社，2024. 8. -- ISBN 978-7-5643-9948-1

Ⅰ. S15

中国国家版本馆 CIP 数据核字第 20245RA318 号

Turangxue Shixun Jiaocheng

土壤学实训教程

主　编／严　云

策划编辑／李　伟
责任编辑／李　伟
封面设计／何东琳设计工作室

西南交通大学出版社出版发行
（四川省成都市金牛区二环路北一段 111 号西南交通大学创新大厦 21 楼　610031）
营销部电话：028-87600564　　028-87600533
网址：http://www.xnjdcbs.com
印刷：郫县犀浦印刷厂

成品尺寸　185 mm × 260 mm
印张　12　　字数　300 千
版次　2024 年 8 月第 1 版　　印次　2024 年 8 月第 1 次

书号　ISBN 978-7-5643-9948-1
定价　39.00 元

课件咨询电话：028-81435775
图书如有印装质量问题　本社负责退换

前　言

《土壤学实训教程》是针对农学、土地资源管理、环境科学与工程、应用化学等专业编写的一本实训教材。通过本书的学习可以让学生掌握土壤的分布及成因、土壤样品的采集、土壤理化性质的分析检测、土壤污染物的分析技术及土壤分类系统的识别等相关知识及其应用，为后续专业课的学习打下坚实的基础。本书按照西昌学院应用型人才培养模式要求，克服传统实验课程中单纯的验证性实验和低水平的重复实验的教学模式的弊端，体现“基础性、综合性、实践性、创新性”的特点，充分调动学生的学习热情，以培养动手能力强的创新型人才为目标。本书在编写过程中将土壤污染分析技术的新方法纳入其中，力求实训内容的实用性、先进性，同时在附录中收录了凉山州土壤分类系统，使本书成为一本地方特色鲜明的实用性教材。本书可以作为高等院校农科类、环境类、应用化学类实训教材，也可以作为科研机构研究人员和土壤学工作者的参考用书。

在本书编写过程中，编者查阅了大量的参考资料，并多次到凉山州各县调研当地的土壤，进行专题交流研讨。本书注重培养学生的职业能力和职业素质，内容侧重实用性、实践性，理论知识为实践服务。本书是在《土壤学实验》及《土地资源调查与评价》的基础上，结合应用型人才培养目标和当地土壤资源的特色，编写的一本实用性较强的实训教材，是应用型本科院校中土地资源管理、环境科学、农学、应用化学等专业的基础课教材。本书主要内容包括土壤的形成因素及分布规律、野外土壤样品的采集与制备、土壤质地分类及综合实训、土壤矿物质分析技术及综合实训、土壤物理性质分析技术及综合实训、土壤化学性质分析技术及综合实训、土壤养分分析技术及综合实训、土壤污染物分析技术及综合实训、土壤分类系统、凉山州土壤资源评价与开发利用等。通过实验及实训技能训练让学生掌握土壤学的技术方法，通过土壤污染物分析让学生树立生态文明思想，同时培养学生严谨的科学态度和实事求是的科学作风。

本书由严云担任主编，陈太丽、沙建雄、王剑忠担任副主编。其中，绪论、第5章、第6章、第7章、第8章、第10章及附录A、B由严云编写，第1章、第2章、第3章、第4章由陈太丽编写，第9章由沙建雄编写，附录C由王剑忠编写。

本书在编写过程中得到了西昌学院教务处、资源与环境学院、理学院及凉山州农业农村局等单位领导的大力支持，同时参考和引用了部分教材和文献资料，在此一并表示衷心感谢。

本书虽经编写人员多次讨论、修改，但由于编者水平有限，书中难免存在疏漏和不足之处，衷心希望各位读者给予批评指正。

编　者

2023年12月

目　录

0 绪 论

土壤是由岩石风化而成的矿物质、动植物和微生物残体腐解产生的有机质、土壤生物（固相物质）以及水分（液相物质）、空气（气相物质）、氧化的腐殖质等组成的。固相物质包括土壤矿物质、有机质和微生物通过光照抑菌灭菌后得到的养料等。液相物质主要指土壤水分。气相物质是存在于土壤孔隙中的空气。土壤中这三类物质构成了一个矛盾的统一体。它们互相联系，互相制约，为作物提供必需的生活条件，是土壤肥力的物质基础。土壤作为一个拥有广泛生物多样性的生态系统，与空气、水、生物体和岩石以及其他环境组分之间的交换作用日益凸显。土壤组成十分复杂，因此实际上，正是在不同的土壤系统内，人们才能发现如何保护有机物质，保护生态系统。在环保的角度上，土壤生物多样性必须得到足够的重视和保护，以避免环境的恶化和退化。

土壤矿物质是岩石经过风化作用形成的不同大小的矿物颗粒（砂粒、土粒和胶粒）。土壤矿物质种类很多，化学组成复杂，直接影响土壤的物理、化学性质，是作物养分的重要来源之一。由矿物质和腐殖质组成的固体土粒是土壤的主体，约占土壤体积的50%，固体颗粒间的孔隙由气体和水分占据。土壤气体中绝大部分是由大气层进入的氧气、氮气等，小部分为土壤内的生命活动产生的二氧化碳和水汽等。土壤中的水分主要由地表进入土中，其中包括许多溶解物质。另外，土壤中还有各种动物、植物和微生物。

0.1 土壤学实训的目的及要求

土壤是人类赖以生存和发展的重要物质基础,也是人类从事农业生产的基地和生产资料。土壤学实验教学有利于学生深化对理论知识的理解，掌握运用基本理论和原理分析解决实际问题的能力，同时对所学知识的认识由感性认识升华为理性认识，锻炼学生的动手能力、技术操作能力、观察能力、思维创新能力和团队合作能力，从而培养学生的综合素质。

0.1.1 土壤学实训的目的与意义

（1）通过实训课，让学生掌握土壤理化性质测试的基本操作技术、分析方法及原理，强化和巩固所学的理论知识。

（2）通过实训课，培养学生的操作能力、观察能力、分析能力、独立思考和解决问题的能力。

（3）通过实训课，培养学生实事求是的科学态度和严谨的思维方式，为今后的科研工作奠定基础。

0.1.2 土壤学实训的要求

（1）实训课开始前，学生必须认真预习实验指导，回顾已学过的相关理论知识，初步掌握实验目的、基本原理、主要仪器和试剂的使用、操作步骤及注意事项。

（2）进入实训室前应穿好实验服，不迟到，不早退，实验期间不得借故外出。如有特殊情况需要离开实训室，应征得指导老师同意。

（3）进入实训室后，要遵守实训室各项规章制度，对号入座，不得随意更换座位、嬉戏打闹，并应保持安静。实训开始前，要仔细检查仪器和试剂是否齐全，如有缺损，要及时报告实验指导老师，且不得随意乱拿仪器和试剂。实训期间不得进行任何与实训无关的活动。

（4）实验过程中，学生应细心准确地进行各项操作，要仔细观察各种现象，并做好记录；要保持实验操作台的清洁卫生，随时清除污物，不得放置与实验无关的物品；注意节约各种实验材料，共用仪器或试剂在使用完毕后应放回原处；注意实验小组内的团结、配合与分工协作，保证实验操作井然有序。

（5）实验结束后，学生应将实验仪器清洗干净，放到实验指导老师指定的位置。对于需要回收的废液，要根据要求转入废液收集瓶内，做好实训室的清洁卫生，经实验指导老师清点检查完毕后才能离开实训室。

（6）按照要求及时完成实验报告。实验报告要求书写认真、文字工整、数据真实且结果分析翔实；对数据处理结果及所观察到的现象的分析要有理有据，不得妄自非议；不得抄袭他人的实验报告。

0.1.3 土壤学实训的学习方法

要达到上述实训目的，学生必须拥有正确的学习态度和学习方法。土壤学实训的学习方法，大致可从预习、实训、实训报告三方面来掌握。

1. 预　习

实验前的预习，是保证做好实验的一个重要环节。在实验前必须对所要做的实验有尽可能全面和深入的认识。预习的内容包括以下几点：

（1）阅读实验教材和教科书中的有关内容。

（2）明确实验目的及实验原理。

（3）了解实验内容、实验步骤、主要试剂、操作过程和实验时应当注意的事项。

（4）认真思考实验前应准备的问题，并从理论上能加以解决。

（5）通过自己对实验的理解，在记录本上简要写好实验预习报告。

2. 实　训

学生应遵守实训室安全守则，接受老师指导，根据实验教材上所规定的方法、步骤和试剂用量进行操作，并应做到以下几点：

（1）认真操作，细心观察。对每一步操作的目的及作用，以及可能出现的问题进行认真探究，并把观察到的现象如实详细记录下来。如果发现观察到的实验现象和理论不一致，先要尊重实验事实，然后加以分析，认真检查原因，并细心地重做实验。必要时可做对照实验、空白实验或自行设计实验来核对，直到从中得出正确的结论。

（2）实训中遇到疑难问题和异常现象而自己难以解释时，可请实验指导老师解答。

（3）在实训过程中要勤于思考，注意培养自己严谨的科学态度和实事求是的科学作风，不弄虚作假，随意修改数据。若定量实验失败或产生的误差较大，应努力寻找原因，并经实验指导老师同意，重做实验。

（4）在实验过程中应保持严谨的态度，严格遵守实训室工作规则。实验后做好结束工作，包括清洗仪器、整理药品、清理实验台面、清扫实训室、检查电源开关、关好门窗等。

3. 实训报告

做完实验后，应解释实验现象并得出结论，或根据实验数据进行计算，完成实训报告并及时交指导老师审阅。

实训报告是将实验操作、实验现象及所得的各种数据综合归纳、分析提高的过程，是把直接的感性认识提高到理性认识的必要步骤，也是与他人交流及储存备查的手段。实训报告应该写得简明扼要、结论明确、字迹端正、整齐洁净。不同类型的实验有不同的格式。环境监测实训报告一般包括以下几个部分：

（1）实训名称、日期。若有的实训是几个人合作完成，应注明合作者。

（2）实训目的。

（3）实训原理。

（4）仪器和试剂。

（5）实验步骤。记录实训过程、实验现象和实验数据。

（6）数据的计算和处理。

（7）结果与讨论。对自己在本次实训中出现的问题进行认真讨论，从中得出有益的结论，指导自己今后更好地完成实验。

填写实训报告时应注意以下几点：

① 条理清楚。

② 详略得当，陈述清楚，又不烦琐。

③ 语言准确，除讨论栏外尽可能不使用“如果”“可能”等模棱两可的字词。

④ 数据完整，重要的操作步骤、现象和实验数据不能漏掉。

⑤ 讨论栏可写实验体会、成功经验、失败教训、改进设想等。

⑥ 数据真实，不能伪造实验现象和数据。

0.2 实训室安全及注意事项

0.2.1 遵守实训室规章制度

通过实验及实训，可以加深对基本理论的理解及操作技能的掌握程度，并养成严谨、认真和求实的科学态度，提高观察、分析和解决问题的能力。为了保证实验的顺利进行，应培养严谨的科学态度和良好的实验习惯。实验者进入实训室必须遵守以下规则：

（1）实验及实训前必须做好预习工作，明确实验的目的、原理、要求、步骤，特别是要了解每个实验环节（或步骤）的目的和注意事项，写好预习报告。

（2）实训室内应保持安静，严禁大声喧哗，不准到处乱跑和打闹，尤其不能拿着药品和玻璃仪器来回跑动。禁止在实训室内饮食、吸烟。

（3）上实验及实训课前必须穿实验服或长袖上衣及长裤，不得穿短裤、短裙、拖鞋。女同学的长发要从后面扎起。

（4）实验及实训过程中时刻注意实训室安全。严格遵守操作程序及注意事项，执行一切必要的安全措施，保证实验安全进行。熟悉安全设施及存放的位置，安全用具不得挪作他用。

（5）实验及实训中严格按照实验步骤操作，认真观察实验现象，如实记录。不得任意修改、伪造或抄袭他人的实验结果。

（6）在使用不熟悉性能的仪器和药品时，应查阅有关书籍或请教指导老师，不要随意进行实验，以免损坏仪器或发生意外事故。

（7）实验及实训时公用的仪器和试剂，用后应立刻归还原处，切不可随意乱放。

（8）实验及实训过程中始终保持实验台面、地面和公用实验台面的整洁。仪器应排列整齐，废纸屑应投入废纸箱内，废酸、碱应倒入指定的废液缸内，水槽内应始终保持干净。所用药品不得随意丢弃和散失。

（9）爱护仪器，节约药品，节约使用水、电、燃气。严防水银及毒物流失污染实训室，温度计破损及发生意外事故要及时报告，在老师指导下，采取应急措施，妥善处理。损坏仪器、设备应如实说明情况，按规定予以赔偿。

（10）实验完毕，整理好仪器和药品，清理实验环境，关好水、电、燃气开关。经检查合格，方可离开实训室。

（11）值日生要认真做好实训室内的卫生工作。

（12）实训室内的一切物品（仪器、药品）不得带离实训室。

0.2.2 实训室安全常识

在进行实验及实训时，经常用到腐蚀性、易燃性、易爆炸或有毒的化学试剂，大量使用易损的玻璃仪器和某些精密分析仪器，同时还会使用各种热电设备、高压或真空等器具以及热气、水电等。如果不按规则操作，就有可能造成中毒、火灾、爆炸、触电等事故。因此，为确保实验的正常进行和实验人员的安全，必须严格遵守实训室的安全规则。

（1）必须了解和熟悉实验环境，熟悉安全用具，如灭火器、灭火毯、沙桶及急救箱的放置地点、使用方法，并经常检查，妥善保管。

（2）绝对禁止在实训室内饮食、吸烟，一切化学药品禁止入口。养成实验完毕洗手后再离开实训室的习惯。

（3）水、电、燃气等使用完毕后，应立即关闭。离开实训室时，应仔细检查水、电、燃气、门、窗是否均已经关好。

（4）实训室内的药品严禁任意混合，以免发生意外事故。注意试剂、溶剂的瓶盖、瓶塞不能互相使用。

（5）使用电器设备时，应特别细心，切不可用湿润的手去开启电闸和电器开关。禁止使用有漏电嫌疑的仪器设备。

（6）任何试剂瓶和药品瓶要贴有标签，并注明药品名称、浓度、配置日期等。剧毒药品必须严格遵守保管和使用制度。倾倒试剂时，手掌要遮住标签，以保证标签的完整。试剂一经倒出，严禁倒回。

（7）禁止用手直接取用任何化学药品。使用毒物时，除用药匙、量器外，必须佩戴橡胶手套，原则上应避免药品与皮肤接触，实验后应马上清洗仪器，并立即用肥皂洗手。

（8）为了防止火灾的发生，应避免在实训室中使用明火。大量的易燃品（如溶剂）不要放在实验台附近。实验台上要整齐、洁净，不得摆放与本次实验无关的仪器和药品。

（9）不要一个人单独在实训室内工作，同事（或同学）在场可以保证紧急情况下互相救助。一般不应把实训室的门关上。

0.2.3 化学药品安全操作

1. 化学药品安全操作基本知识

（1）各种化学药品，使用前要熟悉它们的性质，掌握其使用方法和注意事项。对于易燃、易爆、易挥发、有毒、有害、有腐蚀性的药品，需在试剂瓶上标记备注，做到单独存放、专人管理。

（2）使用易燃物品时，要远离火源，用后及时放回安全地方保存。加热易燃物品（如油浴等）时，须严格控制温度，专人看管，不得远离实训室。

（3）易挥发的可燃物品，如酒精、丙酮、汽油等盛装容器要密封，远离火源，有条件的要放入通风的隔离室。

（4）蒸馏易燃物品（如回收酒精、丙酮、乙醚、醋酸乙酯等），首先将水放入冷凝器并确认水流固定时，再进行加热。操作时随时注意冷凝情况，并避免使用直接火和明火。为了安全，最好将接收器放在砂土内，有条件的实训室应把加热装置与回收装置分开放在两个实训室操作。

（5）如发生火灾，在灭火前应切断电源，并将附近易燃、易爆物品拿开。遇丙酮、酒精、松节油、汽油、乙醚等有机溶剂和金属钠着火时，应使用砂土或干粉灭火器灭火，切不可用水灭火。

（6）实验员身上着火时，不要乱跑，应立即躺倒在空旷的地面滚动，将火压灭或用湿布、灭火毯盖在着火处。

（7）用嗅觉鉴别物品时，不可用鼻子直接去闻。可将药品与面部保持一定距离，用手煽动药品挥发物，以此鉴别，防止中毒。

（8）转移或配制有灼烧、腐蚀性的药品时（如强酸、强碱、溴水和氢氟酸等），务必小心操作，防止溅失。若大量使用或长期操作此类药品，应戴橡胶手套及口罩，避免接触皮肤造成灼伤事故。

（9）使用剧毒药品（如氰化钾、三氧化二砷等），必须严格遵守保管使用规则，不能与一般药品混放或任意取用。用后立即放回严加保管，并经常注意检查。

（10）开启易挥发药品的瓶盖时（如乙醚、氨水、浓盐酸等），应在通风橱内操作，切不可将瓶口对准自己或他人。稀释硫酸时，必须小心地把浓硫酸沿容器壁缓缓加入水中，并不停地摇动或搅拌，使其混合均匀，切不可将水加入硫酸中，否则会引起猛烈溅失而造成灼伤和腐蚀。

2. 实训室药品取用规则

（1）取用药品要做到“三不原则”：

① 不能用手接触药品。

② 不要把鼻孔凑到容器口去闻药品的气味。

③ 不得品尝任何药品。

（2）节约药品原则：

应严格按照实验规定的用量取用药品。如果没有说明用量，一般应按最少量取用，液体取用 1 ~ 2 mL，固体只需盖满试管底部即可。

（3）药品处理“三不一要”原则：

① 实验剩余的药品不能放回原瓶。

② 实验剩余的药品不能随意丢弃。

③ 实验剩余的药品不能拿出实训室。

④ 实验剩余的药品要放入指定的容器内。

3. 药品的取用方法

（1）固体药品的取用方法。

① 固体粉末一般用药匙或纸槽取用。操作时做到“一倾、二送、三直立”，即先使试管倾斜，把药匙小心地送至试管底部，然后使试管直立。

② 块状药品一般用镊子夹取。操作时做到“一横、二放、三慢”，即先横放容器，把药品或金属颗粒放入容器口以后，再把容器慢慢竖立起来，使药品或金属颗粒缓缓地滑到容器的底部，以免打破容器。

③ 用过的药匙或镊子要立刻用干净的纸擦拭干净。

（2）液体药品的取用方法。

当取用较多液体时，可直接倾倒，但需注意以下 4 个方面：

① 细口瓶的瓶塞必须倒放在桌面上，防止药品腐蚀实验台或污染药品。

② 瓶口必须紧挨试管口，并且缓缓地倾倒，防止药液损失。

③ 细口瓶贴标签的一面必须朝向手心处，防止药液洒出腐蚀标签。

④ 倒完液体后，要立即盖紧瓶塞，并把瓶子放回原处，标签朝向外面，防止药品潮解或变质。

当取用少量液体时，须使用胶头滴管，并且注意以下 3 个方面：

① 应在容器的正上方垂直滴入；胶头滴管不要接触容器壁，防止污染试剂。

② 取液后的滴管，应保持橡胶帽在上，不要平放或倒置，防止液体倒流、污染试剂或腐蚀橡胶帽。

③ 用过的试管要立即用清水冲洗干净，但滴瓶上的滴管不能用水冲洗，也不能交叉使用。

当取用定量液体时，应使用量筒，操作时须注意以下两个方面：

① 当向量筒中倾倒液体接近所需刻度时，停止倾倒，余下部分用胶头滴管滴加药液至所需刻度线。

② 读数时量筒必须放平，视线要与量筒内液体的凹液面的最低处保持水平（仰视偏小，俯视偏大），再读出液体的体积。

4. 药品的存放

（1）白磷易燃，需存放在水中。

（2）浓硫酸具有吸水性，浓盐酸、浓硝酸具有挥发性，浓硝酸见光易分解。因此，浓硫酸、浓盐酸用磨口瓶盖严，浓硝酸用棕色磨口瓶密闭存放。

（3）硝酸银溶液见光易分解，因此应存放在棕色试剂瓶中。

（4）固体氢氧化钠、氢氧化钾具有吸水性，容易潮解。碱能与玻璃反应，使带有玻璃塞的瓶子难以打开。因此，固体氢氧化钠、氢氧化钾应密封于干燥的容器中，并用橡胶塞密封（不能用玻璃塞）。

（5）金属钾、钠、钙非常活泼，能与空气中的氧气发生反应。金属钠或钾等物质与水反应，会放出氢气而着火、燃烧或爆炸。因此，金属钾、钠、钙应存放在煤油中。要分解金属钠时，可把它放入乙醇中使之反应，但要注意防止产生的氢气着火。分解金属钾时，则在氮气保护下，按同样的操作进行处理。

5. 加热注意事项

（1）使用酒精灯时注意事项：

① 绝对禁止向燃着的酒精灯里添加酒精。

② 绝对禁止用燃烧的酒精灯引燃另一只酒精灯。

③ 用完酒精灯后，必须用灯帽盖灭，不可用嘴去吹。

④ 如果洒出的酒精在桌上燃烧起来，应立刻用湿抹布扑盖，不可用水灭火；着火面积大时，需用砂土或干粉灭火器灭火。

⑤ 酒精灯内酒精含量不能少于酒精灯容量的 1/4，也不能多于酒精灯容量的 2/3。

（2）试管加热时注意事项：

① 加热试管时先预热，使试管在火焰上移动，待试管均匀受热后，再将火焰固定在盛放药品的部位加热，防止试管炸裂。

② 加热时要用试管夹。夹持试管时，应将试管夹从试管底部往上套，夹持部位在距试管口近 1/3 处，握住试管夹的长柄，不要把拇指按在短柄上。

③ 加热固体时，试管口应略向下倾斜，防止冷凝水回流到热的试管底部导致试管炸裂。

④ 加热液体时，试管口要向上倾斜，与桌面成 45° 角；液体体积不能超过试管容积的 1/3，防止液体沸腾时溅出伤人。

⑤ 试管外壁不能有水，防止试管炸裂。

⑥ 试管底部不能和酒精灯的灯芯接触，防止试管炸裂。

⑦ 烧得很热的试管不能立即用冷水冲洗，防止试管炸裂。

⑧ 加热时试管不要对着有人的方向，防止液体沸腾时溅出伤人。

⑨ 加热完毕后要将试管夹从试管底部取出。

6. **玻璃器皿洗涤注意事项**

（1）仪器洗干净的标准：

洗过的玻璃仪器内壁附着的水既不聚成水滴，也不成股流下时，表示仪器已洗干净。

（2）新玻璃器皿的洗涤方法：

新购置的玻璃器皿含游离碱较多，应在酸溶液内先浸泡数小时。酸溶液一般采用浓度为2%的盐酸或洗涤液。浸泡后用自来水冲洗干净，再用水润洗，然后放在指定位置晾干或烘干备用。

（3）使用过的玻璃器皿的洗涤方法：

① 试管、培养皿、三角烧瓶、烧杯等可用瓶刷或海绵沾上肥皂、洗衣粉或去污粉等洗涤剂刷洗，然后用自来水充分冲洗干净。热的肥皂水去污能力更强，可有效洗去器皿上的油污。洗衣粉和去污粉因较难冲洗干净而常在器壁上附着一层微小粒子，故要用水多次充分冲洗，或用稀盐酸摇洗一次，再用水冲洗，然后倒置于铁丝框内或有空心格子的木架上，在室内晾干。急用时可盛于框内或搪瓷盘上，放到烘箱烘干。

② 装有固体培养基的器皿应先将固体刮去，然后洗涤。

③ 带菌的器皿在洗涤前应先浸在浓度为2%的煤酚皂溶液或浓度为0.25%的新洁尔消毒液内24 h或煮沸30 min，再用上述方法洗涤。

④ 玻璃吸管在使用后应立即投入盛有自来水的量筒或标本瓶内，以免干燥后难以冲洗干净。量筒或标本瓶底部应垫脱脂棉花，否则吸管投入时容易破损。待实验完毕，再集中冲洗。若吸管顶部塞有棉花，则冲洗前先将吸管尖端与装在水龙头上的橡皮管连接，用水将棉花冲出，然后再装入吸管自动洗涤器内冲洗，没有吸管自动洗涤器的实训室可用冲出棉花的方法多冲洗片刻。必要时再用水淋洗。洗净后，放搪瓷盘中晾干，若要加速干燥，可放到烘箱内烘干。

⑤ 吸管的内壁如果有油垢，应先在洗涤液内浸泡数小时，然后再进行冲洗。

⑥ 用试管刷刷洗时，须转动或上下移动试管刷，但用力不能过猛，以防损坏试管。

0.2.4 事故发生时的急救处理

1. **中毒的预防及处理**

（1）实验中产生有毒、恶臭、有刺激性的气体时，应在通风橱内进行操作。

（2）用鼻子鉴别试剂气味时，应将试剂远离鼻子，用手轻轻扇动，稍闻其味即可，严禁用鼻子直接对着瓶口或试管口嗅闻气味。

（3）使用有毒试剂（如氟化物、氰化物、铅盐、钡盐、六价铬盐、汞的化合物和砷的化合物等）时，严防进入口内或接触伤口；剩余药品或废液不得倒入下水道或废液桶内，应倒入回收瓶中集中处理。

当发生急性中毒时，紧急处理十分重要。若在实验中出现咽喉灼痛、嘴唇脱色或发绀、胃部痉挛或恶心呕吐、心悸、头晕等症状时，则可能是中毒所致，应立即急救中毒者。如果是吸入煤气或硫化氢气体，应将中毒者移到新鲜空气环境中；如果是吸入刺激性或有毒气体如溴蒸气、氯气、氯化氢，可吸入少量酒精和乙醚的混合蒸气解毒；因口服引起中毒时，可饮温热的食盐水（1杯水中放3～4小勺食盐），并触及咽喉部（把手指放在嘴中），使其呕吐。

当中毒者失去知觉，或因溶剂、酸、碱溶液引起中毒时，不要使其呕吐。误食碱者，先饮大量水再喝些牛奶。误食酸者，先喝水，再服用 $Mg(OH)_2$ 乳剂，并喝些牛奶，不要用催吐剂，也不要服用碳酸盐或碳酸氢盐。重金属盐中毒者，喝一杯含有几克 $MgSO_4$ 的水溶液，不得用催吐剂，并立即就医。如果中毒是由于吞入不明化学试剂，最有效的办法是借呕吐以排除胃中的毒物，同时应将中毒者送往医务部门，救护越及时，中毒影响越小。

2. 燃烧、爆炸的预防及处理

（1）应将挥发性的药品、试剂存放于通风良好处；易燃药品（如酒精、苯、丙酮、乙醚等）应远离火源或热源。防止易燃有机物的蒸气外逸，切勿将易燃有机溶剂倒入废液缸，更不能用开口容器（如烧杯）盛放有机溶剂，不可用火直接加热装有易燃有机溶剂的烧瓶。回流或蒸馏液体时应放沸石，以防止液体过热暴沸，引起火灾。

（2）启开易挥发的试剂瓶时（尤其在夏季），不可将瓶口对着自己或他人的脸部，因为在启开时极易有大量气液冲出，如不小心，会引起严重伤害事故。

（3）加热易挥发或易燃烧的有机溶剂时，应在水浴锅或密封的电热板上缓慢地进行。严禁用明火直接加热。在蒸馏可燃性物质时，应首先将水充入冷凝器内，并确认水流已通过时，再进行加热。

（4）身上或手上沾有易燃物时，应立即清洗干净，不得靠近灯火。沾有氧化剂溶液的衣服，稍微遇热就会着火而引发火灾，应注意及时予以清除。

（5）一些有机化合物如过氧化物、干燥的重氮盐、硝酸酯、多硝基化合物等，均具有爆炸性，必须严格按照操作规程进行实验，以防爆炸。

（6）当实训室不慎起火时，一定不要惊慌失措，而应根据不同的着火情况，采取不同的灭火措施。由于物质燃烧需要空气和一定的温度，所以灭火的原则是降温或将燃烧的物质与空气隔绝。

化学实验室常用的灭火措施如下：

① 小火用湿布、石棉布覆盖燃烧物即可灭火，大火可用泡沫灭火器灭火。对于活泼金属 Na、K、Mg、Al 等引起的着火，应用干燥的细沙覆盖灭火。有机溶剂着火，切勿用水灭火，而应用二氧化碳灭火器、沙子和干粉等灭火。电器设备着火时，先切断电源，再用四氯化碳灭火器灭火，也可用干粉灭火器灭火。

② 当衣服上着火时，切勿慌张跑动，应赶快脱下衣服或用石棉布、灭火毯覆盖着火处，或在地上卧倒打滚，起到灭火的作用。

③ 在加热时着火，立即停止加热，关闭燃气总阀，切断电源，把一切易燃易爆物移至远处。

④ 遇到火灾应及时报火警。

3. 腐蚀的预防及处理

使用具有强腐蚀性的浓酸、浓碱、溴洗液时，应避免接触皮肤和溅在衣服上，更要注重保护眼睛，需要时应配备防护眼镜。

一切固体不溶物、浓酸和浓碱废液，严禁直接倒入水槽中，以防堵塞和侵蚀下水道。残余毒物应采取妥善处理，切勿任意丢弃或倒在水槽中。

身体的一部分被腐蚀时，应立即用大量的水冲洗。被碱腐蚀时，用浓度为 1% 的醋酸水溶液洗。被酸腐蚀时，用浓度为 1% 的碳酸氢钠水溶液洗。应及时脱下被化学药品污染的衣服。

4. 烧伤的预防及处理

（1）加热、浓缩液体的操作要十分小心，不能俯视正在加热的液体，以免溅出的液体将眼、脸灼伤。取下正在沸腾的水或溶液时，必须先用烧杯夹子摇动后才能取下使用，以防使用时突然沸腾溅出伤人。

（2）稀释硫酸时必须在烧杯等耐热容器内进行，而且必须在玻璃棒不断搅拌下，仔细缓慢地将浓硫酸加入水中，绝对不能将水加注到浓硫酸中去；应在耐热容器内溶解氢氧化钠、氢氧化钾等溶解时易发热的物质。

（3）进行灼烧、蒸发等工作时，不能擅自离开实训室。烘箱不能作蒸发之用。能产生腐蚀性气体的物质或易燃烧的物质均不得放入烘箱内。

（4）如系化学烧伤，必须立刻用大量水充分冲洗患处。如系有机化合物灼伤，用乙醇擦去有机物是特别有效的。溴的灼伤要用乙醇擦至患处不再有黄色时为止，然后再涂上甘油以保持皮肤滋润。若为酸灼伤，先用大量水冲洗，以免深部受伤，再用稀 $NaHCO_3$ 溶液或稀氨水浸洗，最后用水洗。若为碱灼伤，先用大量水冲洗，再用浓度为 1% 的硼酸或浓度为 2% 的醋酸溶液浸洗，最后用水洗。如果着火，立即离开着火处。若是烧瓶上的小火，通常只需用一块石棉网或玻璃盖住烧瓶即可迅速将其熄灭。

（5）如果被火烧伤，立即用冷水冷却。轻度的火烧伤，用冰水冲洗是极有效的急救方法。如皮肤并未破裂，可涂擦治疗烧伤用的药物，使患处及早恢复。当大面积的皮肤表面受到伤害时，可用湿毛巾冷却，然后用洁净纱布覆盖烧伤处以防止感染，随后立即送医院处理。

5. 烫伤的预防及处理

（1）灼热的仪器不可直接与冷物体接触，以免破裂；不可和人体直接接触，以免烫伤；不可立即放入橱内或桌上，以免引起燃烧和灼焦的危险，最好放在隔热材料上，自然冷却。

（2）通常玻璃瓶（如容量仪器）均不可任意加热，也不可用于溶解或进行其他反应，以免过热破裂或使量度不准确。密闭的玻璃仪器，不可任意加热，以免引起爆裂伤人。

（3）被火焰、蒸汽、红热的玻璃或铁器等烫伤时，应立即将伤处用大量水冲淋或浸泡，以迅速降温避免深度烧伤。若起水疱，不宜挑破。对轻微烫伤，可在伤处涂烫伤油膏或万花油。严重烫伤者，应送医院治疗。

6. 割伤的预防及处理

在插入或拔出玻璃管、温度计或漏斗等的瓶塞时，要涂上水或凡士林等润滑剂，并用布垫手，以防玻璃管破碎时割伤手部。把玻璃管插入塞子内时，必须握住塞子的侧面，不要把塞子放在手掌上。

小规模割伤（经常是不正确地处理玻璃管、玻璃棒引起的）应先将伤口处的玻璃碎片取出，用水洗净伤口，挤出一点血后，再消毒、包扎；也可在洗净的伤口贴上“创可贴”，可立即止血，且易愈合。

若严重割伤，出血多时，必须立即用手指压住或把相应动脉扎住，使血不流出，包上压定布（不能用脱脂棉）。若压定布被血浸透，不要换掉，要再盖上一块施压，立即送医院治疗。

0.3　创新实验设计

0.3.1　创新实验原则

创新实验是高等院校学生在实验、实训、实践教学环节中的最高阶段，具有一定的难度和挑战性。教学实践证明，创新实验也是师生教学相长、师生最感兴趣的创造性教学活动，因此它的积极作用是不可估量的。

创新实验要求实验的内容、方法、步骤、结果没有确定性，是学生利用已经掌握的理论知识，为解决现实或科学研究中的某一个问题而设计的实验。

创新实验的基本原则有以下几点：

（1）针对现实中需要解决某些环境问题，或科学研究中的课题提出实验题目。

（2）实验的内容、方法、步骤要有一定的创新性，技术路线要合理先进，采用的研究方法要有一定的前沿性。

（3）利用已具备的实验条件，或经过努力可以实现的条件，提倡自己动手组装、研制、开发实验设备，使整个研究实验活动都在创新中完成。

（4）对实验目的的可达性进行充分论证，对各种风险要进行充分预测。

（5）对实验是否一定成功不应作为实验选择的首要条件，更重要的是实验的创新性，对学生创新能力的发掘与提高是创新实验的主要目的。

0.3.2　创新实验设计方法

创新实验的成功与否，是否能够达到锻炼学生的目的，关键是实验题目的选择与实验方案的设计。

（1）在老师的启发下，激发学生的创新意识，调动学生参加创新实验的积极性。

（2）学生通过查阅资料、社会调查，进行头脑激发，针对现实中的环境问题与科研中的环境问题，提出若干个实验题目。

（3）根据学生的知识储备、学历层次与能力、实验条件与试剂等，对备选题目的可达性进行风险评估，并且通过努力扩大机遇、降低风险。

（4）选定题目，确定实验方法与技术路线，制订实验计划，明确小组人员分工。

（5）实施实验方案，定期对实验情况与进度进行评估，并调整实验进度与计划。

（6）定期整理分析实验数据。实验数据的可靠性和定期整理分析是实验工作的重要环节。实验者必须经常用已掌握的基本概念分析实验数据，通过数据分析加深对基本概念的理解。

（7）检查并发现实验设备、操作运行、测试方法和实验方向等方面的问题，以便及时解决，使实验工作能较顺利地进行。

（8）终期评估，对实验计划执行情况、存在的问题、取得的成果进行认真总结，写出实验报告。创新实验设计实施流程见图 0-1。

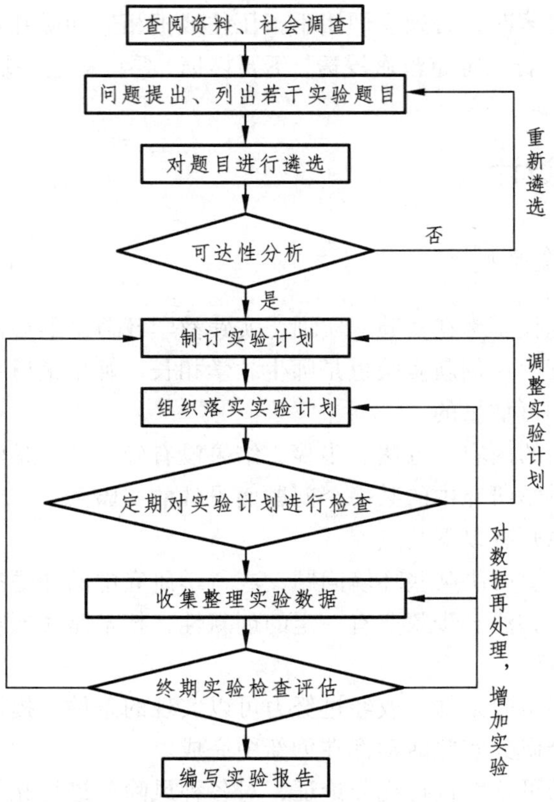

图 0-1　创新实验设计实施流程

在实验设计和实验的全过程中，老师应以一个参与者或顾问的身份出现，而不应该以老师的身份出现，应着力调动学生的积极性，提高学生的动手能力，激发学生的潜能；老师只对学生的方案以及实验的实施进行提示与启发，不应对学生的超常想象、思路和方法等进行限制，同时只对一些较明显的错误给予指正，保证学生是在一个自由想象的空间内构想与实验，激发他们的成就感和自我实现意识。

0.3.3　创新实验组织

一个创新实验不是一次实验课能够完成的，短的要几周，长的要几个月才能够完成，因此，有效的实验组织是保证实验按计划进行并且取得理想实验结果的重要保证。一般实验要以小组进行，每小组 3 ~ 5 人；对于综合性创新实验，可以由更多学生组成小组进行。

实验小组要有明确的分工与合作。

组长：负责实验的全部工作，对实验计划的制订、组织落实、实施进度进行控制，协调成员间工作，解决遇到的困难等。

副组长：应协助组长做好组织工作，并完成自己分担的工作。

成员：要有明确的分工，对自己承担的工作负责，同时按实验计划协助其他同学工作。

实验过程中要经常邀请老师参与活动，汇报实验进度与实验数据，特别是调整实验计划时要及时与老师沟通。

0.3.4 创新实验报告

创新实验报告一般包括以下内容：

（1）对实验进行综述，对实验装置和过程进行描述。

（2）对实验数据进行处理、分析与讨论。

（3）通过实验掌握了哪些新的知识，是否解决了提出研究的问题，是否证明了文献中的某些论点。

（4）实验结论对环境的管理、规划、评价与政策的建议与观点；工艺实验结果是否可以用于改进已有的工艺设备和操作运行条件，或设计新的处理设备。

（5）如果实验没有达到理想的结果，认真分析实验数据，查找实验日志，分析原因，给出结论或提出新的实验方案。

1 土壤的形成因素及分布规律

土壤是成土母质、气候、生物、地形和时间综合作用的产物，是经由岩石风化过程和生物因素主导作用下的成土过程所形成的。也就是说，土壤的发生和发展受到成土环境及其发展变化的影响。因此，土壤形成因素的野外观察是土壤调查的中心工作之一。通过野外实地观察成土条件、土壤剖面特征，揭示区域土壤发生发育及其空间分布规律，是土壤学教学内容的有机组成部分。通过对土壤形成因素的实地观察，一方面，可以应用和验证课堂教学所学的理论与知识，加深学生对土壤与其形成环境条件之间关系的认识，增强对土壤形成过程的具象认知，提升理论联系实际的能力，并巩固课堂知识，初步掌握野外工作的基本方法；另一方面，通过野外实地调查可以了解区域土壤资源现状，明确土壤类型，摸清土壤生产性能以及存在的问题，厘清制约农业生产的环境限制因素。

1.1 土壤的形成因素

1.1.1 母岩类型

土壤的形成包括母岩经过风化作用形成母质和母质经过土壤形成过程形成土壤两个过程。因此，对母岩类型的判断识别是十分必要的。

山地丘陵区常见下伏或出露母岩，可从中判断母岩类型。无明显母岩出露情况时，可通过查阅相关地区资料进行了解。

1.1.2 母质类型

土壤母质是形成土壤的物质基础。一方面，母质是土壤的“骨架”，是矿质营养元素的最初来源；另一方面，母质的矿质元素含量、性质、结构和功能对土壤的物质组成、物理化学性质影响深远，同时影响着土壤的发育方向和形成速率。例如，花岗岩类母质含石英多，形成的土壤质地粗，通透疏松而渗水；同时，花岗岩母质中的铝硅酸盐（长石、云母）所含盐基离子（Na^+、K^+、Mg^{2+}、Ca^{2+}）较少，在强淋溶条件下，极易淋失，使土壤呈酸性反应。花岗岩类母质矿物组成多样，受温度影响而物理风化强烈，风化壳和形成的土层都较厚。

母质按其形成原因常分为残积母质、运积母质和其他类型三大类。残积母质是指岩石风化后，基本上未经动力搬运而残留在原地的风化物。运积母质是指在水、风和地心引力等作用下迁移到其他地方的母质。其他类型是除残积母质、运积母质以外的母质。以上几大类母质类型包含的基本母岩类型如下：

（1）原位风化类型：残积物、坡积物、残坡积物。

（2）水运积物类型：坡积物、洪积物、冲积物、河流沉积物、湖沉积物、海岸沉积物。

（3）风运积物类型：风积沙、原生黄土、黄土状物质（次生黄土）。

（4）其他类型：崩积物、冰川沉积物、火成碎屑沉积物、有机沉积物、（古）红黏土等。

1.1.3 气候因素

气候因素中的水热状况直接参与母质风化和物质淋溶过程，通过影响土壤中的物质迁移转化及土壤生物的生理活动过程，很大程度上控制着植物和微生物的生长，影响土壤有机质的积累、分解，影响营养物质的生物学循环速度与范围。例如，冷性土壤中的物质转化和生物活动过程缓慢，从而限制了土壤中 N、P、S、K、Ca 等养分元素的生物利用有效性。在气候寒冷的北方，岩石风化弱，造成岩石裸露，土层薄；降水少，淋溶差，土壤偏碱性；生物小循环微弱，有利于有机质积累，土壤颜色黑。

1.1.4 地形因素

地形是影响区域性景观差异、水热条件再分配的主要因素，进而制约土壤的形成过程。地形具体可分为大地形、中地形和小地形三个级别，地形中地形部位、坡向、坡度与坡形不同，接受的光照、热量也不同，从而影响土体内物质和能量的迁移转化，引起土壤类型的变化。因此，在野外调查中，除大、中、小地形外，辅助地形部位、坡向、坡度和坡形四个特征加以描述。

1. 大地形分类

大地形分为山地、丘陵、平原、高原、盆地。

2. 中地形分类

中地形分为极高山、高山、中山、低山、高丘、低丘、冲积平原、海积平原、湖积平原、山麓平原、洪积平原、风积平原、沙地、三角洲、河滩/潮滩。其中，低丘、高丘、低山、中山、高山和极高山的分类描述见表 1-1。

表 1-1 部分中地形分类描述

名称	描述
低丘	相对高差 < 200 m
高丘	相对高差为 200 ~ 500 m
低山	绝对高差为 500 ~ 1 000 m
中山	绝对高差为 1 000 ~ 3 500 m
高山	绝对高差为 3 500 ~ 5 000 m
极高山	绝对高程 > 5 000 m

3. 小地形分类

小地形分为泛滥平原、坡、洪积扇、潟湖、冲积扇、山脊、河道、沙丘、河堤、河间地、珊瑚礁、沟谷地、火山口、谷底、洼地、纵向沙丘、阶地、沙丘间洼地、盘状凹地、滩脊。

4. 地形部位

丘陵山地起伏地形与平原或平坦地形的地形部位分类名称如表 1-2 所示。

表 1-2　地形部位名称

地　形	地形部位名称
丘陵山地起伏地形	顶部
	坡上
	坡中
	坡下
	坡麓（底部）
平原或平坦地形	高阶地（洪积-冲积平原）
	低阶地（河流冲积平原）
	河漫滩
	底部（排水线）

5. 坡　度

坡度是指样点所处地形部位的整体坡度。如样点处于坡麓部位，则测量整个坡麓坡度，不是上、中、下坡的平均坡度，也不是样点局部的坡度。不同坡度划分如表 1-3 所示。

表 1-3　坡度分级

坡度/(°)	名　称
≤2	平地
2～6	微坡
6～15	缓坡
15～25	中缓坡
＞25	极陡坡

6. 坡　形

根据第三次全国土壤普查土壤外业调查与采样技术规范，坡形的变化，被描述为在垂向上的拱起、凹陷和平直，构成 3 种主要的坡形——凸坡、凹坡和直坡。

7. 坡　向

坡向是指样点所处的从坡顶到坡麓一个整坡的朝向，用 GPS（全球定位系统）或者手机 App 确定坡向。不同坡向对应的具体角度范围如表 1-4 所示。

表 1-4 坡向分类

角度范围/(°)	坡 向
68 ~ 113	东
113 ~ 158	东南
158 ~ 203	南
203 ~ 248	西南
248 ~ 293	西
293 ~ 338	西北
338 ~ 360（0）~ 23	北
23 ~ 68	东北

1.1.5 生物因素

生物因素是影响土壤发生、发展最活跃的因素。生物的选择性吸收，使营养元素在土壤中相对集中，所以生物是土壤形成的主导因素。在野外调查时，以植被为代表进行观察记录。

1.1.6 时间因素

土壤作为历史自然体，随着时间的推移而不断发展。一般来说，土壤的发育随着时间的延长，分化越明显，土壤个体发育越显著。土壤的发育速度受土壤形成条件控制，在干冷气候条件下土壤发育速度慢，在温暖湿润的气候条件下土壤发育速度快。在野外实地调查时，时间因素的呈现并不直观。因此，关于土壤发育时间不作为野外调查的重点内容。

1.1.7 人为因素

人类活动作为一个成土因素，对土壤的影响是多方面的。人为因素强烈地影响着土壤的形成和演化。一方面，人类在农业生产活动中，根据了解的土壤发生发展规律，有意识地、有目的地采取各种改造措施，使土壤向利于农业生产需要的方向发展，推动耕地质量建设，为粮食增产、农业增效、农民增收做贡献；另一方面，对于土壤的破坏问题，人们也已经开始警醒，并积极采取措施，希望可以控制和治理土壤退化、侵蚀和污染等。

1.2 凉山州土壤分布及形成特点

地层是不同地质年代的岩层组合，岩石是土壤母质的物质基础。攀西地区地层最老为太古代列古六组，最新为第四系，多数地区除缺失石炭系外，其余地层均有出露，素有地质“博物馆”之称。其中以三叠系、白垩系、休罗系地层出露广泛。因此，玄武岩、变质岩、花岗岩、砂页岩、紫色砂页岩、灰岩分布广，面积大。其余有洪冲积物，对攀西地区土壤属性、土壤发育影响深远。

1.2.1 土壤类型分布概况

根据全国土壤普查办公室 1995 年编制并出版的《1∶100 万中华人民共和国土壤图》，采用传统的“土壤发生分类”系统，攀西地区共分布有包括淋溶土、半淋溶土、初育土、半水成土、水成土、人为土、高山土以及铁铝土八大土纲，棕色针叶林土、黄棕壤、黄褐土、棕壤、暗棕壤、燥红土、褐土、新积土、石灰（岩）土、紫色土、石质土、粗骨土、山地草甸土、潮土、沼泽土、泥炭土、水稻土、草毡土、黑毡土、寒钙土、寒冻土、赤红壤、红壤、黄壤等在内的 24 种土类。其中，分布面积占总面积 10% 以上的主要土类由大到小依次为红壤（20.61%）、黄棕壤（16.55%）、紫色土（14.62%）、棕壤（14.56%）、暗棕壤（12.44%）。

1.2.2 母质类型

土壤母质是形成土壤的物质基础，同时也是划分土属的依据之一。凉山州内土壤母质包括三大类，七种基本类型：

1. 冲（洪）积母质

冲（洪）积母质系多元型母质，颜色、质地等都随物质源及沉积情况而异，多为二元结构，上面是沙、沙质黏土，下面是砾石层，厚薄粗细变化很大。

2. 紫色砂岩、泥岩、页岩残坡积物

攀西地区白垩系、侏罗系、紫色砂页岩，出露广泛，分布集中，紫色岩的岩性条件复杂，风化后的母质性质差异大。

3. 第四纪红色黏土母质

第四纪红色黏土母质集中分布于湖盆底部、盆地边缘、坝子谷坡等局部地区，形成现代红壤及红底棕壤，所形成的土壤土层深厚，颜色深红，质地偏黏，土体多见红、黄、白相间的网纹层，偏酸，土体多铁子、铁盘、铁管，地力较低。

4. 黄色砂岩、泥、页岩残坡积物

黄色砂岩、泥、页岩地层出露较少，但分布集中，以白果湾群的砂页岩占优势，如甘洛、越西、喜德、会理、昭觉、盐源等县分布较多。此外，第三系沉积了较厚的昔格达组的粉砂岩，以西昌、德昌、喜德、盐源、会理等市县分布较集中，白果湾、昔格达群地层，多夹有炭质页岩和煤层，局部地区形成泥炭土。

5. 石灰岩残坡积物

石灰岩、大理石、白云质灰岩出露多，分布广。母岩风化以溶解作用为主，风化产物质地较黏，残坡积物与基岩之间，没有过渡的半风化层，因而多数土层浅薄，夹石多，分布较零星。在气候干燥、降雨量少的地带，多发育为红色石灰土，具有黏重、土薄、多石、富钙的特性；在温度较大地区，发育为黄色石灰土；在海拔较高的地带，发育为棕色石灰土。

6. 玄武岩残坡积物

玄武岩出露多，分布广，集中成片；红壤地带发育为火石子红泥土；土质黏重，夹石量大，含铁多，颜色深红。

7. 变质岩残坡积物

主要分布在木里、盐源、冕宁、德昌等地的雅砻江流域，母岩为浅变质的千枚岩、板岩，质地较软，易成片脱落，风化快，所发育的土壤较黏重，土体含片状砾石多，为重砾石土；所发育的土壤复杂，既有地带性红壤，也有岩成土壤，土壤属性差异很大。

1.2.3 土壤形成的特点

由于成土条件复杂，土壤在形成过程中具有以下特点：

1. 成土母质向富铝化方向发展

海拔 2 200 m 以下的山地、丘陵、河谷地区，在高温多雨的条件下，岩石、矿物快速分解，土体中的硅酸盐类矿物强烈分解，硅和盐基遭到淋失，而铁、铝、锰、钛等氧化物的流动性弱，以凝胶的状态在原地积聚，使风化壳的上部形成富含铁、铝氢氧化物的红色层。因此，攀西地区南北部都分布有铁质、铁铝质、硅铁质和酸性硅铝质风化壳，由于脱硅富铝化作用，形成各种类型的红壤。

2. 淋溶与淀积作用频繁

高温多雨的气候条件大大促进了原生矿物的分解。山地、丘陵排水良好，地下水位深，地质淋溶过程占优势，钙和盐基类物质随水流失，除含钙母质风化形成的土壤外，其他母质形成的土壤，多呈酸性至微酸性反应。在气候干燥的雅砻江、金沙江河谷，盐基类物质随水上升至土表集积，土壤多呈中性至微碱性反应。在土壤剖面中，常见有锈纹、锈斑、铁锰结核、铁盘等。

3. 山地土壤粗骨性强

攀西地区夏秋季节多暴雨、绵雨，地形山高坡陡，河谷深切，植被破坏，陡坡开垦种植，山区轮歇地多，以致旱坡地和各类岩石的风化体冲刷、崩塌、堆积频繁，水土流失严重，土壤物质的更新、堆积和覆盖频繁，土壤发育过程常被打乱，土薄石头多，山地土壤粗骨性强，具有幼年性的特点。

1.2.4 主要土类分布特点

1. 红　壤

红壤是攀西地区的重要土地资源，是发展农业、畜牧业的重要生产基地，广泛分布在年降水量大于 800 mm、年均温 15 °C 以上、冬干夏湿的地区，遍布全区各县市。从地形部位看，一般多分布在海拔 2 200 m 以下的浅山、丘陵、盆地及二半山区、安宁河、金沙江、雅砻江河谷、台地和坝地边沿缓坡。

红壤具有水平和垂直分布的特点，从南到北，依次分布有褐红壤、红壤、黄红壤、棕红壤；从东到西依次出现黄壤、黄红壤、红壤、棕红壤；垂直分布规律为褐红壤或红壤（＜360～1 700 m），红壤、黄红壤（＜1 700～2 200 m），棕红壤（＜2 200～2 600 m）。

2. 黄棕壤

黄棕壤是在温暖湿润条件下形成的，年均温 10～13 °C，≥10° 的积温在 3 000 °C 以上，年降水量为 1 000～1 300 mm，植被为云南松，混生常绿阔叶林与落叶阔叶林，土壤具有脱钙、黏化及弱富铝化特征。黄棕壤是该区山地基带土壤向上演替的第一个垂直地带性土类，多与棕红壤呈复区分布，由于气候条件的差异，分布的海拔高度不同。

3. 紫色土

紫色土多分布在浅山、丘陵的旱坡地。紫色岩石风化快，富含沙粒、粉沙粒，紫色土的土层薄、有机质含量低，水土流失现象严重，从丘陵顶部到丘脚，土层分布上粗而薄、下细而厚的规律十分明显。

4. 棕　壤

棕壤是暖温带气候条件下，形成的山地垂直地带性土壤类型，主要分布在海拔 2 700～3 300 m 的中山山体。植被多为阔叶林、针阔混交林。

5. 暗棕壤

暗棕壤分布区的气候更加冷湿，年均温 5 °C 左右，年降水量为 800～1 100 mm，夏季潮湿，土壤长期滞水，加之处于阴坡，日照、热量条件不足，冬春有冻土现象；主要分布在海拔 3 300～3 600 m 的中山山体，多分布在阴坡、沟谷、低凹之地。植被主要是温带落叶阔叶林、针阔混交林。

1.2.5　自然条件与成土因素

1. 区域性气候特点

凉山州地处横断山脉中段东缘，地理景观独特，全州地势西北高而东南低，山高坡陡，河谷幽深，相对高差多在 2 000 m 以上，层峦叠嶂，山石嶙峋，构成一派壮丽的自然景观。境内的安宁河谷和散落于群山中的山间盆地，土壤肥沃，人烟稠密，是全州最发达的农业区。复杂多样的地貌及凉山所处的地理位置，在东风环流的影响下，形成全州独具特色的气候特点：

1）干湿分明的季风气候

冬季凉山州天气晴朗，日照充足，雨量甚少，有较强的寒潮冷空气南侵时，才偶有雨雪降温，冬季降雨量约为全年降雨量的 10%，具有冬季温暖、干燥的气候特色。全区夏季受暖湿海洋季风气候影响，降水十分集中，5 至 10 月的降水量几乎占全年的 90%，雨日占全年的 80% 以上，而且地形降水明显，导致太阳辐射收支大大减少，除河谷地以外，多数地区夏温不高，灾害频繁。由于上述原因，凉山气候旱、雨季节十分明显，冬季连晴少雨，气候干暖多风，夏季正好相反，多云雨，少日照，加之海拔高，风速较大，地面水分蒸发耗热较多，因而气温相对偏低，气候相比我国同纬度的湘、赣等地区要凉爽得多，形成了冬暖夏凉、四季不分明的气候特点。干湿分明的气候条件，导致成土母质的物理风化、化学风化均很强烈，有利于土壤的脱硅富铝化过程，从而形成黏重、板结、偏酸的基带红壤。

2）气候垂直、水平差异明显

凉山州气候在全国气候区划中，属于中亚热带季风气候区，境内气候复杂多样，以大小相岭、黄茅埂为界，东北部温凉湿润，西南部炎热干燥，具有南干北湿、西燥东润和低热高凉的特点，垂直差异和水平差异均明显。例如，南部、东南部，金沙江干热河谷，素有“火焰山”之称，热量条件可满足麦—稻—稻，一年三熟，亦是发展香蕉、杧果、番木瓜等热带水果的适宜地区，而北部、东部地区，气候湿润温凉，一年一熟。从垂直差异来看，低热河谷骄阳似火，长夏无冬，而贡嘎山系的夏俄多季峰，终年白雪皑皑，可谓“一山分四季，十里不同天”。这些导致了州内土壤垂直分布和水平分布差异明显，形成了北酸、南碱、高酸、低碱的土壤属性。

3）气温日较差大，年较差小

凉山州气温日较差大，安宁河中上游河谷、雅砻江河谷（包括盐源等地）、会理、会东南部地区，年平均气温日较差都在 12 °C 以上，甚至可达 14 °C，其余地区年平均气温日较差一般都在 10 °C 以上。凉山州气温年较差为 12 ~ 18 °C，其中东北部 18 °C 左右，西南部为 14 °C 以下，盐源、木里年较差最小为 13 °C，接近我国雷州半岛情况，比东三省年较差达 35 ~ 40 °C，长江流域 24 ~ 25 °C，西北地区 30 ~ 40 °C，四川盆地 20 °C 左右要小得多，从而有利于增加作物的光合强度和干物质的积累，也有利于土壤养分的释放、转化，以及与植物生理的协调。

2. 地貌特点

地貌是内外营力综合作用的结果。凉山州处于青藏高原、云贵高原向四川盆地过渡的地带，其地貌发育过程受三者综合影响。因而兼有三者的特点，既有山地的性质，山顶（山脊）上又发育有原（剥夷面），形成独具特色的山地山原地貌。概言之，全州地貌有以下特征：

1）西北高，东南低

全州地势西北高，东南低，由西北向东南倾斜。凉山州西北部与青藏高原接壤，除河谷盆地外，山地和山原面的平均海拔高度在 3 000 m 以上，多数山峰海拔超过 4 000 m，木里县西部与稻城交界的地区，山峰海拔高度在 5 000 m 以上，如杂郎山海拔 5 328 m，下尼山海拔 5 055 m，著名的贡嘎山的夏俄多季峰海拔 5 958 m，为全州的最高点。西北部夷平面分布的海拔高度以 4 000 ~ 4 200 m 和 3 500 ~ 3 600 m 为主，如太阳山、锦屏山山脊上大面积分布着两级夷平面。

凉山州东南部与云贵高原相连，金沙江自西而东折向北流经全州南部和东部边界，使全州地势由西北向东南显著降低。金沙江河谷海拔 300 ~ 1 000 m，受地势影响，区内河流多数自北而南或西北向东南流，如雅砻江、安宁河。

2）山高谷深，相对高低悬殊

州内断裂构造发育，河流切割强烈，形成了山高谷深，相对高低悬殊的地貌景观。全州除安宁河外，其他几条主要河流，尤其是西部的河流，从谷底至两侧山顶相对高差一般都在1 000 ~ 2 000 m，如全州最高点夏俄多季峰与最低点金沙江河谷大岩洞相对高差达 5 633 m。由此可见，区内相对高度变化剧烈，谷坡陡峭，两侧山峰高耸，组成特殊的封闭性高山深谷地貌。河谷深切，地形封闭，一方面使河谷底部受热增温的热量不易散发，气温高，蒸发旺盛；另一方面，由于两侧山地的屏障作用，暖湿气流不易进入，即使少量能翻山而过，在下沉过程中也会不断增温而产生焚风效应，气流越发干燥，难以成云致雨，而蒸发消耗却很大，使水分严重入不敷出。因而河谷变得干热，称沙干热河谷，促使土壤的复盐基化作用强烈，粗有机质积累多，形成独具特色的燥红土。

3）地貌类型齐全，山多平地少

州内地貌类型多样，平原、丘陵、山地、山原等地貌齐全，以山地为主。据统计，山地占总面积的 70%，山原次之，丘陵、冲积平原及宽谷、盆地约占 10%。

山地多为 1 500 m 以上的高中山和中山，相对高差常达 1 000 m，山势高峻，顶峰较平缓，山体的组合形态因岩石软硬不同而有差异。硬质岩构成山脊，软质岩构成斜坡，山地中有不少超过 4 000 m 的山峰。其中，木里有二十余座，盐源有五座以上，此外还有小相岭（4 500.8 m）、螺髻山（4 358 m）等主峰在 4 000 m 以上，均呈南北走向，岭谷相间，山高谷深。

3. 植被特点

生物因素在土壤形成过程中起主导作用，参与土壤形成过程中物质、能量的转化，使土壤具有特殊的生理化学属性，因此，不同的植被结构有不同的土壤类型。

州内山峦重叠，河谷纵横，气温南高北低，湿度东大西小，黄茅埂纵隔着湿性的小凉山与偏干性大凉山，加上第四纪冰川未完全覆盖整个地域，这里成了古代孑遗植物的“避难所”和“走廊”，生物种类多，门类齐全，分布复杂，既有水平分布的差异性，又有垂直分布的分异性，从而导致了州内土壤类型的多样化与典型化。

4. 水文特征

州内水资源主要补给方式为降雨，地下水状况受地质构造、岩性、岩相地貌等因素综合控制，以地质构造为主导因素。州内地质构造复杂，地下水的补给、径流、贮存、排泄等类型多样，地层断裂多，节理裂隙发育，潜水四溢，在缺水地区，提供了优越的灌溉条件，改变了干旱面貌，从而影响了土壤的利用与发育。宁南后山银厂沟地下水溢出带，灌溉了宁南披砂坝子，使大片旱地变成了稻田，成为粮、桑、蔗高产区。但也在局部地区因受潜水影响，导致了土壤的潜育化，形成冷湿低产田土。

凉山州地质地貌独特，加上气候温和，雨量丰富，所以河流纵横，山地水系发达，除安宁河谷外，多数为山地河流，流域面积 100 km^2 以上的大小河流共 160 多条，其中流域面积在 1 000 km^2 以上的主要河流有 13 条。安宁河是凉山州最大的河流之一，属雅砻江支流，发源于冕宁县菩萨岗，全长 326 km。其中流经州境内 222 km，横贯冕宁、西昌和德昌三个市县，共有大小支流 18 条，形成较多的串珠状的冲积平原，是凉山州水稻土潮土面积最大和农业生产最发达的地区。

5. 人为因素

土壤是历史的自然容体，有它自身的发生、发展和发育规律，但一经垦殖，成为耕作土壤，就受人为耕作、灌溉、施肥等利用方式的影响，其发展方向以及特征、特性将发生改变。这种改变的速度很快，往往自然土要经历漫长地质时期才能形成的土壤属性，只经过短期耕作就能办到，充分体现了人们改造自然、改造土壤惊人的能动作用。这种改变有两个方向：一是前进的，肥力不断提高；二是退化的，肥力不断减退。我们要掌握肥力发展变化的主动权，不断改良培肥土壤，使地力永续，地力常新。

建州以来，凉山州一方面加快了垦殖步伐，扩大了耕地面积，同时，兴修水利，大搞农田基本建设，种植绿肥，合理施肥，改造了冬炕田，并改革耕作制度，从而改良培肥了土壤，有力促进了农业生产的发展。但推广良种、增施化肥、扩大耕地等措施，都是以土壤改良为基础而实现的。人为因素在改良土壤及其属性等方面有以下作用：

（1）开发垦殖、合理利用，加快了土壤自然肥力向经济肥力的转化。

自然土一经开发，科学种植，肥力有显著提高，容重下降，孔隙度增多，通透性变好，水、肥、气、热协调，土壤耕性改善，速效养分显著增加，宜种性加大，宜肥性变宽，土壤商品率、生产率显著增加。这些对促进凉山州粮食生产起到了积极作用。紫色土、红壤、黄棕壤一经垦植，合理栽培，土壤经济肥力迅速提高，但土壤有机质消耗过快，除部分消耗转变为速效养分外，大部分随水土流失，因此，应实行等高种植，增施有机肥，改良培肥土壤。

（2）人为作用使瘠瘦母质加快转化为具有生产力的土壤。

凉山州发育于第四系红色黏土母质、第四系古红土母质、第三系昔格达母质，以及白垩系、侏罗系紫色砂页岩的红壤，紫色土面积大，分布广，土质较瘦，具有黏、酸、瘦、板、缺磷的通病，经人为施肥、灌溉、炕土、烧火土，土壤速效养分显著提高，土壤理化特性改善，并成为具有较高生产力的土壤。

（3）水利和土壤改良，改变了土壤的发育方向。

随着水利条件的改善，旱作土经水耕熟化成为水稻土，州内改田的面积不断扩大，这不仅调整了作物内部结构，而且减缓了坡度，增厚了土层，减少了水土流失，改善了土壤属性，加快了土壤的发育方向。

（4）增施肥料，促进了土壤养分动态平衡。

对土壤增施有机肥，化学氮、磷、钾肥后，不仅直接补充了作物所需的营养元素，增加了土壤有机质，提高了土壤对作物营养的供应量，增加了作物的收获量，并有更多的桩茬、根系遗留给土地，从而改良了土质，改善了土壤结构。

1.3 凉山州土壤分布规律

1.3.1 土类、亚类的分布规律

凉山州内土壤，由于受生物气候及地形条件的影响，土类、亚类在分布上表现出明显的水平地带、垂直地带及相性的规律性。

土壤水平地带的形成，主要受不同经纬度的水热条件及生物因素的影响，加之州内地形南低北高，东西高，中间低，因而自南向北依次分布有燥红土、红壤、黄红壤、棕红壤，由

东至西又依次分布着黄壤、黄红壤、红壤、棕红壤。前者是土壤的水平地带分布规律，后者是土壤的相性规律。

土壤的垂直分布规律：州内山脉连绵，河流深切，山高谷深，随着山体的增高，湿度加大，气候、植被类型的变化，土壤类型也不同，具有明显的垂直分布的特点。海拔 360 ~ 1 300 m 为干热河谷，植被为南亚热带稀树灌丛草被，土壤多为燥红土、红壤、石灰岩土、水稻土、新积土等；1 300 ~ 2 200 m 由于地理位置、地形变化大，情况复杂，南部、中部 1 300 ~ 1 700 m 的丘陵河谷、浅山地区，为中亚热带稀树灌丛草被，分布有山原红壤、紫色土、新积土、潮土、水稻土等。1 700 ~ 2 200 m 的中山沟谷，为北亚热带云南松林、针阔混交林，分布有红壤、褐土、新积土、水稻土等。在黄茅埂以东，1 300 ~ 1 600 m 为亚热带常绿阔叶林，分布有黄壤、黄红壤、新积土、水稻土、石灰岩土等；海拔 2 200 ~ 2 600 m 的中山地带为暖温、中温带常绿阔叶林、针阔混交林，分布有棕红壤、黄棕壤、褐土、黄褐土、水稻土、棕壤、石灰岩土等；2 600 ~ 3 300 m 的中、高山地带为落叶阔叶林、针叶林、暗针叶林，分布有棕壤、暗棕壤、棕色针叶林土、山地草甸土等；3 300 ~ 5 500 m 为亚寒带灌丛草甸，分布有亚高山、高山草甸土；5 500 ~ 5 959 m 分布有高山寒漠土。

土壤分布的地域性差异，还表现在随着海拔的抬升，往往出现水平与垂直地形交互的层状地段。从南到北，土壤又可分为中、高山峡谷层，丘陵河谷平坝层，中山山地层，高山山地层。海拔 360 ~ 1 300 m 称中、高山峡谷层，因在峡谷地段，海拔最高可达 3 800 m，相对高差大，地势陡峻，阶地狭窄，古风化壳保存少，土壤多为燥红土、红壤、石灰岩土；1 300 ~ 2 200 m 为丘陵河谷平坝层，由于河谷宽散，耕地集中，分布有红壤、黄壤、紫色土、新积土、潮土、水稻土等；2 200 ~ 3 300 m 为中山山地层，分布有紫色土、棕红壤、黄棕壤、褐土、黄褐土、石灰岩土、棕壤、山地草甸土等；3 300 ~ 5 950 m 为高山山地层，分布有暗棕壤、棕色针叶林土、亚高山草甸土、高山草甸土、高山寒漠土等。

土壤的垂直分布规律，即垂直地带（谱）性，还表现在不同的水平地带内，土壤类型的垂直组合有所不同。

（1）南部南亚热带金沙江干热河谷：以鲁南山为例，土壤垂直带谱为燥红土（海拔 800 ~ 1 300 m）—红壤（海拔 1 300 ~ 2 600 m）—棕红壤或黄棕壤（海拔 2 600 ~ 3 200）—棕壤或亚高山草甸土（海拔 3 200 ~ 3 800 m）。

（2）中部中亚热带河谷：以西昌牦牛山为例，土壤垂直带谱为红壤（黄红壤）（海拔 1 600 ~ 2 400 m）—黄棕壤（海拔 2 400 ~ 2 700 m）—棕壤（海拔 2 700 ~ 3 300 m）—亚高山草甸土（海拔 3 300 ~ 4 100 m）。

（3）北亚热带山地、河谷：以冕宁阳糯雪山为例，土壤垂直带谱如图 1-1 所示。

（4）西部高山峡谷：

① 以木里卡拉烧香梁子为例，土壤垂直带谱为红壤、褐土（海拔 1 800 ~ 2 200 m）—棕红壤（海拔 2 200 ~ 2 700 m）—棕壤（海拔 2 700 ~ 3 100 m）—暗棕壤（海拔 3 100 ~ 3 700 m）—棕色针叶林土（海拔 3 700 ~ 4 100 m）—亚高山草甸土（海拔 4 100 ~ 4 217 m）。

② 以冕宁雅砻江峡谷锦屏山为例，土壤的垂直带谱为阳坡：红壤（海拔 2 000 ~ 2 600 m）—棕红壤（海拔 2 600 ~ 3 100 m）—棕壤（海拔 3 100 ~ 3 600 m）—暗棕壤、棕色针叶林土（海拔 3 600 ~ 3 800 m）—棕色针叶林土、亚高山草甸土（海拔 3 800 ~ 4 193 m）。

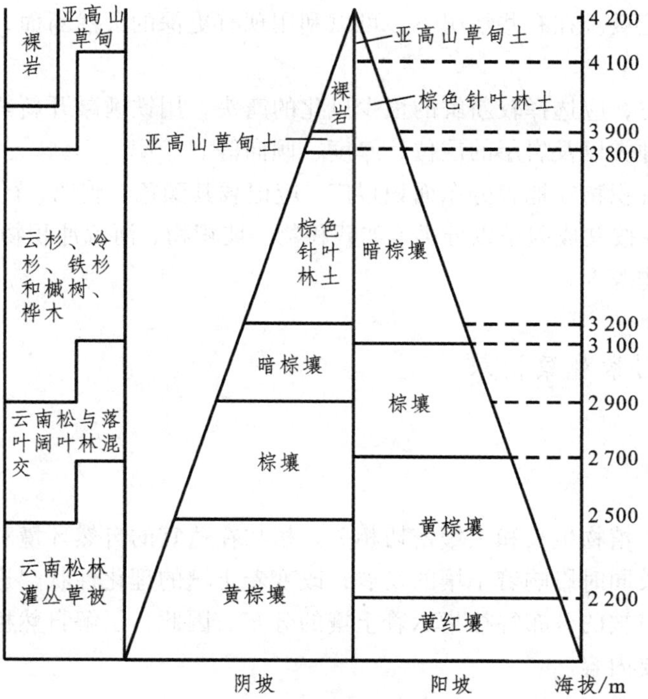

图 1-1　土壤垂直带谱图

阴坡：红壤（海拔 1 330 ~ 2 400 m）—黄棕壤（海拔 2 400 ~ 2 900 m）—棕壤（海拔 2 900 ~ 3 400 m）—暗棕壤、棕色针叶林土（海拔 3 400 ~ 3 600 m）—亚高山草甸土（海拔 3 600 ~ 4 193 m）。

③ 东部黄茅埂高山深谷：以雷波抓抓岩—黄茅埂的捎瑙门车合为例，土壤垂直带谱为红壤、黄壤（海拔 450 ~ 1 600 m）—黄棕壤（海拔 1 600 ~ 2 200 m）—棕壤（海拔 2 200 ~ 2 700 m）—暗棕壤（海拔 2 700 ~ 2 900 m）—亚高山草甸土（海拔 2 900 ~ 3 961 m）。

由于受坡向、侵蚀、气候等因素的影响，各类土壤的垂直分布，不完全都在上述线内，常有抬升或下降的现象。如偏南或偏西地区的红壤上限抬升，偏北或偏东地区的红壤上限下降，沟谷湿润地带，各类垂直地带性土类的界限下移，凸坡、干被、干燥地段，各类垂直地带性土类的界限抬升。特别是交界处的土壤，多呈犬牙交错的复区分布，缺失一种或两种地带性土类的情况常有发生，如在南部、中部的土壤垂直带谱中，常缺失暗棕壤和棕色针叶林土，有的县缺失棕壤。

1.4　土壤形成因素观察实训

1.4.1　成土母质观察记录

野外工作中，需要详细记录成土母质性状并判断其原因。有母岩露出的地区，需要进一步判断母岩类型。

观察母质是和观察土壤相结合的，主要剖面需挖到母质层的深度。母质的性状作为剖面的一部分予以描述记载。在有些情况下，可以利用现有更深的天然断面，更详细地了解深层的母质情况。

碰到坚硬岩石时，应选择较新鲜的很少风化的露头，用铁锤敲开新鲜断面，在断口上进行观察，记载岩石种类以及岩层的层位、厚度、倾向等。

松散的第四纪沉积物在地表分布面积很广，应记载其颜色、质地、石灰反应、成层情况、岩石矿物成分等，并按其成因予以分类（如残积物、坡积物、河流冲积物、洪积物、风积物、湖积物、滨海沉积物等）。

1.4.2 植被因素观察记录

1. 自然植被

1）目的与意义

自然地理环境中植物生长和土壤密切相关。植物在适宜的自然环境和土壤条件下生长，反过来，植被的生长同时影响着土壤的发展，改变着土壤的理化性状，进而影响地面植被的分布和生长。自然植被的分布往往指示着土壤的分布。因此，了解自然植被的情况，是野外土壤调查工作的重要内容。

2）观察内容

自然植被观察记录内容主要包括以下几个方面：

（1）植被类型。

植被类型包括针叶林、针阔混交林、阔叶林、灌丛、荒漠、草原、草丛、草甸、沼泽、高山植被等。

（2）种群多度。

选取适宜大小的样方，统计样方内的某一物种的数量，采用 Drude 分级法（见表 1-5）进行记录。

表 1-5 Drude 分级描述

分　级	描　述
极多	植株密集，植物数量极多，个体数占 90% 以上
很多	个体数占 70%～90%
多	个体数占 50%～70%
较多	个体数占 30%～50%
零散分布	个体数占 10%～30%
极少	个体数占 10% 以下
单株	只有单个植株

（3）植物优势种。

调查周边植物群落优势种，如马尾松、蒿草等，野外可以利用相关植物识别 App 协助辨识。

（4）植被覆盖度。

乔灌草植被（包括叶、茎、枝）在地面的垂直投影面积占统计区总面积的百分比称为植被覆盖度，用“%”表示，以5%为等级间隔，用目估法估算即可。需要时可对乔木、灌木、草本的植被覆盖度分别进行估算，有时需要对优势种或主要种类植被进行植被覆盖度估算。

（5）高度和胸径。

测量优势种或主要种类植物的株高、胸径、密度等。

（6）根系。

测量各种植物根系在土壤剖面中的深度、粗细和疏密情况，并记录。

2. 栽培植物

（1）调查记录不同土壤上栽培作物的种类、品种、密度、长势（包括株型、分蘖和分枝数目、叶色、高度、发育及缺素现象）、根系发育分布情况、结实状况和产量等。对于一些不良环境土壤（如盐渍环境土壤状况等），尤其注重对作物生长的影响及特殊表现。这些资料都是土壤适宜性评价的重要参考资料。

（2）调查记录不同土壤类型上的作物布局与品种搭配方式，并进行优缺点分析，为因地制宜地利用土壤提供依据。

（3）调查描述农田杂草的组成种类和数量，为防治杂草和加强田间管理提供依据。

1.4.3　地形因素观察记录

地形是影响土壤形成的主要因素之一，同时也是影响土壤利用方式的自然条件之一。在野外土壤调查中，可以直观地对地形因素进行判断记录。从大地形来看，不同的地形类型，其土壤利用方式差异很大。山区是林业的主要生产基地，高原是畜牧业的生产基地，而丘陵和平原是农业的生产基地。从地形部位来看，坡度也会影响土壤的利用方向。例如山地丘陵区中，$>25°$ 的极陡坡地，可以实施退耕还林；$>6°$ 的缓坡地可以修筑梯田，以达到防止水土流失的目的。在农田基本建设中，也需要根据地形特点，布设排灌系统。

1.4.4　气候因素观察记录

气候环境因素的研究主要依靠气象站的记录资料。在进行野外调查前，通常需要提前搜集下列各项资料：

（1）温度：月均温、年均温、全年 >10 °C 积温，全年最高温、最低温等。

（2）降水：年均降水量、每月和全年的最高及最低降水量、降雨强度及持续时间、降雪和积雪日期、积雪厚度等。

（3）蒸发：年蒸发量、月平均蒸发量、最大蒸发量和最小蒸发量及其出现的时间。

（4）霜期：包括始霜期、终霜期及无霜期日数。

（5）湿度：包括每月空气的平均相对湿度。

（6）土壤冻结情况：包括开始冻结和融化的日期、冻土厚度。

（7）风向与风速。

1.4.5　农业生产情况观察记录

自然土壤形成过程中，由于人为活动的影响，发展成为农业土壤。因此，农业措施也成为影响土壤形成的重要因素。诸如平整土地、修筑梯田、兴修水利、种植作物、秸秆还田等措施都会影响土壤原本的性状，尤其是土壤肥力。在对农业土壤的利用过程中，需要注意遵循因地制宜、因土制宜的原则。

一般而言，为了全面了解调查各种因素对土壤的影响，需要搜集多方面资料。第一是基本情况：包括行政区划、人口、劳力、经营管理水平、农业机械化水平、水利设施及农业投入、产出、收益等。第二是自然条件：包括调查区土地利用现状、各类用地面积及比例、土壤类型、特性及肥力状况、产量水平、高产田和低产田的面积和比例及其成因等方面。第三是调查当地的耕作制度：统计各种作物布局、比例、产量水平以及栽培、耕作、施肥、管理措施，分析调查区的用地养地是否平衡。第四是调查当地出现的各种自然灾害与农业生产问题。

除以上一般性调查描述外，土壤板结、稻田次生潜育化、土壤污染、作物品质下降、抗旱保墒能力、各种作物生理病害、土壤缺素状况、各类低产土壤成因与改良等专项内容也是重要的调查内容。

了解这些变化因素可通过对比荒地与邻近已垦土壤间的差异，分析不同农业措施对相同土壤的影响，把农业措施作为利用改良土壤的经验来总结。

黄联土林位于四川省西昌市南 30 km 的黄联关镇，土林发育于安宁河左岸的谷坡地带，分布面积约 1.3 km^2，海拔约 1 500 m，土林形态以林柱状为主，纤细、高大，如图 1-2 所示。

图 1-2　黄联土林实景图

通过观察、估算、测算等方式完成黄联土林形成因素观察报告。

【思考题】

（1）简述土壤形成的影响因素。

（2）试述野外土壤形成因素观察调查过程。

2　野外土壤样品的采集与制备

本章主要介绍野外土壤样品的采集方法、土壤样品的处理和保存方法、土壤样品的采集与处理综合实训。通过实训培养学生热爱大自然的情怀，树立生态文明思想的观念。

2.1　土壤样品的采集方法

为了深入了解土壤资源情况，常常需要对土壤性状进行具体分析，如土壤颗粒组成分析、土壤理化性质分析等。而土壤样品（简称土样）的采集与处理，是其中非常重要的一个环节。根据具体的研究目的和要求，制定相应的采样方案。由于土壤性质存在空间差异性，数据分析结果和结论都与采样方案息息相关。综合考虑人力、时间和成本，为使分析样品能反映一定范围内土壤的真实情况，必须正确采集与处理土样。一个理想的采样方案应包括合理的采样布点方法与适宜的采样密度。要求结果能达到所需要的精度，同时又尽可能降低采样成本，简化采样工作程序。

2.1.1　明确采样目的

土样的采集目的不同（如土壤容重、土壤重金属污染调查等），其要求也不尽相同（如采样时间、采样深度、采样方式等）。因此，明确采样目的是制定采样方案的第一步。

2.1.2　了解研究区概况

为了制定科学合理的采样方案，应尽可能了解研究区或采样区的情况（如地形地貌、土壤类型、水系河流、农业与工业生产情况、居民点与工矿分布情况等），并收集相关工作图（如行政区划图、地形图、土壤图等）。一般而言，研究目的不同，所需要收集的资料也有差异。在某些必要且有条件的情况下，尽量对研究区进行实地调研，掌握研究区的真实情况，以便制订详细合理的采样计划。

2.1.3　制定采样方案

采样方案通常包括：

1. 采样对象

例如，表层土壤、深层土壤、分层土壤。

2. 采样方式

例如，单点采样、混合采样。

3. 采样时间

土壤的某些性质可能由于季节不同而有变化，应根据不同的目的确定适宜的采样时间。一般来说，耕地土壤应在播种与施肥前或在作物收获后采集；果园土壤应在果品采摘后至施肥前采集；盐碱土调查采样应尽可能在旱季进行；水稻土应在落干晒田期间调查采样。对于长期定位监测试验，为了便于比较，每年的采样时间应相对固定。一般在秋季采样能更好地反映土壤对养分的需求程度，一年一熟的农田可在前茬作物收获后和后茬作物种植前采样，一年多熟农田可在一年作物收获后进行采样。

4. 样品数量

根据研究所需的精度要求，可由均方差和绝对偏差、变异系数和相对偏差等方法来计算基础样品数量的下限数值，实际工作中土壤布点数量还要根据调查目的、调查精度和调查区域环境状况等因素确定。

（1）由均方差和绝对偏差计算样品数：

$$N = t^2 s^2 / D^2$$

式中 N——样品数；

t——选定置信水平（土壤环境监测一般选定为 95%）一定自由度下的 t 值；

s^2——均方差，可由先前的其他研究或者由极差 R [$s^2 = (R/4)^2$] 估计；

D——可接受的绝对偏差。

【示例】

某地土壤多氯联苯（PCB）的浓度范围为 0 ~ 13 mg/kg，若 95% 置信度时平均值与真值的绝对偏差为 1.5 mg/kg，s 为 3.25 mg/kg，初选自由度为 10，则

$$N = (2.23)^2 \times (3.25)^2 / (1.5)^2 = 23$$

因为 23 比初选的 10 大得多，重新选择自由度查 t 值计算得

$$N = (2.069)^2 \times (3.25)^2 / (1.5)^2 = 20$$

20 个土壤样品数较大，原因是其土壤 PCB 含量分布不均匀（0 ~ 13 mg/kg），要降低采样的样品数，就得牺牲监测结果的置信度（如从 95% 降低到 90%），或放宽监测结果的置信距（如从 1.5 mg/kg 增加到 2.0 mg/kg）。

（2）由变异系数和相对偏差计算样品数：

$$N = t^2 C_v^2 / m^2$$

式中 N——样品数；

t——选定置信水平（土壤环境监测一般选定为 95%）一定自由度下的 t 值；

C_v——变异系数（%），可从先前的其他研究资料中估计；

m——可接受的相对偏差（%），土壤环境监测一般限定为 20% ~ 30%。

没有历史资料的地区、土壤变异程度不太大的地区，一般 C_v 可用 10% ~ 30% 粗略估计，有效磷和有效钾变异系数 C_v 可取 50%。

5. 样点分布

例如，简单随机、分块随机和系统随机等。

6. 每个样品质量

通常每个样品采集 500 ~ 1 000 g，可依据实际测试指标而定。

7. 采样工具

采样工具包括工具类、器材类和文具类等。

8. 样品标识记录

样品标识记录包括样品编号、采样日期、采样地点、采样深度等信息（见表 2-1）。

表 2-1 土壤样品标签样式

土壤样品标签
样品编号：
采用地点： 东经　　　北纬
采样层次：
特征描述：
采样深度：
监测项目：
采样日期：
采样人员：

其中，有几点注意事项：

（1）采样工具：土壤采样工具一般用竹刀或不锈钢工具。其中，与不锈钢工具直接接触的样品需要剥离掉，避免使用铁质、铝质、铜质工具采样。

（2）样品包装保存：不同分析项目的样品，样品包装保存方式不同。养分分析样品可使用布袋或塑料袋，重金属分析样品也可采用布袋或塑料袋，有机污染物分析样品宜采用广口玻璃瓶，外加黑色塑料袋保存以防光解。对于盐碱土或渍水样品，先装入塑料自封袋后，再装入布袋，避免交叉污染。

（3）采样结束，需逐项检查采样记录、样袋标签和土壤样品，如有缺项和错误，及时补齐更正。将底土和表土按原层回填到采样坑中，方可离开现场。

尽管预先制定了详细的采样方案，但在实际采样过程中，样点的分布与数量均可根据实际情况做适当调整，尤其在采样过程中发现特殊情况时，可增加采样数量。

2.1.4 采样器具

（1）工具类：不锈钢锹、铲、圆状取土钻、螺旋取土钻、竹片以及适合特殊采样要求的工具等。

（2）器材类：GPS、罗盘、照相机、卷尺、铝盒、样品袋、样品箱等。

（3）文具类：样品标签、采样记录表、铅笔、资料夹等。

（4）安全防护用品：工作服、工作鞋、安全帽、药品箱等。

2.1.5 采样过程

以表层原状土壤样品和表层平均混合土壤样品为例，介绍具体的采样内容。

1. 基本信息

记录样点的行政区划、地理坐标、海拔高度、采样日期、天气情况、调查人等信息。

2. 原状土壤样品采集

原状土壤样品的采集，主要是为了测定土壤的某些物理性质，如土壤容重、土壤密度和孔隙度等。采集和保存的样品，应保持原状，不受挤压变形。因此，通常采用环刀在各土层中取样，并将样品放于不锈钢环刀中，带回室内进行相应处理。

以表层土壤容重样品采集为例，具体采集步骤如下：

（1）选择所需体积的不锈钢环刀；

（2）移除地表落叶、草根、砾石等，使地表平整；

（3）将环刀托套在环刀无刃口的一端，环刀刃口朝下，借助环刀柄和橡皮锤均衡地将环刀垂直压入地表平整处的土中，在土面刚触及环刀托内顶时，即停止下压环刀；

（4）用剖面刀把环刀周围土壤轻轻剥去，并在环刀下方将环刀外的土壤与土体切断（切断面略高于环刀刃口）；

（5）取出环刀，刃口朝上，用刀削去环刀外多余的土壤，盖上环刀底盖并翻转环刀，卸下环刀托，用刀削平无刃口端的土壤面，盖上环刀盖；

（6）将装有土样的环刀置于阴凉处，待采样结束带回实验室及时处理。

需要注意的是，当砾石体积占比≤20%时，可用环刀取容重样；而当砾石体积占比＞20%时，不再用环刀取容重样。

3. 表层平均混合土壤样品采样

1）采样深度

根据研究目的，确定采样深度，如 0 ~ 10 cm、0 ~ 20 cm 等。表层土样的采集深度一般为 0 ~ 20 cm，若有效土层厚度不足 20 cm，采样深度为实际土层厚度。研究土壤侵蚀时，表层土样的采集深度可为 0 ~ 2 cm。

2）采样方法

土壤性质存在空间变异性，为了使土壤样品具有代表性，通常采用混合采样法。

首先采样点的自然景观应符合土壤环境背景值研究的要求。采样点选在被采土壤类型特征明显的地方，地形相对平坦、稳定，植被良好的地点；坡脚、洼地等具有从属景观特征的地点不设采样点；城镇、住宅、道路、沟渠、粪坑、坟墓附近等处人为干扰大，失去土壤的代表性，不宜设采样点；采样点离铁路、公路至少 300 m。布点方式包括梅花法、棋盘法、蛇形法等，布点方式示意图如图 2-1 所示，混样点数量通常为 5 ~ 20 个。

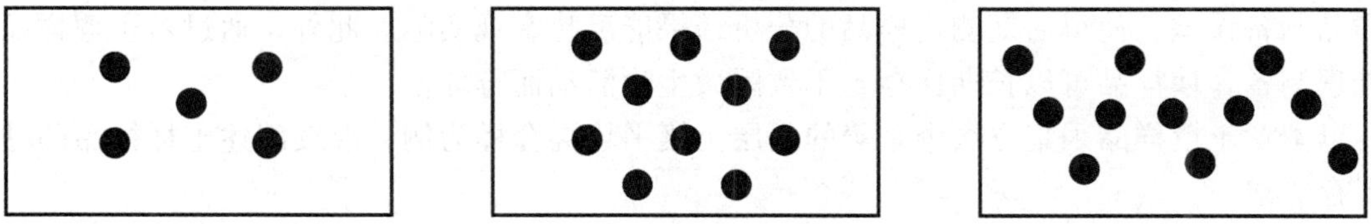

（a）梅花法　　（b）棋盘法　　（c）蛇形法

图 2-1　布点方式示意图

不同采样方法的适用情形如下：

梅花法：适用于地形起伏小、地块小、采样点少、土壤理化特征均匀的地块。

棋盘法：适用于地形整齐、地势平坦、地形开阔、土壤理化特征变异大的样地（采样点较多）。

蛇形法：适用于地势不平坦、地形多变、面积较大、土壤不够均匀的田块。

3）采样量

将采集的混合样品去除枯落物、明显根系等杂质，充分混匀，混合样的质量根据测试需要确定。一般来说，采集 1 kg 左右的土样，足够土壤物理化学性质的分析测试。若采集的土样太多，可用四分法逐次弃去多余土样。四分法（见图 2-2）：将采集土样中的土块捏碎，除去石砾、根、叶、虫体等，充分混匀土样，平铺成正方形或圆形，划对角线将土样等分成四份，淘汰处于任一对角的两份，剩下的两份合在一起，即为平均土样。如果所得土样仍多，可再用四分法继续淘汰处理，直到留下的土样达到所需数量（1 kg），将保留的平均土样装入干净布袋或塑料袋内，并附上标签，带回实验室处理。

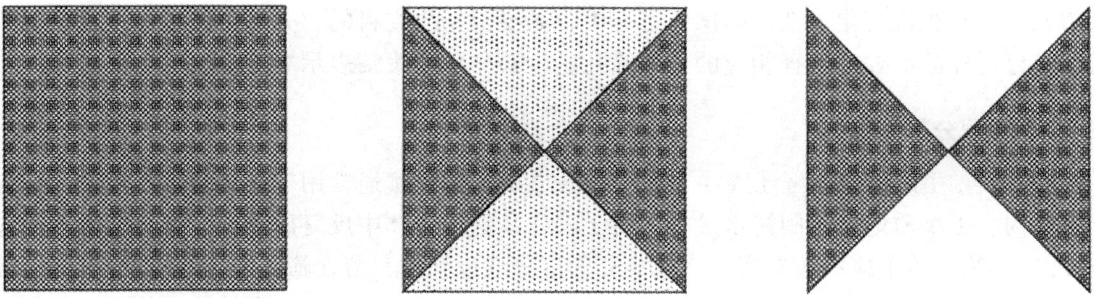

图 2-2　四分法取样示意图

2.2 土壤样品的处理和保存方法

土壤样品分析测定结果的总体误差包含采样误差、样品制备误差和分析误差三部分。一般来说，采样误差和样品制备误差大于分析误差。如果分析前的待测样品不能代表样品所在区域的实地情况，那么，无论测试分析过程多么精确，最终得到的结果和结论也不能如实反映对象的客观情况。因此，样品测定前的制备工作是土壤农化分析工作的重要环节。土壤农化分析样品制备的目的，一方面是去除土壤样品内的杂质，如植物残茬、石砾等侵入体和铁锰结核等新生体；另一方面是适当研磨、过筛，充分混匀，提高分析测试样品的代表性，减小样品制备误差，使得后期测定样品的分析结果能反映客观实际。此外，通过对土壤样品进行处理制备，使样品可以长期保存，不致因微生物活动而霉坏。

以本章土壤样品采集方法中采集的表层土壤平均混合样为例，继续阐述土样样品的处理与保存方法。

2.2.1 风干处理

野外取回的土样，除田间土壤含水量、硝态氮含量、亚铁含量等特定测试项目需要采用新鲜土样测定外，一般分析项目都采用风干土样进行测试分析。潮湿的土样不能长期存放在样品袋内，应及时将新鲜土样平铺于干净的纸/搪瓷托盘上，摊成薄层（厚约 2 cm），放在室内阴凉通风处晾干。风干时应保持通风良好，无氨气、酸蒸气或其他化学气体，以防污染。风干过程中，可经常翻动土样，促使样品均匀风干。待半干时，将大土块捏碎（尤其质地黏重的土壤），使其直径在 1 cm 以下，以免土壤样品干燥后结成硬块而不易研磨。另外，捏碎土壤时可及时剔除其中的动植物残体，避免后期碾碎混入土壤样品中，而增加土壤有机质的含量。切忌阳光直接暴晒，同时注意避免环境中的酸、碱等污染以及样品间的交叉污染，否则会影响分析测试结果与最终结论。

2.2.2 研磨与过筛

风干后的样品还需经过磨细，使其通过一定规格的筛孔。因不同分析项目要求不同，加之称量样品很少或样品分解较困难，因此，必须经过磨细等处理。

将风干样品用木棒碾碎，使其全部通过 2 mm 的筛孔。土壤筛可用铜质品，但若用于分析测定金属元素，则只能选尼龙筛。随着土壤学与土壤分析技术的不断发展，对土壤分析样品的处理也有相应变化。在实际操作过程中，需要根据研究目的、分析方法以及所选的分析仪器对分析样品的要求选择相应的土壤筛孔进行筛分。土壤筛表示方法如表 2-2 所示。

1. 物理分析指标

1927 年，国际土壤学会规定：直径小于 < 2 mm 的土壤通常用于土壤物理指标测定，如土壤结构、土壤质地、田间持水量等。将土壤样品置于研钵中反复研磨，然后将土壤样品过 2 mm 土壤筛（筛子应有盖有底）。< 2 mm 的部分通过筛网，落在筛底上，而 > 2 mm 的部分留在筛网上。研磨过程中，应随时拣出非土壤成分，包括碎石、砂砾和植物残体等，但不可随意遗弃土壤样品，避免影响土壤样品的代表性。然后将土壤样品再次放于研钵中轻轻研磨，再过筛，如此反复至全部土壤样品通过 2 mm 土壤筛为止。为保持土壤样品的特性，粗磨过程不建议采用机械研磨手段，凡经研磨都不能通过者，记为石砾，须遗弃。必要时应称重，计算石砾含量。

石砾含量 =（石砾重/全部风干样品重）×100%

表 2-2　土壤筛表示方法

表示方法	举　例
筛孔直径大小	0.25 mm、0.125 mm、0.063 mm
每英寸（in）长度孔数	100 孔（或 100 目）
筛目与孔径关系	筛孔直径（mm）= 16/（1 in 孔数） 1 in = 25.4 mm，16 mm = 25.4 mm − 9.4 mm，9.4 mm 为网线宽度

2. 化学分析指标

随着土壤测试分析仪器与测试分析技术的不断发展，对土壤分析样品的处理也有相应变化。通常根据测试项目与测试仪器的具体要求，制备符合要求的土壤分析样品。

土壤 pH、交换性能、速效养分等测定，样品不能研得太细，因为研得过细，容易破坏土壤矿物晶粒，使分析结果偏高。土壤研细主要使团粒或结粒破碎，这些结粒是由土壤黏土矿物或腐殖质胶结起来的，而不能破坏单个的矿物晶粒。因此，研碎土样时，只能用木棍或杵滚压，而不能用榔头锤打。因为晶粒破坏后暴露出新的表面，会增加有效养分的溶解。

全量分析的样品如 Si、Fe、Al、有机质、全氮等的测定，则不受磨碎的影响，但为了减少称样误差和样品容易分解，需要将样品磨得更细。

总体来说，通常使用过 0.25 mm 筛的土壤样品进行大部分化学指标（有机碳、全氮、碳酸钙及全量分析）的测试分析。

需要注意的是，为保证土壤样品分析指标的准确性，应采用从粗到细逐级研磨、边磨边筛的研磨方式，切不可为使土壤样品全部过筛而一次性将土壤样品研磨至过小粒径，以免达不到粒径分级标准。同时，每种规格都要预留足够的样品。土壤筛一般是铜质的，但若用于分析重金属的土样，要求使用尼龙筛。另外，使用研钵研磨样品时，需要注意对研钵材质的选择，如测定 Si、Fe、Al 的土壤样品需要用玛瑙研钵研细，瓷研钵会影响 Si 的测定结果。

2.2.3　样品贮存

供生产和科研工作分析用的土壤样品，通常要保存半年至一年，以备必要时核查。特殊、珍稀、仲裁、有争议样品一般要永久保存。不同测试项目，样品保存条件和保存时间不同（详见表 2-3）。一般样品应放在磨砂广口瓶中，在避免日光、高温、潮湿和有酸碱气体等影响的环境中贮存，并贴上标签，注明样品编号、土壤名称、采集地点、采样深度、采样日期、采集人和过筛孔径等。标准样本或对照样本则要长期妥善保存经处理后的土样。

表 2-3　新鲜样品的保存条件和保存时间

测试项目	容器材质	温度/°C	可保存时间/d	备　注
金属（汞和六价铬除外）	聚乙烯、玻璃	<4	180	
汞	玻璃	<4	28	
砷	聚乙烯、玻璃	<4	180	
六价铬	聚乙烯、玻璃	<4	1	
氰化物	聚乙烯、玻璃	<4	2	
挥发性有机物	玻璃（棕色）	<4	7	采样瓶装满装实并密封
半挥发性有机物	玻璃（棕色）	<4	10	采样瓶装满装实并密封
难挥发性有机物	玻璃（棕色）	<4	14	

常规土壤样品制备处理过程如图 2-3 所示。

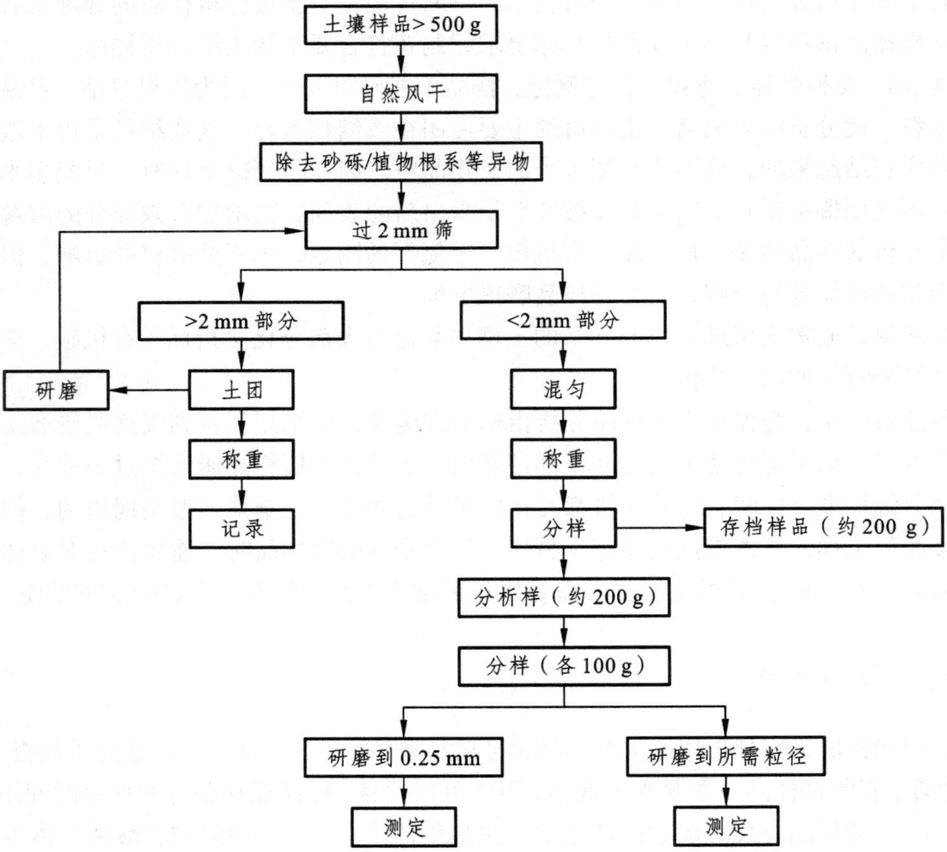

图 2-3　常规土壤样品制备处理过程

2.3 土壤样品的采集与处理综合实训

2.3.1 实训目的与意义

土壤分析样品的采集与处理是土壤分析工作的关键环节，关系到分析结果及结论是否正确可靠。本实验以凉山州矿区及周边农田土壤为例，分组实践表土容重土壤样品、混合土壤样品与规定深度土壤分层样品采集与制备的全过程，帮助学生理解和掌握样品的采集与处理过程，同时锻炼学生的团结合作能力。

2.3.2 实训要求

（1）以小组为单位，每组采集矿区及其周边农田土壤容重样品各 3 个；

（2）以小组为单位，每组采集矿区及农田表土混合样品各 3 个；

（3）根据各小组的采样过程，以个人为单位完成实验报告，详细阐述选点原则、布点方法、操作过程以及相关实验结果。

2.3.3 实训材料

不锈钢铲、环刀、土钻（见图 2-4）、橡皮锤、削土刀、布袋、研钵、土壤筛（0.25 mm、2 mm）、卷尺、广口瓶、标签等。

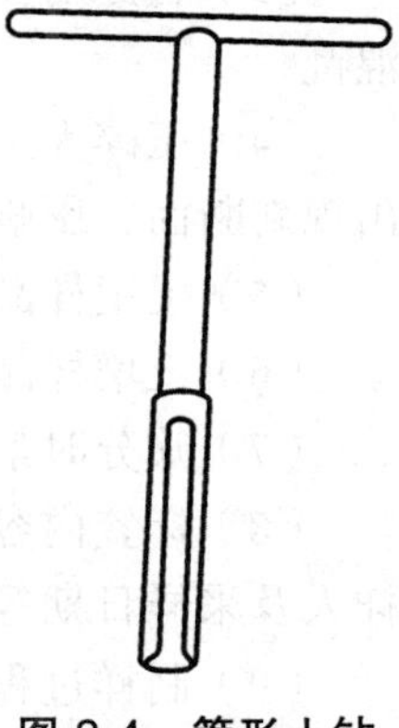

图 2-4 管形土钻

2.3.4 实训步骤

1. 表层土壤容重样

（1）矿区及其周边农田各取 3 个样，每组自行选点、布点；

（2）移除地表落叶、草根、砾石等，使地表平整；

（3）用环刀取表层土壤容重样，注意操作细节，避免挤压到土样；

（4）取出土样后修饰去掉多余土壤，盖好环刀底和盖，做好采样记录；

（5）将装有土样的环刀置于阴凉处，待采样结束带回实验室及时处理。

2. 表层土壤混合样

（1）选点和布点：各小组自行选择典型区域采集矿区和农田的混合土样，根据所选区域的特征，选择适宜的布点方法；

（2）用不锈钢铲取矿区和农田 0～20 cm 的表层土样，每个混合样 0.5 kg 左右即可；

（3）风干、去杂；

（4）研磨、过筛（过 2 mm 和 0.25 mm 筛）、贮存。

3. 规定深度土壤分层样品

（1）选点：每组在矿区及其周边农田各选取 3 个典型样点；

（2）移除地表落叶、草根、砾石等，使地表平整；

（3）用土钻分层取样，间隔 10 cm，等间距取样，至 60 cm 土层即可；
（4）分层编码并保存样品。

2.3.5 实训作业

以个人为单位完成实验报告。

2.4 土壤样品采集及制备注意事项

综合考虑土壤样品的典型性和代表性，在样品采集和制备过程中需要注意以下事项：
（1）选点要具有代表性，布点方式要适宜，样品数量得当。
（2）潮湿土壤样品切不可日晒、火烘，不可让酸、碱、水蒸气、灰尘等物侵入，以免样品成分发生变化。
（3）若原有土壤样品标签破损或字迹模糊，应立即更换新标签，以防风干过程中发生混乱。
（4）压碎大土块时，不能用铁棒或铜棒，也不能用力敲击，以防止金属进入土壤或土壤出现新断面，影响土壤的有效成分。
（5）土壤样品过筛时，要盖上盖子，避免样品交叉感染。
（6）土壤样品必须全部过筛，否则会导致分析结果偏高。
（7）筛分时禁止套筛，应该由粗到细逐次过筛。
（8）标签内容应详细清楚，包括土壤名称、样品编号、取样地点、采样深度、粒径、采样人及采样日期等内容。
（9）制样过程中采样时的土壤标签与土壤始终放在一起，严禁混错，样品名称和编码始终不变；制样工具每处理一份样后擦抹（洗）干净，严防交叉污染。
（10）土壤样品混匀后再装瓶，以防出现分层现象。

【思考题】

（1）采样点数量对分析结果的准确性有什么影响？
（2）试述制备一份典型土壤样品的步骤。
（3）采样和制备样品过程中遇到了哪些问题？有哪些注意事项？
（4）土壤样品贮存要注意哪些问题？

3 土壤质地分类及综合实训

本章通过不同质地的土壤分类介绍，让学生认识土壤，培养学生热爱土壤的情怀。

3.1 土壤质地分类方法

土壤粒度又称土壤颗粒组成或机械组成，是指土壤中不同粒径矿物质颗粒的组合比例，以各级颗粒的相对比例或质量分数表示，也叫土壤质地，是土壤最基本的物理性质之一。不同土粒，其矿物和化学组成不同，在土壤中所表现出的特性也不相同。土壤中各级土粒的比例不同，土壤中孔隙的大小和相对数量也各不相同。因此，土壤机械组成不仅是土壤分类的重要诊断指标，同时也是影响土壤水、肥、气、热状况，物质迁移转化以及土壤退化过程研究的重要因素，还是土壤地理研究、与农业生产相关的土壤改良、土建工程和区域水分循环过程等研究的重要内容。土壤机械组成分析是对土壤中的各级土粒进行定量，从而判定其土壤质地类别。本实验要求学生了解土壤机械组成分析原理、方法，并学会判别土壤质地名称。

3.1.1 粒级划分

土壤矿物质是由风化与成土过程中形成的不同大小的矿物颗粒组成的。其直径相差很大，从 10^{-1} m 至 10^{-9} m 不等，不同大小土粒的化学组成、理化性质差异巨大。据此可将粒径大小相近、性质相似的土粒归为一类，称之为粒级。世界各国对土壤粒级的划分标准不尽一致，如图 3-1 所示。

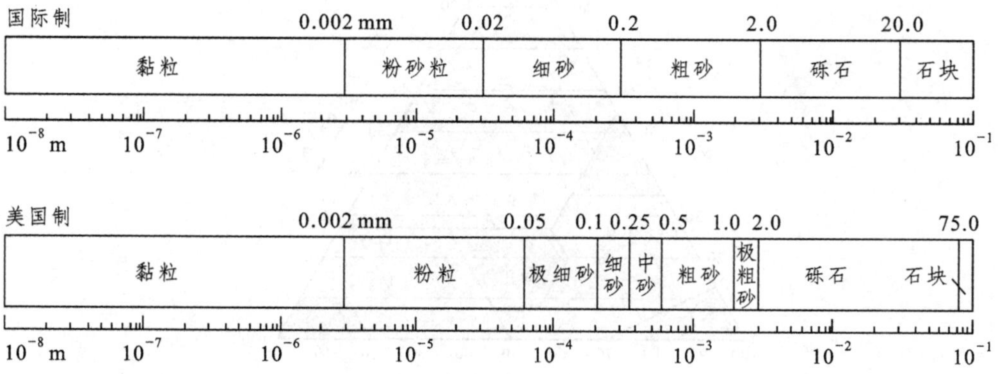

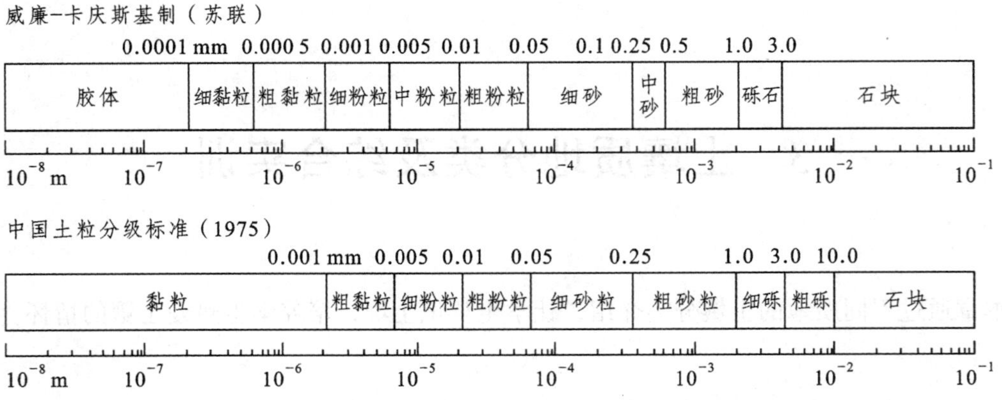

图 3-1 国际上主要的土粒分级标准图式

国际主要土粒分级标准均采用石块、砾石、砂粒、粉粒和黏粒五大类别，但每个类别划分的具体标准各有不同。目前，中国土壤学界和国际土壤学界均广泛采用国际制或美国制的划分标准。

3.1.2 土壤质地划分

土壤质地和土壤剖面中质地层次的排列组合（土壤质地构型），一方面反映了母岩风化、地表堆积（侵蚀）过程以及成土过程的特征；另一方面又是影响土壤性质的重要因素。它与区域地表水分循环、农业生产有密切关系。砂土由于土壤颗粒是以砂粒占优势，土壤中大孔隙多而毛管孔隙少，因此，砂土的通气性、透水性强，而保水蓄水保肥性弱。砂土的热容量小，故土壤温度变化剧烈，易受干旱和寒冻威胁。但在春季，砂土升温较快，发苗早，故称为暖性土。由于砂土通气良好，土壤有机质分解快而不易积累，砂土的肥力相对贫瘠。但它又有易耕作、适宜性强、供肥快等优点。对砂土施肥必须“少吃多餐”，多施有机肥，以免造成过多养分流失，增加农业生产成本，并加重农业面源对地表水体的污染。

土壤质地的分类和划分标准，与土壤粒级划分标准类似，世界各国不一。当今国际土壤学界常用的是美国土壤质地分类标准（见图 3-2）。

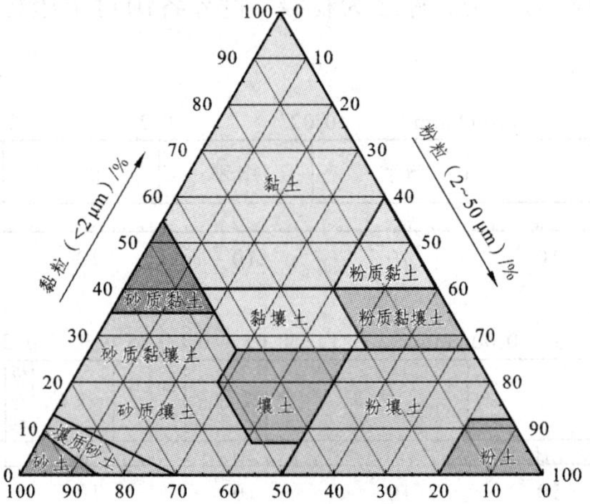

图 3-2 美国制土壤质地分类标准

3.2 土壤颗粒组成测定方法

要确定土壤质地的类型，首先就要测定出土壤中各粒级的百分含量。测定方法：激光粒度仪法、吸管法、比重计法和手测法（野外）。本节内容分别介绍上述四种方法颗粒组成测定过程，其中吸管法和比重计法前期有许多处理步骤相似，因此，将吸管法和比重计法放在一起对比介绍。

3.2.1 激光粒度仪法

激光粒度分析仪是根据光的散射原理测量颗粒粒度分布的，是一种比较通用的测定颗粒组成的方法。MS2000 激光粒度分析仪具有较高的灵敏度，其测量速度和扫描速度较快。因此，无论分析哪种颗粒，都可以在较短的时间内进行光路校正，从而完成数据的取样工作。除此之外，MS2000 激光粒度分析仪具有高重复性的亚微米区测量功能，其测量精度相当高。因此，此处以 MS2000 激光粒度分析仪为例。

1. 实验目的

掌握激光粒度分析仪测定土壤颗粒组成的方法与原理。

2. 材　料

仪器：激光粒度分析仪（MS2000）；

工具：烧杯/试管、玻璃棒、药匙、天平、滴管；

溶液：10% H_2O_2、10% HCl。

3. 实验原理

光学中的夫琅霍夫衍射理论和米氏散射理论指出，光照射粒子时，光的衍射和散射方向能力与光的波长和粒子尺度有关。当用单色性很强的固定波长的激光作光源时，波长的影响即可消除，从而基本完全由粒子尺度确定光的衍射、散射方向能力。按上述原理通过设计，建立由偏振光源（激光光源）、粒子通路和检测系统构成的激光粒度分析仪光路系统。MS2000 激光粒度分析仪包括主机（光学元件）、附件（进样器）、计算机和马尔文测量软件三大部分。进样器把样品输送到主机，主机通过激光器和光电转换器等元器件测量样品粒径，计算机和马尔文测量软件监控整个测量过程，并显示和分析数据。

4. 实验步骤

（1）取 0.5 ~ 1 g 样品（已过 2 mm 筛）于烧杯或试管中，加几滴蒸馏水润湿；

（2）分多次少量加入 10% H_2O_2 去除有机质；

（3）有机质完全去除后，离心，倒掉上层清液，加 10% HCl 去除碳酸盐，待反应完全；

（4）离心后，用蒸馏水润洗样品 3 遍；

（5）打开仪器，预热半小时左右，并设置原始文档保存路径；

（6）用蒸馏水清洗进样器导管，清洗完毕后测量蒸馏水背景值；

（7）将样品搅拌均匀后加入进样器，至遮光率达 11% ~ 12%，停止加样，进行超声分散，同一批样品超声分散时间应保持一致，超声分散结束后测量样品值；

（8）显示结果储存后，清洗仪器 3 遍，每测量一个样品都需要清洗仪器；

（9）重复上述操作至样品测量完毕；

（10）保存原始文档，选择输出模板，输出数据，根据实验结果，判断土壤质地类型。

3.2.2 吸管法和比重计法

1. 方法与原理

将通过 2 mm 筛孔的风干土样制成悬浊液。粒径大于 0.063 mm 的颗粒由一定孔径的筛子筛分；小于 0.063 mm 的颗粒依据斯托克斯定律，采用吸液管法或比重计法测定。根据各级颗粒质量计算其百分含量，并在半对数纸上绘制土壤粒径累积分布曲线，从而确定土壤粒度。

2. 实验材料

1）试剂

（1）过氧化氢：$w(H_2O_2) = 30\%$。

（2）盐酸：$\rho(HCl) = 1.18$ g/mL。

（3）冰乙酸（CH_3COOH）。

（4）消泡剂：2-辛醇[$CH_3(CH_2)_5CH(OH)CH_3$]、乙醇（CH_3CH_2OH）。

（5）六偏磷酸钠[$(NaPO_3)_6$]。

（6）无水碳酸钠（Na_2CO_3）。

（7）草酸钠（$Na_2C_2O_4$）。

（8）氢氧化钠（NaOH）。

（9）氯化钙（$CaCl_2$）。

（10）连二亚硫酸钠（$Na_2S_2O_4$）。

（11）乙酸钠（CH_3COONa）。

（12）盐酸溶液：$c(HCl) = 1$ mol/L。

取 85 mL 盐酸，用水稀释至 1 000 mL。

（13）盐酸溶液：1+3。

（14）草酸钠溶液：$c(1/2Na_2C_2O_4) = 0.5$ mol/L。

称取 33.5 g 草酸钠，加入 700 mL 水，加热溶解，冷却后用水稀释至 1 000 mL。

（15）氢氧化钠溶液：$c(NaOH) = 0.5$ mol/L。

称取 20 g 氢氧化钠溶于适量水中，用水稀释至 1 000 mL。

（16）分散剂溶液。

称取 33 g 六偏磷酸钠和 7 g 无水碳酸钠，溶于适量水中，用水稀释至 1 000 mL，贮存于棕色瓶中，有效期为 1 个月。

该分散剂溶液 pH 值约为 9.8，适用于大多数土壤。对加入该溶液后仍产生凝聚的土壤，根据其 pH 加入不同的分散剂：中性土壤加 25.00 mL 草酸钠溶液，酸性土壤加 25.00 mL 氢氧化钠溶液。

（17）氯化钙溶液：$c(CaCl_2) = 1\ mol/L$。

称取 111 g 氯化钙溶于适量水中，用水稀释至 1 000 mL。

（18）连二亚硫酸钠溶液：$\rho\ (Na_2S_2O_4) = 40\ g/L$。

称取 40 g 连二亚硫酸钠溶于适量水中，用水稀释至 1 000 mL。

（19）乙酸钠溶液：$c(CH_3COONa) = 0.3\ mol/L$。

称取 24.62 g 乙酸钠溶于适量水中，用水稀释至 1 000 mL。

2）仪器和设备

（1）吸液管（见图 3-3）：容积为 25 mL，需与球阀或等效装置配套使用。

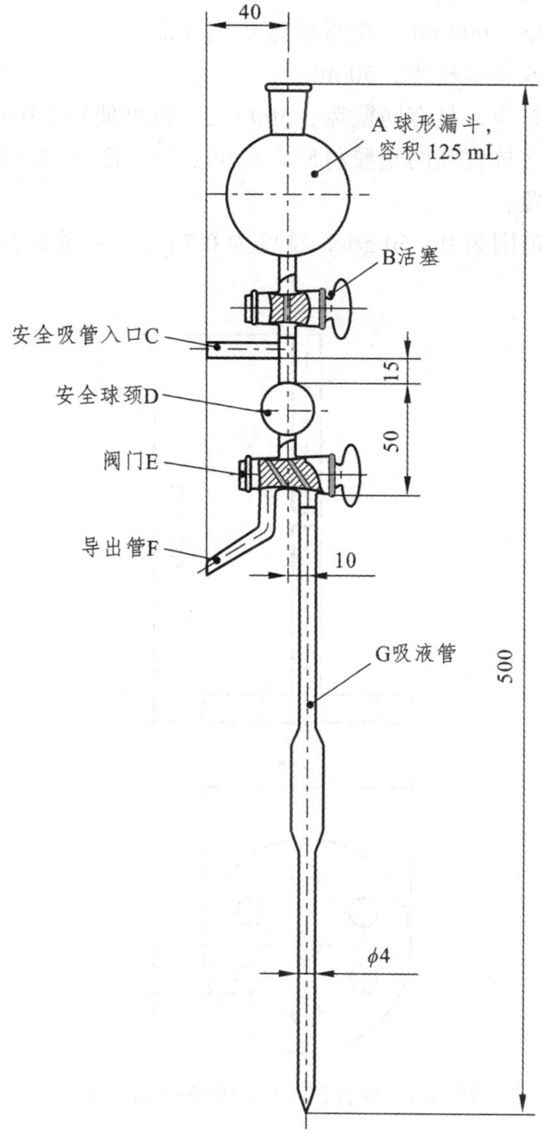

图 3-3　吸液管（HJ 1068—2019）

注：新购置的吸液管在使用前要对其容积进行准确测量。

（2）恒温室或恒温水浴：20 ~ 30 °C，±0.5 °C。

（3）振荡设备：转速为（30±2）r/min 的翻转式振荡装置。

（4）鼓风干燥箱：105 ~ 110 °C。

（5）电热板。

（6）离心机：转速不低于 1 000 r/min。

（7）分析天平：感量为 0.000 1 g。

（8）电导率仪。

（9）金属洗筛：孔径为 0.063 mm 的方孔筛。

（10）金属土壤筛：孔径分别为 2 mm、0.60 mm、0.212 mm 的方孔筛。

（11）玻璃量筒：容量 1 000 mL，配橡胶塞或搅拌器。

（12）称量瓶：玻璃或金属材质，50 mL。

（13）离心管：有机材质，具有防漏盖，500 mL；也可使用 1 000 mL 的锥形瓶。

（14）搅拌器：金属或抗腐蚀的塑胶材质，也可采用带橡胶塞的玻璃棒，如图 3-4 所示。

（15）球阀或等效装置。

（16）比重计：刻度范围为 0 ~ 60 g/L，精度为 0.5 g/L。比重计在使用前，要根据所附证书进行有效深度 z 的校准。

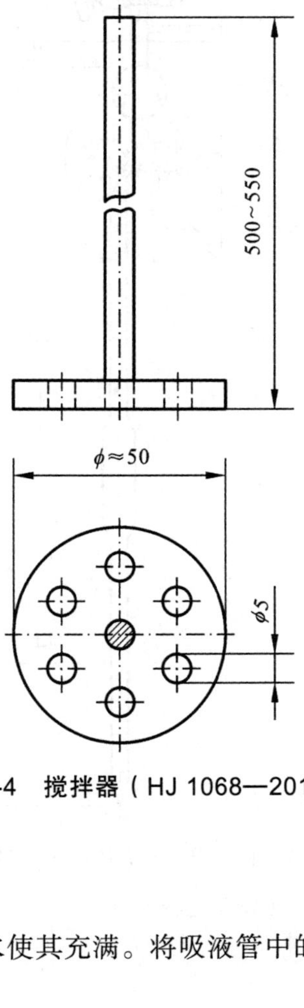

图 3-4　搅拌器（HJ 1068—2019）

3. 实验步骤

（1）测量移液管容积。

彻底清洗和干燥吸液管，吸水使其充满。将吸液管中的水放至已知质量的称量瓶中，称重（精确到 0.000 1 g）。根据水的质量（m_c），计算吸液管容积（V_c）。上述操作重复 3 次，取平均值，精确到 0.05 mL。

吸液管容积按式（3-1）计算：

$$V_c = \frac{m_c}{\rho} \tag{3-1}$$

式中 V_c——吸液管容积（mL）；

m_c——吸液管所取水的质量（g）；

ρ——在试验温度下水的密度（g/mL）。

（2）称样。

称取适量（m_s，精确到 0.01 g）土样于离心管或锥形瓶中。取样量根据土壤类型确定，砂土约 60 g，黏土约 20 g，中间类型土壤取样量按比例估算。

对于有机质、可溶性盐、石膏、氧化铁和碳酸盐含量较低的土样，称样后可直接进行分散。

（3）去除有机质。

去除样品中的有机质可采用以下 2 种方式：

方式 1：使用离心管时，在管中加入约 30 mL 水，使样品完全浸润，再加入 30 mL 过氧化氢，搅匀，泡沫较多时，加入适量消泡剂消泡。继续加水，至体积为 150 ~ 200 mL，静置过夜后离心 15 min（转速不小于 1 000 r/min），弃去上清液。重复以上步骤，直至上清液无色或接近无色。

注意：上清液离心效果较差时，加入 25 mL 氯化钙溶液，充分搅拌，加水至 250 mL，静置后离心 15 min（转速不小于 1 000 r/min），弃去上清液；再加入 250 mL 水重复清洗步骤，直至样品的颜色变浅。

方式 2：使用锥形瓶时，在瓶中加入约 30 mL 水，使样品完全浸润，再加入 30 mL 过氧化氢，搅匀，泡沫较多时，加入适量消泡剂消泡。待反应稳定后放置过夜，置于电热板上小心加热，用消泡剂消泡，并不断搅拌。保持样品湿润，必要时可加入适量水，使悬浊液保持微沸状态，直至起泡现象消失。如仍有未分解的有机物，停止加热，冷却后继续加入过氧化氢进行重复处理，直至样品的颜色变浅。将处理好的样品转移到离心管中，溶液体积控制在 150 ~ 200 mL，离心 15 min（条件同方式 1），弃去上清液。

（4）去除可溶性盐和石膏。

在上述离心管或锥形瓶中加入 250 mL 水，盖上盖子，于振荡器上振荡 1 h 后，离心 15 min（转速不小于 1 000 r/min），弃去上清液。重复上述过程，直至上清液电导率小于 40.0 mS/m。

（5）去除氧化铁和碳酸盐。

在经过上述处理的样品中，按 1∶40 固液比分别加入连二亚硫酸钠溶液和乙酸钠溶液，加冰乙酸调节 pH 至 3.8，振荡过夜，离心 15 min（转速不小于 1 000 r/min），弃去上清液。

继续加入适量盐酸溶液，再加水至 250 mL，于 80 °C 水浴中加热 15 min，并不断搅拌。静置过夜后离心 15 min（转速不小于 1 000 r/min），弃去上清液。重复上述过程，直至上清液电导率小于 40.0 mS/m。

注意：盐酸溶液的加入量与样品中碳酸盐含量有关，可采用以下方法确定。取适量土样置于白瓷盘上，向其滴加盐酸溶液，如土样中无气泡产生或者徐徐放出气泡且响声很小，则加入 25 mL 盐酸溶液；如明显发出气泡，但很快消失且响声较大，则加入 40 mL 盐酸溶液；如气泡发生强烈，呈沸腾状，持续时间长且响声较大，则加入 60 mL 盐酸溶液。

（6）分散土样。

将经过预处理的样品转移至锥形瓶中，加适量水，使溶液体积控制在 150 ~ 200 mL，再加入 25.00 mL 分散剂溶液。瓶口放一小漏斗，置于电热板上加热 1 h，保持微沸状态，煮沸过程中要经常摇动锥形瓶，以防土粒沉积于瓶底结成硬块。

注意：无须去除干扰的土样，需加入分散剂后，摇匀静置 2 h，再置于电热板上加热。也可将加入分散剂的溶液置于离心管中，于振荡器上振荡 18 h。

（7）湿筛分。

将洗筛放在大玻璃漏斗里，并将漏斗颈置于量筒中。将分散好的样品全部转移至洗筛上，用洗瓶冲洗样品直至滤液不再浑浊，冲洗水的总体积不能超过 1 000 mL。

向量筒中加水至 1 000 mL，制成悬浊液。

注意：当土壤难以过筛时，可事先在筛板上滴几滴分散剂溶液湿润筛孔，有助于过筛。可用带橡胶套的玻璃棒或塑料棒搅动筛网上的悬浊液，以减缓筛孔堵塞。

将洗筛上的样品冲洗至蒸发皿中，在电热板上蒸干后，移入烘箱，于 105 ~ 110 °C 下烘 6 h，置于干燥器中冷却至室温后，依次过 0.60 mm 及 0.212 mm 土壤筛，并分别称重（精确到 0.000 1 g）。

（8）沉降。

将盛有土壤悬浊液的量筒置于恒温环境中至少 1 h；使用水浴时，确保水浸没到 1 000 mL 刻度处。将量筒以不少于 30 次/min 的频率，振荡 2 min；也可用搅拌器垂直搅拌悬浊液 1 min，上下各 30 次，确保没有土壤颗粒残留在管壁上。

量筒直立的瞬间或者刚停止搅拌时，开始计时。如有泡沫，可加入 1 ~ 2 滴消泡剂消泡。

沉降完成后，根据需要，选择吸液管法或比重计法进行下一步测定。

1）吸管法

（1）分散剂质量校准。

吸取 25.00 mL 分散剂溶液至玻璃量筒中，加水至 1 000 mL，充分混合，在恒温环境下放置至少 1 h。用吸液管从量筒中吸满溶液，放至已知质量的称量瓶中，在电热板上蒸干后，移入烘箱，于 105 ~ 110 °C 下烘 6 h，置于干燥器中冷却至室温后，称重（m_r，精确到 0.000 1 g）。

（2）吸液。

将制备好的土壤悬浊液按表 3-1 规定的时间静置后用吸液管吸液。

在吸液前约 15 s，关闭阀门，将吸液管自悬浊液中央垂直插入液面下（100 ± 1）mm 处。操作时尽量避免扰动悬浊液，且上述操作要在 10 s 内完成。

打开阀门，使吸液管充满样品后，将其自悬浊液中完全取出。取样操作需在 10 s 内完成。

将吸液管安全球颈内的悬浊液通过导出管排入废液瓶，并用水冲洗至安全球颈内无悬浊液残留。

表 3-1 悬浊液静置时间

温度/°C	粒径								
	0.063 mm		0.020 mm		0.006 mm		0.002 mm		
	min	s	min	s	min	s.	h	min	s
20	0	28	4	39	51	35	7	44	17
21	0	27	4	32	50	21	7	33	9
22	0	27	4	25	49	10	7	22	30
23	0	26	4	19	48	2	7	12	18
24	0	26	4	13	46	54	7	2	7
25	0	25	4	8	45	52	6	52	51
26	0	24	4	2	44	51	6	43	35
27	0	24	3	57	43	52	6	34	46
28	0	23	3	52	42	53	6	25	58
29	0	23	3	47	41	58	6	17	38
30	0	22	3	42	41	5	6	9	45

（3）称重。

把已知质量的称量瓶置于吸液管下方，打开阀门，将其中的悬浊液转移到称量瓶中。用水冲洗吸液管内壁至无悬浊液残留，将冲洗水也放入称量瓶中，在电热板上蒸干后，移入烘箱，于 105 ~ 110 °C 下烘 6 h。置于干燥器中冷却至室温后，称重（m_{s1}，精确到 0.000 1 g）。

清洁附着在吸液管外部的残留物，根据表 3-1 给出的时间，按照同样的步骤，吸取不同粒径的样品，称重（m_{sx}，精确到 0.000 1 g）。

（4）结果与计算。

1 000 mL 悬浊液中各级颗粒质量按式（3-2）~ 式（3-4）进行计算：

$$m_{0.020\sim0.063}=\frac{1\,000(m_{s1}-m_{s2})}{V_c} \tag{3-2}$$

$$m_{0.002\sim0.020}=\frac{1\,000(m_{s1}-m_{s3})}{V_c} \tag{3-3}$$

$$m_{<0.002}=\frac{1000(m_{s3}-m_r)}{V_c} \tag{3-4}$$

式中 $m_{0.020\sim0.063}$——粒径在 0.020 ~ 0.063 mm 之间的颗粒的质量（g）；

$m_{0.002\sim0.020}$——粒径在 0.002 ~ 0.020 mm 之间的颗粒的质量（g）；

$m_{<0.002}$——粒径 < 0.002 mm 的颗粒的质量（扣除分散剂的质量）（g）；

m_{sx}——第 x 次移液时，吸液管内样品的固态物质的质量（g）；

m_r——分散剂校正质量（g）；

V_c——吸液管容积（mL）。

各级颗粒质量百分数按式（3-5）~ 式（3-11）进行计算：

$$w_{0.60\sim2.00}=\frac{m_{0.60\sim2.00}}{m_t}\times100\% \tag{3-5}$$

$$w_{0.212\sim0.60}=\frac{m_{0.212\sim0.60}}{m_t}\times100\% \tag{3-6}$$

$$w_{0.063\sim0.212}=\frac{m_{0.063\sim0.212}}{m_t}\times100\% \tag{3-7}$$

$$w_{0.020\sim0.063}=\frac{m_{0.020\sim0.063}}{m_t}\times100\% \tag{3-8}$$

$$w_{0.002\sim0.020}=\frac{m_{0.002\sim0.020}}{m_t}\times100\% \tag{3-9}$$

$$w_{<0.002}=\frac{m_{<0.002}}{m_t}\times100\% \tag{3-10}$$

$$m_t=m_{0.60\sim2.00}+m_{0.212\sim0.60}+\cdots+m_{m_{<0.002}} \tag{3-11}$$

式中　$w_{0.60\sim2.00}$——粒径在 0.60 ~ 2.00 mm 之间的颗粒的质量百分数（%）;

$w_{0.212\sim0.60}$——粒径在 0.212 ~ 0.60 mm 之间的颗粒的质量百分数（%）;

$w_{0.063\sim0.212}$——粒径在 0.063 ~ 0.212 mm 之间的颗粒的质量百分数（%）;

$w_{0.020\sim0.063}$——粒径在 0.020 ~ 0.063 mm 之间的颗粒的质量百分数（%）;

$w_{0.002\sim0.020}$——粒径在 0.002 ~ 0.020 mm 之间的颗粒的质量百分数（%）;

$w_{<0.002}$——粒径 < 0.002 mm 的颗粒的质量百分数（%）;

$m_{0.60\sim2.00}$——粒径在 0.60 ~ 2.00 mm 之间的颗粒的质量（g）;

$m_{0.212\sim0.60}$——粒径在 0.212 ~ 0.60 mm 之间的颗粒的质量（g）;

$m_{0.063\sim0.212}$——粒径在 0.063 ~ 0.212 mm 之间的颗粒的质量（g）;

m_t——土壤各级颗粒总质量（过 0.063 mm 筛的与沉降的各级土壤颗粒质量之和）（g）。

注意：该计算方法中土壤各级颗粒总质量 m_t 为去除有机质、可溶性盐、石膏、氧化铁和碳酸盐后的各级颗粒质量总和。

各级颗粒累积质量百分数参照式（3-12）~ 式（3-16）进行计算：

$$w_{<2.00}=w_{0.60\sim2.00}+w_{0.212\sim0.60}+w_{0.063\sim0.212}+w_{0.020\sim0.063}+w_{0.002\sim0.020}+w_{<0.002} \tag{3-12}$$

$$w_{<0.60}=w_{0.212\sim0.60}+w_{0.063\sim0.212}+w_{0.020\sim0.063}+w_{0.002\sim0.020}+w_{<0.002} \tag{3-13}$$

$$w_{<0.212}=w_{0.063\sim0.212}+w_{0.020\sim0.063}+w_{0.002\sim0.020}+w_{<0.002} \tag{3-14}$$

$$w_{<0.063}=w_{0.020\sim0.063}+w_{0.002\sim0.020}+w_{<0.002} \tag{3-15}$$

$$w_{<0.020}=w_{0.002\sim0.020}+w_{<0.002} \tag{3-16}$$

式中　$w_{<2.00}$——粒径 < 2.00 mm 的颗粒的累积质量百分数（%）;

$w_{<0.60}$——粒径 < 0.60 mm 的颗粒的累积质量百分数（%）;

$w_{<0.212}$——粒径 < 0.212 mm 的颗粒的累积质量百分数（%）;

$w_{<0.063}$——粒径 < 0.063 mm 的颗粒的累积质量百分数（%）;

$w_{<0.020}$——粒径 < 0.020 mm 的颗粒的累积质量百分数（%）。

2）比重计法

（1）分散剂校准溶液的制备。

吸取 25.00 mL 分散剂溶液至玻璃量筒中，加水至 1 000 mL，充分混合，制成分散剂校准溶液，置于恒温环境中。

（2）测量。

把比重计缓慢垂直浸入制备好的土壤悬浊液中(稍低于浮动的位置,并允许其自由浮动)，在 0.5 min、1 min、2 min 和 4 min 时从弯月面上边缘读取比重计读数，记录为 m'（g）。

读数后轻轻取走比重计，用水冲洗、晾干，置于含分散剂校准溶液的量筒中，按同样的方法读数，记录为 m'_0（g）。重新把比重计插入土壤悬浊液中，在沉降 8 min、30 min、8 h、24 h 时分别读数，记录为 m'（g）。

（3）结果与计算。

比重计的真实读数按式（3-17）进行计算：

$$m = m' - m'_0 \tag{3-17}$$

式中　m——比重计真实读数（g）；

m'——观察的比重计读数（g）；

m'_0——含分散剂校准溶液量筒中的比重计读数（g）。

颗粒粒径按式（3-18）进行计算：

$$d_{\mathrm{p}}^2 = \frac{1.8\eta z}{(\rho_{\mathrm{s}} - \rho_{\mathrm{w}})}gt \tag{3-18}$$

式中　d_{p}——颗粒粒径（mm）；

η——在试验温度下，水的黏滞系数（g/m · s），见表 3-2；

z——有效深度（mm）；

ρ_{s}——颗粒密度，统一规定为 2.65 g/cm^3；

ρ_{w}——悬浊液密度，1.00 g/cm^3；

g——重力加速度，9.81 cm/s^2；

t——沉降时间（s）。

表 3-2　水的密度及黏滞系数

温度/°C	密度 ρ/(g/mL)	黏滞系数 η/(g/m · s)
20	0.998 2	1.002
21	0.998 0	0.978
22	0.997 8	0.955
23	0.997 5	0.933
24	0.997 3	0.911
25	0.997 0	0.891
26	0.996 8	0.871
27	0.996 5	0.852
28	0.996 2	0.833
29	0.995 9	0.815
30	0.995 7	0.798

各级颗粒累积质量百分数按式（3-19）进行计算：

$$w=\frac{m}{m_s w_{dm}}\times 100\% \tag{3-19}$$

式中　w——各级颗粒累积质量百分数（%）；

m——比重计真实读数（g）；

m_s——土壤取样质量（g）；

w_{dm}——土壤干物质含量（%）。

3）结果表示

测定结果保留至小数点后一位，最多保留三位有效数字。最终结果要以各级颗粒累积质量百分数为纵坐标，以其对应的颗粒粒径为横坐标，在半对数坐标纸上绘制成土壤粒径累积分布曲线（见图 3-5）。

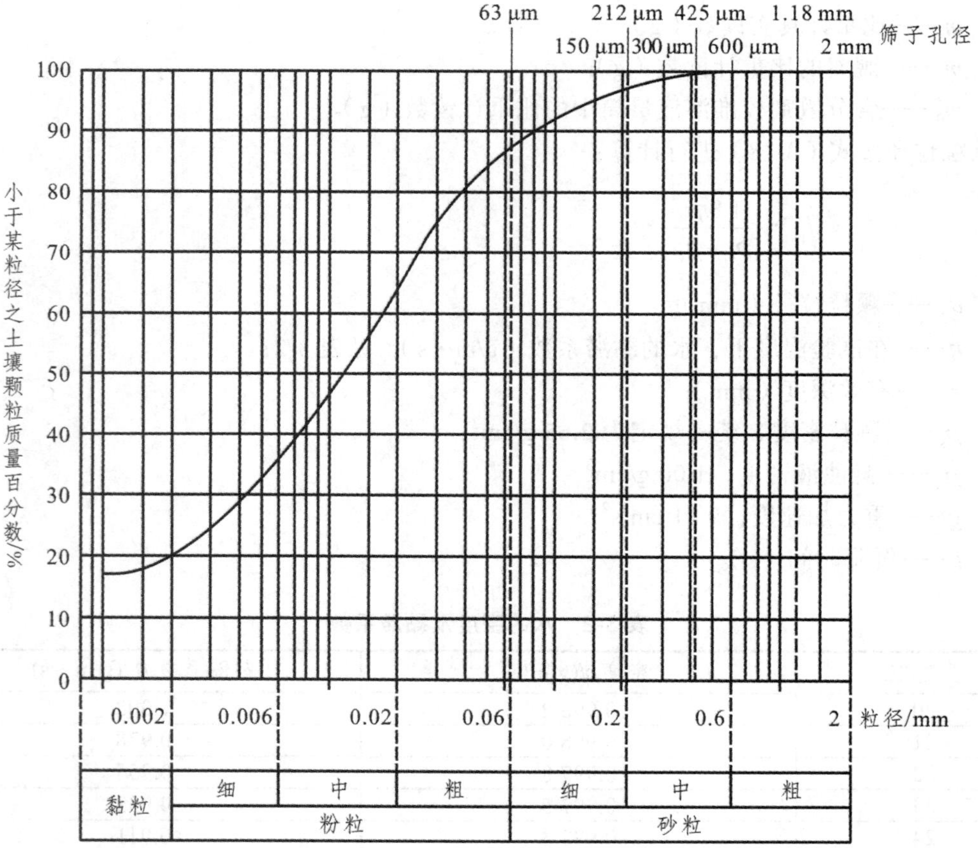

图 3-5　土壤粒径累积分布曲线示意图（HJ 1068—2019）

每 20 个样品或每批次（不多于 20 个）至少测定一个平行样，平行样各级颗粒质量百分数的差值不能超过表 3-3 中的限值。

表 3-3 平行样差值限值（HJ 1068—2019）

土壤粒径/mm	差值限值/%
2.000 ~ 0.600	≤2.0
0.600 ~ 0.212	≤2.0
0.212 ~ 0.063	≤8.0
0.063 ~ 0.002	≤6.0
< 0.002	≤6.0

4）注意事项

（1）吸管法操作复杂，精度较高；比重计法操作相对简单，适用于大批样品测定，可根据测定目的选择方法。

（2）在试样制备时，应使用木锤、木棍、木棒等压碎样品，禁止使用玛瑙、金属、玻璃等硬材质的工具碾压样品；严禁使用研磨机等机械设备磨碎样品。

（3）量筒应放置在昼夜温差小处，避免阳光直射导致悬浊液涡流，影响土粒自由沉降。

（4）搅拌悬浊液时，上下速度要均匀，搅拌器向下要触及量筒底部，向上时搅拌器下端不能露出液面，否则会使空气压入悬浊液，产生涡流，影响土粒开始时的沉降速度。

3.2.3 手测法

1. 方法与原理

该方法以手指对土壤的感觉为主，结合视觉和听觉来确定土壤质地类型，方法简便易行，熟练后也较为准确，适用于田间土壤质地的判别。手测法又有干测法和湿测法两种，一般以湿测法为主。

2. 操作步骤

（1）干测法：取玉米粒大小的干土粒，放在拇指与食指之间使之破碎，并在手指间摩擦，根据指压时用力大小和摩擦时的声音来确定。

（2）湿测法：取一小块土，去除石粒和根系等侵入体，放在手中捏碎，加水少许，以土粒充分浸润为度，根据能否搓成球、条以及弯曲时断裂与否来加以判断。

手测法土壤质地分类标准如表 3-4 所示。

表 3-4 手测法土壤质地分类标准

土壤质地	肉眼观察形态	手中研磨感觉	土壤干燥时状态	湿时搓成土球（直径 1 cm）	湿时搓成土条（2 mm 粗）
砂土	几乎全是砂粒	感觉全是砂粒，搓时沙沙作响	松散的单粒	不能或勉强成球，一触即碎	搓不成条
砂壤土	以砂为主，有少量细土粒	感觉主要是砂，稍有土的感觉，搓时沙沙作响	土块用手轻压或抛在铁锹上很容易碎	可成球，轻压即碎	勉强搓成不完整的短条

续表

土壤质地	肉眼观察形态	手中研磨感觉	土壤干燥时状态	湿时搓成土球（直径 1 cm）	湿时搓成土条（2 mm 粗）
轻壤土	砂粒多，细土占 20%~30%	感觉有较多黏质颗粒	用手压碎土块，相当于压断一根火柴棒的力	可成球，压扁时边缘裂缝多而大	可成条，轻轻提起即断
中壤土	还能见到砂粒	感觉砂砾大致相当，有面粉状细腻感	土块较难用手压碎	可成球，压扁时有小裂缝	可成条，弯成圆圈时易断
重壤土	几乎见不到砂粒	感觉不到砂粒存在	干土块难用手压碎	可成球，压扁时有小裂缝	可成条和弯成圆圈，将圆圈压扁有裂缝
黏土	看不到砂粒	感觉全是细腻粉末	干土块手压不碎，锤击也不成粉末	可成球，压扁无裂缝	可成条和弯成圆圈，将圆圈压扁无裂缝

3.3 土壤剖面调查与观测综合实训

3.3.1 目的与意义

所谓土壤剖面，是指土壤自上而下的垂直切面。土壤剖面形态是土壤形成过程的真实记录，是在各种成土因素共同作用下形成的土壤内在性质和外在形态的综合反应。在土壤形成的不同阶段，具有不同的剖面，也就是说，不同类型土壤具有不同的剖面形态。因此通过剖面研究，可以了解成土因素对土壤形成过程的影响，以及土壤内部性质怎样反映在土壤外部形态上，所以研究土壤剖面构造是野外研究土壤的主要手段，同时也为研究土壤理化性质、编制土壤图、评定土壤肥力、土地评价与管理、环境质量评价等提供依据。

土壤剖面形态的鉴别，主要是根据土壤颜色、结构、质地、坚实度、孔隙、湿度、新生体、侵入体、动植物根穴等进行判断。

3.3.2 方法与原理

土壤是地球陆地上的能够生长植物的疏松表层。土壤剖面的调查与观测必须进行实地土壤剖面挖掘。根据研究的目的与用途，土壤剖面可分为主要剖面、对照剖面和定界剖面。

（1）主要剖面：用以研究土壤形成、形态、理化性质。

（2）对照剖面：又称检查剖面，检查主要剖面的稳定性或变化情况。

（3）定界剖面：确定土壤分布界线。

理想的土壤剖面具有典型性与代表性，因此工作中应依据不同的目的，选择剖面类型进行野外实地土壤剖面的挖掘与调查。以下以主要剖面的调查观测为例。

3.3.3 实训材料

（1）剖面挖掘和样品采集主要工具。

不锈钢锹和镐、土钻（冲击钻）、塑料簸箕、尼龙筛、塑料水桶、喷水壶、弹簧秤或便携电子秤等。

（2）剖面样品采集主要工具和试剂。

帆布质标尺（统一定制）、剖面刀（不锈钢质）、地质锤、橡皮锤、环刀与环刀托、放大镜（≥×10）、剪刀（林地区根系较粗，建议备用“果树剪”）、去离子水、滴管、10%稀盐酸试剂、邻菲罗啉试剂等。

（3）整段剖面采集工具。

① 挖土坑工具：锨、锹、镐、铲等工具。

② 修土柱工具：剖面刀、油漆刀、平头铲、木条尺、手锯、修枝剪、绳子、宽布条、泡沫塑料布。

③ 装标本的木盒或铁皮盒：内径高 100 cm×宽 22 cm×厚 5 cm，其框架和后盖板用 2 cm 厚木板制成，前盖板稍薄。前后盖板用螺钉固定在框架上，可随时卸离。

3.3.4 操作步骤

1. 剖面点的选择与设置

根据室内对地形图研究布设的剖面位置，野外现场选点需满足以下原则：

（1）剖面点应设于该土壤类型内代表性最大的地段，不宜设于土类的边缘或过渡地段。

（2）在地形变化区域，应设于典型的地形部位，如山坡的中部、山脊山谷的坡面上，避免山顶或谷底。

（3）选择人为干扰较小的区域，避开道路、坟墓、池塘、村镇、水利工程、特殊物质堆积处等受人为干扰活动影响较大的特殊地段，以确保土壤剖面能代表较大区域的土壤类型及其性状。

2. 剖面挖掘

剖面挖掘应遵循以下原则：

（1）剖面挖掘地点应使景观部位、土壤类型、土地利用等具有代表性。

（2）剖面的观察面应向着阳光照射的方向，避免阴影遮挡。

（3）剖面的观察面上部严禁人员走动或堆置物品，以防止土壤压实或土壤物质发生位移而干扰观察和采样。

（4）挖出的表土和心底土应分开堆放于土坑的左右两侧，观察完成后按土层原次序回填，以保持表层土壤的肥力水平。

3. 剖面规格

（1）平原与盆地区：在平原与盆地等平缓地区，剖面尺寸为 1.2 m（观察面宽）×1.2～2 m（观察面深；如遇岩石，则挖到岩石面）×2～4 m（一般为 2 m），如图 3-6 所示。

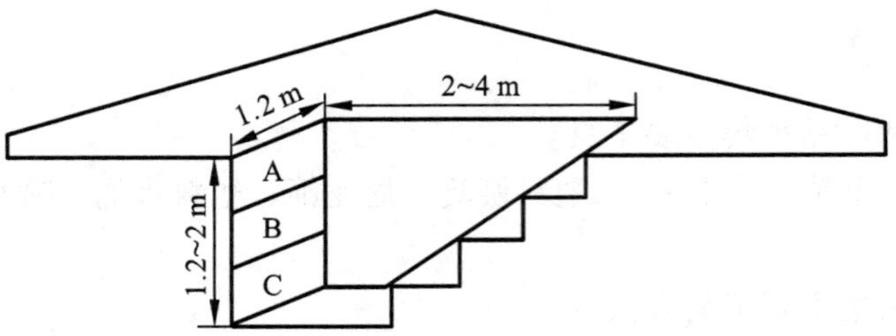

图 3-6　标准土壤剖面示意图（第三次全国土壤普查土壤外业调查与采样技术规范，2022）

（2）山地与丘陵区：受地形和林灌植被等的影响，在无法选取相对平缓、植被少遮挡的景观部位挖掘剖面时，可选择裸露的断面或坡面作为剖面挖掘的点位。但是为了保证剖面的完整性和样品免受污染，修葺剖面时，应向自然断面或坡面内部延伸 20 ~ 40 cm，直至裸露出新鲜、原状土壤。

3.3.5　土壤剖面观察与记录

1. 剖面照片拍摄

标准剖面照片作为土壤单个土体的“身份证件照”，能够直观地反映土壤的发生层及其形态学特征，是认识和理解土壤发生过程、土壤类型的直接证据。因此，标准剖面照片应当清晰、真实、完整地呈现土壤形态学描述特征。

标准剖面照片的具体要求如下：

（1）剖面挖掘完成后，在观察面左边 1/3 宽度内，用剖面刀自上而下修成自然结构面，要避免留下刀痕，右边的部分保留为光滑面。自然结构面可直观反映土壤结构、质地、斑纹特征，以及根系丰度、砾石含量、孔隙状况、土壤动物痕迹等；光滑面则可更加清晰地反映土壤边界过渡特征、颜色差异、结核等特征。

（2）自上而下垂直放置和固定好帆布标尺，标尺起始刻度要与观察面上沿齐平。

（3）剖面照片需用专业相机拍摄，避免出现颜色失真。

（4）剖面摄影时，摄影者可趴在地面进行拍摄，保持镜头尽可能与观察面垂直。

（5）晴天拍摄时注意遮住观察面的阳光，避免曝光过度，出现部分阴影。

（6）全剖面照片须拍摄两种：一种是剖面上方不放置纸盒；另一种是剖面上方以剖面尺为中心放置纸盒，且在纸盒背面利用黑色记号笔清晰标记剖面点的样点编号。

（7）剖面特征照片：遇到明显的新生体、结构体、侵入体或土壤动物活动痕迹等，应拍摄加微型标尺的特写照片。

2. 剖面层次划分

剖面挖掘与拍照完毕后，即可对土壤发生层进行划分与命名。土壤发生层是土壤形成过程中，在某种或某几种土壤过程驱动影响下，物质经淋溶、淀积、散失等形成的具有一定形态学特征的土层。根据剖面形态特征差异，结合对土壤发生过程的理解，划分出各个土壤发生层。剖面形态特征观察主要从目视特征和触觉特征两个角度进行。

目视特征：观察肉眼可见的土壤形态学差异，包括颜色、根系、砾石、斑纹-胶膜-结核等新生体、土壤结构体类型和大小、砖瓦陶瓷等人造物侵入体、石灰反应强弱、亚铁反应强弱等的差异。

触觉特征：通过手触可感受到的土壤质地、土体和土壤结构体坚硬度或松紧度、土壤干湿情况等的差异。

根据土壤的颜色、质地、结构、松紧度、干湿度、新生体、侵入体、根系分布特征，分出土壤的发生层次，如耕作层、犁底层、心土层、底土层等。完整的森林土壤剖面具有5个发生层次，但由于受成土因素的影响程度不同，剖面发育有不完全现象，尤其山地土壤表现明显。自然土壤剖面形态，一般可以分为四层，即覆盖层（又称枯株落叶层）、淋溶层、淀积层（下部会产生还原性的灰泥层或潜育层）、母质层。

1）发生层命名

根据样点的土壤发生层特点，依据基本发生层类型及其附加特性，命名并记录土壤发生层名称与符号。大写字母作为剖面的基本层次，首先被确定；然后，确定不同发生层的附加特性。

（1）基本发生层类型：代表了土壤主要的物质淋溶、淀积和散失过程。基本发生层及其描述见表3-5。

表3-5 基本发生层及其描述

基本发生层	描 述
O	有机层（包括枯枝落叶层、草根密集盘结层和泥炭层）
A	腐殖质表层或受耕作影响的表层
E	漂白层
B	物质淀积层或聚积层，或风化B层
C	母质层
R	基岩

（2）发生层附加特性：土壤发生层所具有的发生学上的特性。用英文小写字母并列置于基本发生层大写字母之后（不是下标）表示发生层的特性。例如：Ah代表自然土壤腐殖质层，Ap代表耕作层，Bt代表黏化层，如表3-6所示。

表3-6 发生层特性描述

符号	描 述
a	高分解有机物质
b	埋藏层，置于属何种性质的符号后面。例如，Btb代表埋藏淀积层，Apb代表埋藏熟化层
c	结皮。例如，Ac代表结皮层
d	冻融特征。例如，Ad代表片状层
e	半分解有机物质
f	永冻层

续表

符号	描　述
g	潜育特征
h	腐殖质聚积
i	低分解和未分解有机物质。例如，Oi 代表枯枝落叶层
j	黄钾铁矾
k	碳酸盐聚积
l	网纹
m	强胶结，置于属何种性质的符号后面。例如，Btm 代表黏磐，Bkm 代表钙磐，Bym 代表石膏磐
n	钠聚积
o	根系盘结
p	耕作影响。例如，Ap 表示耕作层，水田和旱地均可用 Ap1 和 Ap2 表示，Ap1 表示耕作层，Ap2 分别表示水田的犁底层和旱地的受耕作影响层次
q	次生硅聚积
r	氧化还原。例如，水稻土、潮土中的斑纹层 Br
s	铁锰聚积。自型土中的铁锰淀积和风化残积
t	黏粒聚积。只用 t 时，一般专指黏粒淀积。由此生长形成黏粒就地聚积者以 Btx 表示，黏磐以 Btm 表示
u	人为堆积、灌淤等影响
v	变性特征
w	就地风化形成的显色、有结构层。例如，Bw 代表风化 B 层
x	固态坚硬的胶结，未形成磐。例如，Bx 代表紧实层，Btx 代表次生黏化层。与 m 不同处在于后者因强胶结，结构体本身不易用手掰开，而 x 则为弱胶结，结构体本身易掰开
y	石膏聚积
z	可溶盐聚积
φ	磷聚积。例如，φm 代表磷积层，Bφm 代表磷质硬磐

• 耕作层是长期受耕作影响下形成的土壤表层。耕层厚度是指耕作熟化形成的土壤表土层厚度，一般厚度为 10 ~ 20 cm，部分深耕之后，可达到 25 ~ 30 cm，与下伏土层区分明显，养分含量比较丰富，土壤为粒状、团粒状或碎块状结构。耕作层由于经常受农事活动干扰和外界自然因素影响，其水分物理性质和速效养分含量的季节性变化较大。处于经常耕作深度之内的各种不同土层都能形成耕作层。

• 犁底层，通常称作“耕作表下层或耕作亚层”，是指位于耕作表层之下，长期受耕犁挤压和黏粒随灌水沉积形成的较为紧实的土层，常见于水田土壤，部分旱作土壤也有出现，厚度一般为 3 ~ 10 cm。

（3）发生层或发生特性的续/细分：基本发生层可按其发生程度上的差异进一步细分为若干亚层，均以大写字母与阿拉伯数字并列表示，如 C1、C2、Bt1、Bt2、Bt3。考虑到室内分析工作量适宜度，土层划分不宜过细，此处仅作为了解内容。

• 异元母质土层表示：用阿拉伯数字置于发生层符号前表示。例如，在下列二元母质土壤剖面的发生层序列（A-E-Bt1-Bt2-2C-2R）中，A-E-Bt1-Bt2 和 2C-2R 不是同源母质。

• 过渡层表示：用代表上下两发生层的大写字母连写，将表示具有主要特征的土层字母放在前面，如 AB 层；具有舌状、指状土层界线的两发生层，用斜线分隔号（/）置于其间，前面的大写字母代表该发生层的部分在整个过渡层中占优势，如 E/B 层、B/D 层。

2）土壤剖面形态观察与记载

为进一步分析土壤的形成过程，以及成土因素对土壤理化性质的影响，首先观测并记载土壤剖面调查时的调查日期、天气、地理位置、地形地貌、坡度、坡向、海拔高度、成土岩石、土壤母质、土地利用情况、地下水深度、植被情况等。然后进行剖面形态观测，记录每个土壤发生层的形态学特征，包括发生层厚度、边界、颜色、根系、质地、结构、砾石、结持性、新生体、侵入体、土壤动物、石灰反应、亚铁反应等指标。

（1）土层厚度：记录每个发生层的上界和下界深度，由土表向下的连续读数，如 0 ~ 15 cm、15 ~ 32 cm。如果是枯枝落叶层，厚度用正数表示，如 + 3 ~ 0 cm。

（2）边界：记录相邻发生层之间的过渡状况，记录其过渡形状和明显度两个指标（见表 3-7）。

表 3-7　发生层层次过渡描述

过渡形状	形状描述	明显度描述	交错区厚度/cm
平滑	过渡层呈水平或近于水平	突变	< 2
波状	土层间过渡形成凹陷，其深度 < 宽度	清晰	2 ~ 5
不规则	土层间过渡下次凹陷，其深度 > 宽度	渐变	5 ~ 12
间断	土层间过渡出现中断现象	模糊	≥12

注：不规则过渡土层的厚度或深度应按实际变幅描述，如 10/12 cm ~ 16/30 cm

（3）颜色：与土壤物质组成相关联的呈色表现，根据要求，有相应的标准土色卡（蒙赛尔比色卡），或肉眼观察描述法。有条件时，土壤颜色使用蒙塞尔颜色体系表征，野外统一获取润态土壤颜色，可使用喷水壶调节土壤湿度。如果野外不具备比色条件，回到室内，利用采集的纸盒样品，先比干态颜色，再滴水比润态颜色，并及时补充上报颜色数据。若无相关条件，且对结果要求不高时，可用肉眼观察并形象描述。若同一土层两种物质相互混杂，有两种以上的土壤底色时，对不同的底色分别加以描述，并描述不同颜色的面积占比。

（4）根系：记录土体中植物根系的形态特征，包括丰度、粗细状况以及根系性质。

• 丰度：分为 5 级，分级及其描述见表 3-8。

表 3-8　根系丰度描述

根系丰度	描　述
无	未见根系
很少	每平方分米（dm^2）含极细根、细根 1～20 条或中、粗、很粗根 1～2 条
少	每平方分米含极细根、细根 20～50 条或中、粗、很粗根 2～5 条
中	每平方分米含极细根、细根 50～200 条或中、粗、很粗根至少 5 条
多	每平方分米含极细根、细根至少 200 条

• 粗细状况：按直径（mm）可分为极细、细、中、粗、很粗（见表 3-9）。

表 3-9　根系粗细描述表

根系粗细	直径/mm
极细	< 0.5
细	0.5～2
中	2～5
粗	5～10
很粗	≥10

根系性质：木本或草本植物根系、活根或已腐烂根系。

（5）质地：野外调查一般采用“手测法”进行简易判断土壤质地。方法如下：

• 砂土：松散的单粒状颗粒，能够见到或感觉到单个砂粒。干时若抓在手中，稍一松开后即散落，润时可呈一团，但一碰即散。

• 砂壤土：干时手握成团，但极易散落，润时握成团后，用手小心拿起不会散开。

• 壤土：松软并有砂粒感，平滑，稍黏着；干时手握成团，用手小心拿起不会散开；润时握成团后，一般性触动不至于散开。

• 粉壤土：干时成块，但易弄碎，粉碎后松软，有粉质感；润时成团，为塑性胶泥；干、润时所呈团块可随便拿起而不散开；湿时以拇指与食指搓捻不成条，呈断裂状。

• 黏壤土：破碎后呈块状，土块干时坚硬；湿土可用拇指和食指搓捻成条，但往往经受不住它本身的重量；润时可塑，手握成团，手拿起时更加不易散裂，反而变成坚实的土团。

• 黏土：干时为坚硬的土块，润时极可塑，通常有黏着性，手指间搓成长的可塑土条。

（6）结构：指土壤颗粒（包括团聚体）的排列与组合形成的土块。野外调查中，主要记载土壤结构的类型。根据结构单位的形状和肥力的关系，土壤结构形状类型及描述详见表 3-10 和图 3-7。

表 3-10 土壤结构形状描述

形　状	描　述
片状	表面平滑
鳞片状	表面弯曲
棱柱状	边角明显无圆头
柱状	边角较明显有圆头
棱块状	边角明显多面体状
团块状	边角浑圆
核状	边角尖锋紧实少孔
粒状	浑圆少孔
团粒状	浑圆多孔
屑粒状	多种细小颗粒混杂体
楔状	类似锥形木楔形状

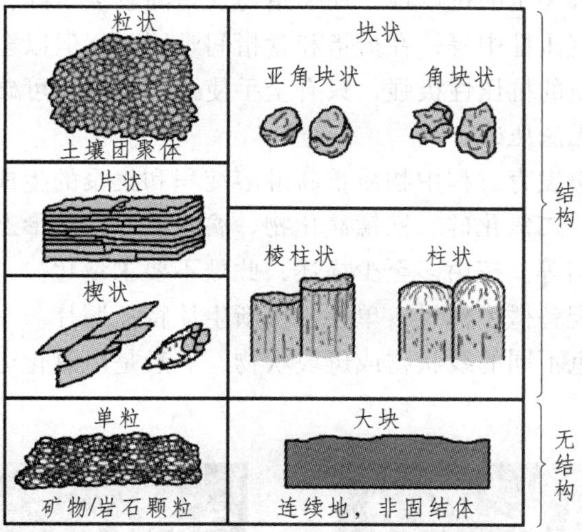

图 3-7　土壤结构体形状（第三次全国土壤普查土壤外业调查与采样技术规范，2022）

观察时应注意以下几点：

① 观察土壤结构最好在土壤含水量中等的情况下观察，可以用喷壶适量喷水。

② 有两种或两种以上结构体时，应分别记载。

③ 在观察时，应注意胶结物质的类型（腐殖质胶结、碳酸盐胶结、铁铝氧化物胶结、硅酸胶结）。

④ 注意剖面发生层上下的结构差异。

（7）土体内砾石：指土体中能够从土壤分离出的大于 2 mm 的岩石和矿物碎屑，主要记载砾石的丰度、大小、形状、风化状态等。丰度用实际估测的砾石体积百分比（%）数值表示，以 5% 为等级间隔填报具体数字。砾石及矿物碎屑描述见表 3-11。

表 3-11　岩石和矿物碎屑描述

大小	直径/mm	形状	风化程度	风化程度描述
很小	< 5	棱角状	微风化（包括新鲜）	没有或仅有极少的风化特征
小	5 ~ 20	次棱角状	中等风化	砾石表面颜色明显变化，原晶体已遭破坏，但部分仍保新鲜状态，基本保持原岩石强度
中	20 ~ 75	次圆状	强风化	几乎所有抗风化矿物均已改变原有颜色，施加一般压力即可把砾石弄碎
大	75 ~ 250	圆状	全风化	所有抗风化矿物均已改变原有颜色
很大	≥250			

（8）结持性：记录土壤结构体在手中挤压时破碎的难易程度。结持性受土壤含水量影响而变化，野外可喷水调节湿度，观察润态条件下的结持性：

- 松散：土壤物质间无黏着性（两指相互挤压后无土壤物质附着在手上）；
- 极疏松：在大拇指与食指间施加极轻微压力下即可破碎；
- 疏松：土壤物质有一定的抗压性，在拇指与食指间较易压碎；
- 坚实：土壤物质抗压性中等，在拇指和食指间难压碎，但以全手挤压时可以破碎；
- 很坚实：土壤物质的抗压性极强，只有全手使劲挤压时才可破碎；
- 极坚实：在手中无法压碎。

（9）新生体：指土壤发育过程中物质重新淋溶淀积和集聚的生成物，从成分上包括易溶性盐类、石膏、碳酸钙、二氧化硅、铁锰氧化物、腐殖质等，从形态上分为斑纹、胶膜、粉状结晶、结核、磐层胶结等。按由多至少描述，此处不要求量化。

若有条件，野外可配备微型标尺，单独拍摄新生体特征照片。

- 斑纹：与土壤基色不同的线状物或斑块状物，一般是由氧化（干态）还原（湿态）交替形成（见图 3-8）。

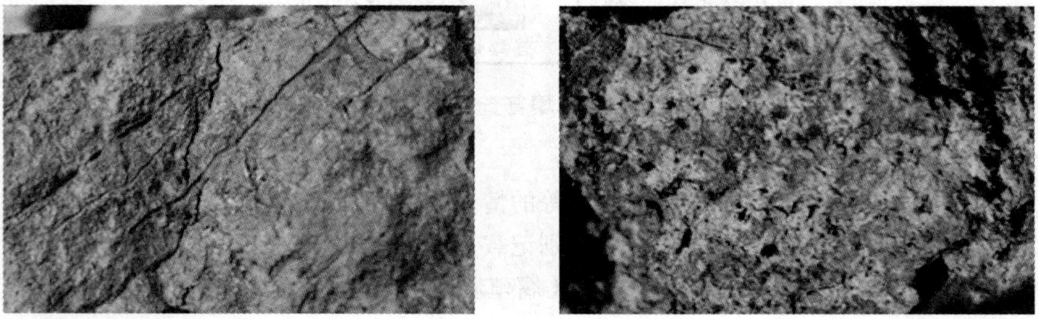

图 3-8　新生体-铁（锰）斑纹（第三次全国土壤普查土壤外业调查与采样技术规范，2022）

- 胶膜：指土壤孔隙壁、土壤结构体或矿质颗粒表面，由于土壤某种成分的凝聚或细土物质就地改变排列所形成的膜状物，颜色可因组成成分不同而有棕、黄、灰等颜色（见图 3-9）。

图 3-9　新生体-黏粒胶膜（左）、铁锰胶膜（右）
（第三次全国土壤普查土壤外业调查与采样技术规范，2022）

• 矿质瘤状结核：土壤发生过程中形成的粉状、瘤状、管状物等，主要由无机物质的次生晶体、微晶体、无定形结核构成（包括易溶盐、碳酸钙等形成的粉状物质）（见图 3-10）。

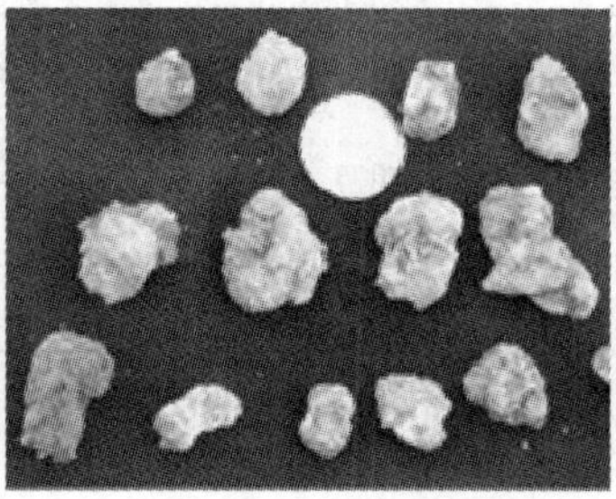
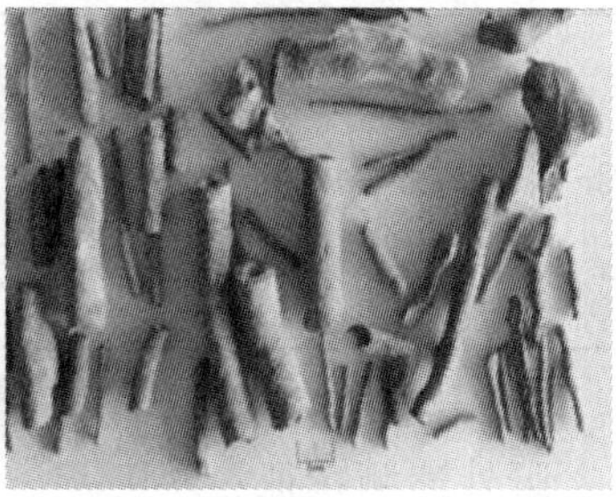

（a）铁锰结核　　（b）砂姜（碳酸钙结核）　　（c）铁管

图 3-10　新生体-矿质瘤状结核（第三次全国土壤普查土壤外业调查与采样技术规范，2022）

• 磐层胶结：指坚硬的层次，组成磐层的物质湿时具有强烈的结持性，在水中 1 h 也不分散。

• 滑擦面：指砂姜黑土（变性土）由于 2∶1 胀缩型黏粒矿物含量高，表下层土壤受挤压而相对移动过程中由黏粒致密排列而形成的磨光面（不是黏粒胶膜）（见图 3-11）。

图 3-11　新生体-滑擦面（第三次全国土壤普查土壤外业调查与采样技术规范，2022）

（10）侵入体：非土壤固有的，而是由外界进入土壤的特殊物质，如砖头、瓦片、铁器、瓷器、木炭、布屑、金属等，描述和记录侵入体类型和丰度（见表3-12）。

表3-12 土壤侵入体描述

组成物质	丰 度	体积分数/%
草木炭、陶瓷碎片、工业粉尘、贝壳、煤渣、废弃液、砖、瓦、水泥、钢筋等建筑物碎屑	无	0
	很少	< 2
	少	2 ~ 5
	中	5 ~ 15

（11）土壤动物：在描述中，除了描述和记录土壤动物的类型和丰度（见表3-13）外，同时更要注重观察和描述土壤动物活动对土壤性状、土壤利用的影响，如动物空穴、动物压实、蚯蚓粪等数量对根系、适耕性产生的影响。

表3-13 土壤动物描述

种 类	丰 度	动物个数
蚯蚓、蚂蚁/白蚁、田鼠、甲虫、其他（需注明）	无	0
	少	< 3
	中	3 ~ 10
	多	> 10

注：如观察到动物粪便，其丰度描述由观察者决定，描述同动物个数。

野外速测特征：

- 石灰反应（盐酸泡沫反应）：测定石灰性土壤中碳酸盐的多少，用10%稀盐酸滴定。
- 亚铁反应：野外鉴定还原性土壤中的Fe^{2+}，加入邻菲罗啉试剂，形成橙色配合物。
- 碱化反应：判别碱化土壤，用酚酞指示剂测定。
- 土壤酸碱反应：可利用混合指示剂比色法速测土壤酸碱度，如表3-14所示。

表3-14 土壤反应描述

反 应	描 述	等 级
石灰反应	无	（/）
	轻度石灰性	（+）
	中度石灰性	（++）
	强石灰性	（+++）
	极强石灰性	（++++）
亚铁反应	无	无色（/）
	轻度	微红或微蓝（+）
	中度	红或蓝（++）
	强度	深红或深蓝（+++）

续表

反应	描述	等级
土壤碱反应	无	无色（/）
	轻度碱化	淡红（+）
	中度碱化	红（++）
	强度碱化	紫红（+++）
土壤酸碱反应	酸性	
	中性	
	碱性	

3）土体性状观察与记录

（1）有效土层厚度：是从地表起植物根系可垂直延伸到吸收养分的土层厚度（不含半风化体、2 mm 以上砾石或卵石含量超过 75% 的碎石层）。当土体中有障碍层时，为障碍层上界面以上的土层厚度，记录其实际数值。当土体中既无碎石层，也无障碍层时，为母质层上界面以上深度（单位：cm）。

（2）土体厚度：指 > 2 mm 砾石的体积占比 ≤ 75% 的所有土层。此处砾石包括基岩、基岩的半风化体、洪积或冲积来的石块（包括鹅卵石）、粗砂以及次生的结核（如铁锰结核和砂姜）。土壤厚度包括表土层（如耕作层）、心土层等在内的土壤层总厚度（单位：cm）。

土体厚度超过 120 cm 时，记录到剖面挖掘的 120 cm 深度，或者记录野外实际观测深度。

（3）土体质地构型：指土壤剖面中各发生层土壤质地的排列状况，适用于平原、盆地区域的冲积物、沉积物母质发育的土壤类型。

土体质地构型大致分为三个类型：

- 均质质地剖面构型：即指从土表到 100 cm 深度土壤质地基本均一，或其他质地的土层的连续厚度 < 15 cm，或这些土层的累加厚度 < 40 cm；分为通体壤、通体砂、通体黏、通体砾 4 种类型。
- 夹层质地剖面构型：即指从土表 20 ~ 30 cm 至 60 ~ 70 cm 深度内，夹有厚度 15 ~ 30 cm 的与上下层土壤质地明显不同的质地土层；分为砂/黏/砂、黏/砂/黏、壤/黏/壤、壤/砂/壤、其他（需注明）5 种类型。
- 体（垫）层质地剖面构型：即指从土表 20 ~ 30 cm 以下出现厚度 > 40 cm 的不同质地的土层；分为砂/黏/黏、黏/砂/砂、壤/黏/黏、壤/砂/砂、其他（需注明）5 种类型。

4）土壤类型野外判断

采用中国土壤地理发生分类和中国土壤系统分类两套分类体系并行的方式，判定剖面样点土壤类型。地理发生分类参考《第三次全国土壤普查暂行土壤分类系统（试行）》，系统分类依据《中国土壤系统分类检索（第三版）》。

3.3.6 实训作业

整理总结土壤剖面观察记录，完成实验报告。

【思考题】

（1）土壤剖面野外评述：对土壤剖面形态学特征、成土环境等观察与描述后，应对所观察的剖面进行综合评述，主要内容分为针对土壤剖面形态的发生学解释，以及土壤生产性能评述等。

（2）土壤剖面形态的发生学解释：针对土壤剖面的形态学特征，分析其与成土环境条件、形成过程之间的关系。例如，从剖面中出现的铁锈斑纹新生体，说明剖面中具有（或曾经有）水分上下运动的过程，而出现了氧化还原交替。对于某些野外难以理解的特征，应标注现象、特征与疑问，以便室内进一步分析时再做判定。

（3）土壤剖面的生产性能评述：生产性能评述包括记录和评价土壤适耕性、障碍因素与障碍层次、土壤生产力水平及土宜情况，提出土壤利用、改良、修复等的建议。

（4）剖面土壤样品如何采集？

4　土壤矿物质分析技术及综合实训

本章主要介绍了常见土壤矿物质观察与识别、常见成土岩石观察与识别、土壤中原生矿物和黏土矿物的鉴别。通过矿物质的鉴别技术培养学生尊重自然、保护自然的生态观念。

4.1　常见土壤矿物观察与识别

4.1.1　实训目的

矿物是地壳中的化学元素在地质作用下形成的，具有一定化学组成和物理性质的自然均质体，是组成岩石的基本单元，也是土壤固体颗粒的主要构成体。通过对矿物形态、物理性质的认识，初步学习鉴定矿物的一般方法，为进一步学习岩石与土壤奠定基础。

4.1.2　实训方法

借助工具，以肉眼观察和定性描述的方式，对常见造岩矿物的形态、光学性质、力学性质等进行观察识别。

4.1.3　实训材料

（1）工具：放大镜、白瓷板、硬度计、小刀、小锤等。

（2）矿物标本：石英、正长石、斜长石、白云母、角闪石、辉石、方解石、石膏、高岭石、赤铁矿、褐铁矿、滑石。

（3）试剂：稀盐酸。

4.1.4　操作步骤

根据指导老师的讲解和示范，观察矿物标本的各项性质并记载。

（1）按矿物晶体形态、颜色、条痕、光泽、透明度、硬度、解理、断口及其他性质的顺序，对各类标本进行观察并记录。

（2）综合对比不同矿物的性质特征，按相似矿物归类并确定每种矿物的特有鉴定特征。

（3）选择 6 种矿物进行详细观察并完成相关鉴定表格。

4.1.5 观察内容

1. 矿物晶体形态

晶体形态分单体形态和集合体形态，常见形态如表 4-1 所示。

表 4-1 常见晶体形态及实例

单体形态	矿物实例	集合体形态	矿物实例
柱状、针状	石英、黄玉、绿柱石	结核状、鲕状	磷灰石、赤铁矿、铝土矿
纤维状、放射状	石棉、石膏、蛇纹石、菊花石	晶族、晶腺	石英、方解石、氟石、玛瑙
板状、片状	重晶石、斜长石、石膏、云母	钟乳状、葡萄状	钟乳石、孔雀石、硬锰矿
粒状、立方体状	橄榄石、石榴子石、黄铁矿	土状、致密状	高岭石、蛇纹石、黄铜矿

2. 颜 色

矿物首先引人注意的是它的颜色，矿物的颜色是其重要的特征之一。一般来说，颜色是光的反射现象。例如，孔雀石为绿色是因为孔雀石吸收绿色以外的色光而独将绿色反射所致。矿物的颜色，根据矿物呈色的成因，可以分为自色、他色和假色。

自色：矿物自身固有的，由化学成分与结构所产生的颜色，如孔雀石的翠绿色。

他色：矿物所含杂质引起的颜色，如含氧化铁的石英呈粉红色（蔷薇石英），无鉴定意义。

假色：矿物因氧化膜或裂隙造成的颜色。前者称锖色（斑铜矿），后者称晕色（方解石、白云），无鉴定意义。

矿物颜色的观察应在太阳光下对矿物的新鲜表面进行，并常用两种标准色来描述，主色在后。如褐红色，以红色为主，带有褐色。矿物颜色标准色如表 4-2 所示，成色离子颜色如表 4-3 所示。

表 4-2 矿物颜色的标准色

颜色	红色	橙色	黄色	绿色	蓝色	紫色	褐色	黑色	灰色	白色
矿物	辰砂	铬酸铅矿	雌黄	孔雀石	蓝铜矿	紫水晶	褐铁矿	黑色电气石	铝土矿	斜长石

表 4-3 成色离子颜色

离子	Ti^{+4}	Cr^{3+}	Cu^{+}	Cu^{2+}	Cu^{2+}	V^{3+}	Mn^{2+}	Mn^{4+}	Fe^{2+}	Fe^{3+}	Fe^{3+}
颜色	褐红色	红色	深红色	蓝色	绿色	橄榄绿色	紫色	黑色	黑色	樱红色	褐色
矿物	石榴子石	刚玉	赤铜矿	蓝铜矿	孔雀石	辉石	菱锰矿	软锰矿	磁铁矿	赤铁矿	褐铁矿

3. 条 痕

条痕是指矿物粉末的颜色，即用矿物在条痕板（白瓷板）上擦划（矿物硬度应小于瓷板），留在瓷板上的颜色。

条痕可消除假色，减弱他色而显示自色，但浅色矿物的条痕均为近白色，鉴定意义不大。

4. 光　泽

光泽是指矿物表面对可见光反射的能力。

（1）通常在晶面或解理面上观察时，按反光的强弱可分为：

金属光泽：方铅矿、黄铜矿等，反光极强，金属矿物常有。

半金属光泽：镜铁矿、黑钨矿等，反光较强，如未经磨光的金属表面。

非金刚光泽：金刚石、石英等非金属矿物，无金属感，又分玻璃光泽和金刚光泽。

玻璃光泽：具有光滑表面类似玻璃的光泽，如萤石、方解石等。

金刚光泽：非金属光泽中最强的一种，似太阳光照在宝石上产生的光泽，如金刚石等。

（2）矿物因集合方式、断口等原因造成特殊光泽，又称变异光泽。

油脂光泽：具有不平坦表面而类似动物脂肪光泽，如石英（断口）等。

丝绢光泽：纤维状矿物集合体产生像蚕丝棉状光泽，如纤维石膏（集合体）等。

珍珠光泽：多是平行排列片状矿物的光泽，类似蚌壳内或珍珠闪烁光泽，如云母（极完全解理）等。

土状光泽：光泽与干土相似，如高岭土等。

5. 透明度

透明度是指矿物透光的能力，肉眼鉴定时，以矿物边缘的透光力为标准进行分级。

（1）透明：透过矿物碎片边缘可清晰看到后面的物体轮廓，如水晶、萤石。

（2）半透明：透过矿物碎片边缘能模糊看到后面的物体轮廓，如方解石、石英。

（3）不透明：透过矿物碎片边缘不能看到后面的物体，如石墨、磁铁矿。

6. 硬　度

硬度是指矿物抵抗外力（如摩擦、刻划、压入）的能力，具有较大的鉴定意义。

硬度小的矿物可被硬度大的矿物所刻划，因此，常以两种不同矿物互相刻划的方式，确定其相对硬度。以摩氏硬度计的 10 种矿物作为标准矿物，可得到未知矿物的相对硬度大小（并非矿物硬度的绝对倍数差异），石英硬度约为滑石的 3 500 倍，金刚石硬度约为石英的 1 150 倍。摩氏硬度计共设置 10 个等级硬度，其标准矿物及其对应硬度等级如表 4-4 所示。在野外工作中，可通过简易方式：指甲（2 ~ 2.5）、铜具（3）、玻璃（5）、小刀（5 ~ 5.5）、钢锉（6 ~ 7）等代替摩氏硬度计。

表 4-4　摩氏硬度计等级划分

硬度等级	1	2	3	4	5	6	7	8	9	10
代表矿物	滑石	石膏	方解石	萤石	磷灰石	正长石	石英	黄玉	刚玉	金刚石

一般而言，自然界常见矿物的硬度很少大于 7（石英）。在野外为简化工作，常将矿物按硬度分为软、中、硬三级：硬度小于指甲为软；硬度介于指甲与小刀间为中；硬度大于小刀为硬。

矿物的集合方式、杂质和风化等情况都会影响其硬度，因此，应该在矿物新鲜晶面、解理面或断口面上进行测试矿物硬度。例如，用刀具进行刻划（不能用力过大），若在矿物表面留下划痕，并落下粉末，则表明矿物的硬度小于刀具。

7. 解理与断口

由矿物晶体内部构造决定的抗外力敲打性能，鉴定矿物的重要特征。

（1）解理：矿物晶体在外力作用下严格沿着一定结晶方向破裂，并能裂成光滑平面的性质。这些有规则的光滑平面称为解理面。

（2）断口：矿物晶体在外力作用下沿任意方向破裂成各种凹凸不平的断面。这样的断面叫作断口。

解理与断口可以说是一对矛盾体，此消彼长。

① 解理分组：按解理方向不同，分为单向解理（云母）、两向解理（长石）、三向解理（方解石）；

② 解理分级：按解理裂开难易和解理面发育程度，分为以下等级。

极完全解理：解理面大而极光滑，可裂成薄片状，几乎无断口，如云母。

完全解理：解理面光滑，可裂成小块，很难发生断口，如方解石。

中等解理：解理面小而不光滑，不完整小块，较易发生断口，如长石。

不完全解理：很难发生解理，碎块上可见粗糙解理面，容易出现断口，如磷从石。

无解理：矿物破裂后形成各式断口，解理不可见，如石英。

③ 常见断口类型。

断口类型多样，其中常见的主要有以下四种：

贝壳状断口：断口有圆滑的凹面或凸面，面上具有同心圆状波纹，形如蚌壳面，如石英、燧石。

锯齿状断口：断口有似锯齿状，其凸齿和凹齿均比较规整，同方向齿形长短、形状差异并不大，如自然铜。

参差状断口：断面粗糙不平，有的甚至如折断的树木茎干，如磁铁矿、角闪石。

类土状断口：其断面平滑，但断口不规整，如高岭石。

8. 盐酸反应

含有碳酸盐的矿物，加盐酸会放出气泡，其反应式如下：

$$CaCO_3 + 2HCl \longrightarrow CaCl_2 + CO_2\uparrow + H_2O$$

根据与浓度 10% 的盐酸发生反应时放出气泡的多少，可分四级：

低：徐徐地放出细小气泡。

中：明显起泡。

高：强烈起泡。

极高：剧烈起泡，呈沸腾状。

9. 典型矿物的基本性质

一些典型矿物的基本性质见表 4-5。

表 4-5　典型矿物的基本性质

矿物名称	颜　色	条　痕	解理性	色　泽
辉铜矿（Cu_2S）	铅灰色	暗灰色	不完全解理	金属光泽
方铅矿（PbS）	铅灰色	黑色	完全解理	金属光泽
闪锌矿（ZnS）	从无色到浅黄色，棕褐至黑色	白色至褐色	完全解理	半金属光泽
黄铜矿（$CuFeS_2$）	黄色	绿黑色	完全解理	金属光泽
辉锑矿（Sb_2S_3）	铅灰色	灰黑色	完全解理	金属光泽
雌黄矿（As_2S_3）	黄色	鲜黄色	不完全解理	金属光泽
赤铁矿（Fe_2O_3）	钢灰色至铁黑色	红棕色	无解理	金属光泽

4.1.6　实训作业

实验报告：观察记录未知矿物基本性质，并鉴定。

【思考题】

（1）观察矿物的自色、他色和假色。
（2）石英、方解石、斜长石（成分、形态、硬度、解理、碳酸反应）的区别是什么？
（3）赤铁矿、褐铁矿（成分、颜色、条痕、光泽、密度）的区别是什么？
（4）角闪石、辉石（成分、形态、颜色）的区别是什么？
（5）正长石、斜长石（成分、形态、颜色）的区别是什么？

4.2 常见成土岩石观察与识别

4.2.1　实训目的

岩石是自然界矿物以一定规律组合而成的集合体，具有一定的矿物组成与形成环境，其风化产物是形成土壤的物质基础——母质。通过对各类岩石的观察与识别，了解各种岩石的矿物组成及其与岩石特征的关系，初步掌握岩石的一般鉴别方法，为进一步认识土壤及其物质组成奠定基础。

4.2.2　实训方法

对岩石的颜色、矿物组成、结构、构造等方面进行观察后，以肉眼观察、定性描述的方式，对各类岩石标本进行观察与识别，判断所属岩类并定出岩石名称。

4.2.3 实训材料

（1）岩石标本。

（2）放大镜、小刀、小锤、稀盐酸等工具和试剂。

4.2.4 操作步骤

组成地壳的岩石，按其成因不同分为岩浆岩、沉积岩和变质岩三大类。三者由于成因不同，以致在各自的组成、结构和构造中都有较大的差异。即由各种沉积物经硬结成岩者称为沉积岩；由原生岩经高温、高压以及与化学性质活泼的物质作用后发生变质的岩石称为变质岩。学生需跟随指导老师的示范和讲解，仔细观察岩石标本的各项特征并记录，完成实验鉴定表。

（1）岩浆岩：综合岩石的矿物成分、结构、构造，对照岩浆岩分类简表确定岩石的名称。

（2）沉积岩：以岩石的矿物成分、结构为主，结合构造，对照沉积岩分类简表确定岩石名称。

（3）变质岩：从岩石的构造特征入手，结合矿物成分和结构查沉积岩鉴定简表确定岩石名称。

4.2.5 观察内容

1. 岩浆岩

岩浆岩由岩浆冷凝而成。因在地表以下（深度）冷凝的环境条件（温度、压力等）不同，赋予岩石不同的矿物组成、结构和构造。

（1）矿物成分：岩浆岩的主要矿物有石英、长石、云母、角闪石、辉石、橄榄石 7 种。

岩浆岩按岩石含量分为主要矿物、次要矿物和副矿物三类，主要矿物常用来确定岩石名称。

（2）结构：岩石中矿物的结晶程度、颗粒大小、形状及粒间的相互关系所表现出来的特征。岩浆于地下深处冷凝成岩，矿物常具有结晶现象：矿物结晶时的温度、深度、冷却速度及结晶的先后顺序决定了岩石的结构。岩浆冷凝于近地表，矿物晶体大小不等，或晶体细小；岩浆若喷出地表后冷凝成岩，则岩浆冷凝太快不能结晶而呈玻璃质。岩浆岩主要结构有：全晶质等粒、隐晶质、斑状、玻璃质（非结晶质）结构。

全晶质等粒结构：岩石中矿物晶粒在肉眼或放大镜下可见，且晶粒大小一致，如花岗岩。

隐晶质结构：岩石中矿物全为结晶质，但晶粒很小，肉眼或放大镜看不出晶粒。

斑状结构：岩石中矿物颗粒大小不等，有粗大的晶粒和细小的晶粒或隐晶质甚至玻璃质（非晶质）者称为斑状结构。大晶粒为斑晶，其余的称为石基，如花岗斑岩。

（3）构造：指矿物颗粒之间排列方式及填充方式所表现出的整体外貌，一般有块状、流纹状、流动状、气孔状、杏仁状等构造。

块状构造：岩石中矿物的排列完全没有秩序，无任何特殊形象的均匀块体，是最常见的构造，也是侵入岩的特点，如花岗岩、闪长岩、辉长岩均为块状。

流纹状构造：因熔浆流动，不同颜色、不同成分的隐晶质或玻璃质或气孔拉长呈定向排列，岩石中可以看到岩浆冷凝时遗留下来的纹路，为喷出岩的特征，如流纹岩。

流动状构造：岩浆在流动过程中形成的流线、流面构造，流面构造常平行于岩体接触面。

气孔状构造：熔浆喷出地表，压力骤减，大量气体从岩石中迅速逸出而形成的大小不一的圆状孔洞，为喷出岩特征，如气孔构造的玄武岩。

杏仁状构造：喷出岩中的气孔内，为次生矿物所填充，其形状如杏仁，常见的填充物如蛋白石、方解石、石英、玛瑙等。

（4）岩浆岩分类。

在划分岩浆岩类型时，岩石化学成分中的酸度和碱度是主要考虑因素之一。岩石的酸度，是指岩石中含有 SiO_2 的质量百分数。通常，SiO_2 含量高时，酸度也高；SiO_2 含量低时，酸度也低。而岩石酸度低时，说明它的基性程度比较高。

SiO_2 是岩浆岩中最主要的一种氧化物，因此，其含量有规律的变化是岩浆岩分类的主要基础。根据酸度，也就是 SiO_2 含量，可以把岩浆岩分成四个大类：超基性岩（$<45\%$）、基性岩（45% ~ 52%）、中性岩（52% ~ 65%）和酸性岩（$>65\%$）。

2. 沉积岩

沉积岩是先成岩石经风化、搬运、沉积而成的岩石。岩石的沉积环境（如海水和陆地）不同，使得岩石具有相应的结构和构造，其中，次生矿物与化石成为重要的识别特征之一。

（1）矿物成分：较复杂，具有新形成的次生黏土矿物，按性质可分为三类。

碎屑矿物：抗风化力较强的矿物碎屑，如石英、长石、白云母等。

黏土矿物：矿物分解产生的次生矿物，如高岭土、蒙脱石、伊利石等。

化学与生物成因矿物：经化学或生物作用形成的矿物，如方解石、石膏、煤等。

（2）结构：沉积岩的颗粒大小、形状和结晶程度所形成的特征，是沉积岩岩石分类的重要依据。常见的结构有：碎屑结构（砾、砂、粉砂）、泥质结构、化学结构、生物结构等。

① 碎屑结构：矿物碎屑经胶结物胶结成岩所具有的结构。胶结物的成分有钙质、铁质、硅质、泥质等，按碎屑大小来划分有：

砾状结构：大于 2 mm 以上的碎屑被胶结而成的岩石，如砾岩、角砾岩。

砂粒结构：碎屑颗粒直径为 2 ~ 0.05 mm，如砂岩。

粉砂结构：碎屑颗粒直径为 0.05 ~ 0.005 mm，如粉砂岩。

② 泥质结构：颗粒很细小，由直径小于 0.005 mm 的泥质组成，彼此紧密结合，成致密状，如页岩、泥岩。

③ 化学结构：由溶解物质或胶体物质经化学结晶沉淀形成的岩石结构，有晶粒状、隐晶状、胶体状（如鲕状、豆状），为化学岩所特有，如粒状石灰岩。

④ 生物结构：岩石中含有大量生物遗骸的岩石结构，如生物灰岩。

（3）构造：沉积岩各种物质成分形成的特有的分布状态与排列关系所表现出的特征，是沉积岩野外识别的重要特征。

层理构造：沉积岩中的颜色、物质、颗粒大小等沿垂直方向呈层次变化的现象，有厚薄之分，是沉积岩的最大宏观特征，手持标本上很难全面反应。

层面构造：层理面上保留的自然痕迹（如化石、波痕、干裂、足迹、雨痕等），反映岩层沉积时的地理环境。

（4）主要沉积岩分类见表 4-6。

表 4-6 主要沉积岩分类简表

岩　类	碎屑岩			黏土岩	化学岩与生物化学岩	
主要成分	岩石碎屑	石英、长石、云母	石英、长石、黏土	石英、黏土	方解石、白云石	有机物、碳、硫酸盐
结　构	砾状	砂质	粉砂	泥质	化学	生物化学
主要岩石	砾岩、角砾岩	砂岩	粉砂岩	泥岩	石灰岩、白云岩	煤、油页岩

3. 变质岩

原生岩经高温、高压、活性气体作用后，发生了变质而形成的新岩称为变质岩。

由于变质程度有深有浅，因此岩石特征既有继承性也有独特性。

（1）矿物成分：其中一部分属于原岩所有，另一部分是变质过程中新形成的特有的变质矿物，如石榴子石、绿泥石、滑石、蛇纹石等，是变质岩的重要标志。

（2）结构：变质岩多半具有结晶质，有变晶结构与变余结构。

变晶结构：变质过程中，原岩在固态条件下经重结晶作用而形成的新的晶质结构。

变余结构：也称残留结构，由于变质不完全，岩石残留有原岩的结构特征。

（3）构造：因受定向压力的影响，矿物具有定向排列的构造特征，主要构造是片理构造。

片理构造：岩石中矿物定向排列的表现的似层状构造，是变质岩最常见、最具特点的构造。矿物平行排列所成的面称为片理面。

构造根据变质程度分为板状构造、千枚状构造、片状构造、片麻状构造、块状构造等类型。

板状构造：变质较浅，变晶不全，劈开成薄板，片理较厚，如板岩。

千枚状构造：能劈开成薄板，片理面光泽很强，变晶不大，在断面上可以看出是由许多极薄的层所构成，故称千枚，如千枚岩。

片状构造：能劈开成薄片，片理面光泽强烈，矿物晶粒粗大，为显晶变晶。

片麻状构造：片状、柱状、粒状矿物呈平行排列，显现深浅相间的条带状，如片麻岩。

块状构造或层状构造：矿物重结晶后成粒状或隐晶质，一般情况在肉眼下很难看出它的片理构造，而成块状或保持原来层状构造，如大理岩、石英岩。

（4）变质岩分类见表 4-7。

表 4-7 主要变质岩分类简表

岩　类	片麻岩	片岩	千枚岩	板岩	大理岩	石英岩
结　构	变晶	变晶	变晶	变余	变晶	变晶
构　造	片麻状	片状	千枚状	板状	块状	块状
主要矿物	长石、石英、蓝晶石、石榴子石	云母、角闪石、绿泥石、滑石	黏土矿物、石英、绢云母、绿泥石	原岩矿物、绢云母、绿泥石	方解石、白云石、蛇纹石、橄榄石	石英

4.2.6 实训作业

鉴定未知岩石，并完成鉴定表（见表 4-8）。

表 4-8 岩石鉴定表

岩石编号	颜 色	矿物成分	结 构	构 造	岩石类型	岩石名称	备 注

4.3 土壤中原生矿物和黏土矿物的鉴别

4.3.1 土壤中原生矿物的鉴别

土壤原生矿物是指在风化成土过程中未改变化学组成的原始造岩矿物，其化学成分和矿物结构均未发生变化，与母岩相同。土壤原生矿物在土壤中多达 60 余种，但常见者约 20 种，它们的分布与母质来源及周围的物理化学环境密切相关。鉴定土壤原生矿物的方法有偏光显微镜、X 射线衍射、差热分析、穆斯堡尔法和化学分析等。然而，X 射线鉴定时可能有多种矿物同时在一个峰的位置出现，难以区分它们；而差热分析和穆斯堡尔法只对铁矿物的鉴定特别有效；化学分析对含量低的矿物难以确定。所以一般都采用偏光显微镜方法来鉴定，只有对特殊矿物才选用相应的其他方法鉴定。

1. 实验材料

仪器与设备：偏光显微镜、125 mL 分液漏斗、普通加热电炉、50 mL G3/G4 砂芯漏斗、250 mL 抽气瓶、载片和盖玻片等。

试剂配制：

（1）HCl 溶液（1∶9）：10 mL 浓盐酸加 90 mL 蒸馏水混合。

（2）三溴甲烷（$CHBr_3$）：又称溴仿，密度 2.9 g/cm^3，故称重液。

（3）乙醇（C_2H_5COOH）：化学纯。

（4）折光率为 1.484 ~ 1.712 的浸油一套。

2. 实验步骤

（1）称 5 g 提取胶体后的粉砂和细砂级样本置于 50 mL 烧杯中，加入 1∶9 HCl 溶液 10 mL，在电炉上煮沸 1 min（在通风橱内进行）。

（2）冷却澄清后去除清液，用水洗 3 ~ 5 次，把残留在颗粒上的 HCl 洗净，连烧杯放在红外灯下烤干颗粒。

（3）把烧杯内的干颗粒搅松拌匀，称 2 g 置于事先装有 60 mL 三溴甲烷的分液漏斗内。

（4）把黏在分液漏斗口内壁的颗粒用三溴甲烷冲入，塞紧盖后用手直立摇动 2 min。

（5）把黏在分液漏斗内壁上的颗粒用三溴甲烷冲到重液（三溴甲烷）中，架在漏斗架上在通风橱静置 1 h（较砂的样本，30 min 即可）。若沉下的重矿物较多，为避免轻矿物中还夹有重矿物，可用细玻璃棒再充分搅动浮在重液上的轻矿物，用三溴甲烷把玻璃棒及分液漏斗内壁上黏着的颗粒冲洗入重液内，再在通风橱中静置 1 h。

（6）把沉在分液漏斗下部的重矿物放置到砂芯漏斗中，再把浮在三溴甲烷上面的轻矿物放到另一个砂芯漏斗中。把含有重、轻矿物的砂芯漏斗分别移到抽气瓶中抽气过滤。过滤出来的三溴甲烷回收再用。

（7）用乙醇通过抽气过滤来洗净矿物颗粒上的三溴甲烷。

（8）把砂芯漏斗中的重矿物和轻矿物移出，烘干，称重（精确至 0.001 g）。

（9）选取有代表性的重矿物（或轻矿物）样本（用四分法取样）1 000 颗以上置于载玻片上，加上 1.544 折光率的浸油，盖上盖片，用手指轻轻按着前后左右推动，使其中的颗粒分布均匀，在偏光显微镜下鉴定。当发现有疑难矿物不好鉴定时，可不断调换不同折光率的浸油，使之接近浸油折光率后，再查有关矿物鉴定手册，缩小鉴定范围，然后再从其他光学性质来确定被鉴定的矿物。

（10）在偏光显微镜下统计各种矿物，总共统计颗粒数不少于 500 颗。

3. 结果计算

单矿物的质量（g/kg）= 单矿物的颗粒（g/kg）× 重矿物（或轻矿物）质量

4. 注意事项

（1）粒级的选取最好在 50 mm 以上，以便更准确地在偏光显微镜下进行鉴定。但土壤原生矿物大多集中在 10 ~ 50 mm，因此，该粒级也不能忽视。一般不选择小于 10 mm 的矿物颗粒。

（2）在偏光显微镜下观察时，若发现有许多不透明矿物，需用磁分离或电磁分离法分出来，然后用反光法、穆斯堡尔法和 X 射线衍射法等方法做半定量测定。

（3）使用三溴甲烷时，尽可能在通风橱内操作。

（4）土壤中若含有像磷灰石等易溶于 HCl 的矿物，则改用弱草酸。

4.3.2 土壤黏土矿物的鉴别

1. 实验目的

土壤黏土矿物是土壤中带电荷粒子之间进行相互作用的主体。其类型、数量及相互作用和化学表现影响矿质土壤的物理、化学性质。本实验的目的是掌握层状黏土矿物定向薄片的制片和 X 射线衍射分析测试技术及图谱的判读。

2. 方法与原理

X 射线衍射鉴定是基于一定波长的 X 射线在晶质矿物中的衍射。可根据不同结构矿物的不同衍射特点及其经化学处理后的变化，判读晶质矿物的类型。

3. 实验材料

（1）仪器和设备：

① X 射线衍射仪；

② 马福炉、水浴锅、离心机；

③ 干燥器、5 mL 指形管、小玻璃片（3 cm × 4 cm）、一端带玻球的小玻璃棒。

（2）试剂配制：

① 1 mol/L KCl 溶液；

② 0.5 mol/L $MgCl_2$ 溶液；

③ 5% 甘油溶液（体积比）；

④ 2 mol/L HCl 溶液；

⑤ 0.3 mol/L 柠檬酸钠溶液；

⑥ 柠檬酸钠-碳酸氢钠混合液：0.3 mol/L，柠檬酸钠 1 mol/L，碳酸氢钠按 20∶2.5 混合配制；

⑦ 10% 的二甲亚砜溶液（体积比）。

4. 操作步骤

1）黏粒定向薄片的制备方法

（1）镁饱和甘油定向片。

称 50 mg 原胶于 5 mL 指形管中，加柠檬酸钠-碳酸氢钠混合液 3 mL 和 0.1 g 固体连二亚硫酸钠，在 80 °C 的水浴锅中加热 15 min，边加热边搅拌。冷却、离心、弃去清液，以脱去样品中的游离铁。然后加入 0.5 mol/L $MgCl_2$ 溶液 3 mL，搅拌，洗净玻璃棒后离心，重复饱和 2 次，再加 5% 甘油溶液饱和一次。离心，弃去清液后加 1 mL 蒸馏水搅匀，最后顺着玻璃棒将悬液均匀地倾倒在放平的小玻璃片上，室温下风干后放入装有饱和 $Ca(NO_3)_2$ 溶液的干燥器，平衡一天，供衍射分析用。

（2）钾饱和定向片。

按上述方法称样，脱铁后加 1 mol/L KCl 溶液饱和处理 3 次，并用蒸馏水洗一次，用蒸馏水按上述方法制片（不放入干燥器）。钾片风干衍射扫描后，根据需要，可在马福炉中依次加温 300 °C 和 550 °C（2 h）后再进行衍射。

（3）二甲亚砜定向片。

脱铁后样品加 10% 二甲亚砜溶液，处理 3 次，用 5% 二甲亚砜溶液制片，风干后放入装有二甲亚砜纯液的干燥器中，在 40 °C 下平衡 4 h，上机衍射。

（4）HCl 处理定向片。

向脱铁后样品加 2 mL HCl 溶液，在 80 °C 水浴中加热 1 h，离心，弃去清液，再制成钾饱和定向片。

（5）柠檬酸钠处理定向片。

向脱铁后样品加入 0.3 mol/L 柠檬酸钠溶液，煮沸 1 h，冷却后离心，弃去清液，制成钾饱和定向片。

2）由黏土矿物的衍射峰形判断其结晶程度

土壤黏土矿物是在一定的土壤水、热及生物作用下形成的，因此，其黏土矿物结晶状况在一定程度上可以反映黏土矿物的形成条件和土壤的成土过程。

黏土矿物大多具有层状构造，Si—O 四面体和 Mg(Al)—O 八面体以不同方式组成黏土矿物的基本构造单元层。构造单元层间构造不十分牢固，层与层的叠置方式是比较自由的。如果叠置十分有规律，就形成规则的三维格子，即结晶好。如果层的叠置表现为无规律性，即结晶不好。

确定黏土矿物结晶程度的方法有很多，一般采用的是确定其结晶度指数的方法。鉴于分析和测试方法较复杂，本书不作专门介绍，如果有兴趣，可参阅有关书籍。结晶好的矿物，衍射峰尖锐对称；结晶不好的矿物，衍射峰常呈宽阔而弥散的衍射区。

5. 注意事项

（1）钾饱和定向片在 550 °C 加温冷却后应尽快上机衍射，因为时间过长，黏粒易与玻璃片脱离。

（2）镁饱和甘油定向片有时会因定向不好而峰形低矮，遇到这种情况最好重新制片。

【思考题】

（1）根据矿物的识别特征，如何进行未知矿物的鉴定？
（2）根据岩石的特性，如何进行未知岩石的鉴定？
（3）摩氏硬度中滑石的硬度是 1，石英的硬度是 7，能说明石英的硬度是滑石的 7 倍吗？
（4）正长石具有卡氏双晶还是聚片双晶结构？
（5）为什么蒙脱石具有膨胀性，而高岭石不具有膨胀性？
（6）花岗岩和石灰岩哪种岩石抗风化能力较强，为什么？
（7）石英砂岩与玄武岩经风化后会形成质地黏重的母质吗？

5 土壤物理性质分析技术及综合实训

5.1 土壤容重测定与应用

5.1.1 土壤容重测定

1. 测定的意义

土壤容重是田间自然状态下单位容积土壤体（包括粒间孔隙）的烘干土重（质量）。土壤容重的大小受土壤质地、结构性、松紧度、有机质含量等影响，如有机质含量多的土壤，容重小。对于质地相同的土壤来说，易形成团粒结构的土壤容重小，无团粒结构的土壤容重大。此外，土壤的容重与土壤层次有关，土层越深则容重越大，这与表层土壤有机质含量高有关。根据容重大小，可以大致估计土壤的质地和结构状况，土壤容量也是土壤孔隙度和松紧状况的重要指标。而土壤孔性、三相容积比及容积热容量等指标的计算均需要土壤容重参数。因而通过测定土壤容重，进一步确定孔性、三相容积比及土壤肥力等指标，以便判断肥力因素协调的可能程度，为制定技术措施提供依据，具有十分重要的意义。

2. 测定原理

根据土壤容重概念，其测定方法通常采用环刀取土烘干法，即用一定体积的环刀取土以确定土壤体积，烘干后称量，得到一定体积的土体的烘干土重（质量），即可计算土壤容重大小。

3. 测定步骤

1）取土

野外选取代表性点位，去除杂物，轻踏表土，将一定体积环刀（容积通常为 100 cm^2），通过环刀托平稳地压入土中，用力要均匀，勿使环刀左右摇摆和倾斜，使土壤充满并稍高出环刀取土器。然后用土铲或铁锹小心地将环刀连同充满的土一起挖出，再用刀将环刀取土器上下两端多余的土削去、整平，将装土环刀两端盖上盖。

2）土壤样品转移

室内将环刀取土器内的土无损地转移到已知质量的铝盒或烧杯内，称量（铝盒质量＋湿土质量），待烘干。为防止土壤样品在转移过程中损失，可以将野外取土的环刀两端盖上盖，一端盖上多孔的盖，称量（需要在取土前事先称取环刀与盖的质量），待烘干。

3）烘干

将称量的铝盒和湿土一并放于烘箱中，设定温度为 105 °C；烘至恒重后，称取烘干土质量。烘干时间因土壤样品处理方式不同有所不同。采用转移至铝盒或烧杯的方法，一般需要 8 ~ 10 h，但此方法土壤样品转移有损失。采用环刀土柱直接烘干方法，需要较长的时间，一般需要 20 ~ 24 h。考虑到土壤样品转移损失和烘干时间问题，可以采用两次烘干法，即野外环刀取土后，室内将环刀土转移至干燥烧杯中，环刀一并放入烧杯中，放置烘箱烘干后称总质量，然后清洗环刀与烧杯，再进行烘干称量即可。这种方法大约需要 11 h。

4. 仪器与用具

环刀、环刀托、削土刀、铝盒或烧杯、天平、烘箱、干燥器等。

5. 土壤容重计算

$$土壤容重=\frac{干土质量}{取土环刀容积}=\frac{(环刀质量或铝盒质量+干土质量)-环刀质量或铝盒质量}{取土环刀容积}$$

6. 注意事项

（1）环刀取土时，要保持用力均匀。

（2）土壤必须充满环刀，土体略高于环刀。

（3）土壤样品转移无损失。

（4）烘干后称量时应迅速。

（5）水稻田因长期浸水，土壤容重测定方法不同。水稻土研究中常提出浸水容重，作为反映浸水条件下土壤结构状态和淀实程度的指标。它的测定方法是：磨细的风干土壤样品称量后，放入盛水的大量筒中，浸泡分散，水中搅拌，静置，待土粒下沉至筒底，记下沉淀容积。另取一份风干土壤样品测其含水量，由此折算筒内土壤样品的干土质量，再由下式求解。

$$浸水容重=干土质量/沉淀容积$$

5.1.2 土壤容重测定应用

土壤容重多为 1.0 ~ 1.8 g/cm^3。适合多数作物正常生长的土壤容重范围为 1.1 ~ 1.3 g/cm^3。土壤容重过高，说明土壤太紧实，反之，土壤过于疏松，均不利于作物正常生长。

1. 判断土壤松紧状况

土壤容重越大，表明土壤越紧实；土壤容重越小，表明土壤越疏松。土壤过于紧实或者过于疏松均不利于土壤水、肥、气、热的调节。

2. 计算土壤孔隙度和固液气三相容积率比

单位体积土壤中孔隙体积所占的比例（%）称为土壤总孔隙度。土壤总孔隙度包括土壤毛管孔隙度和土壤非毛管孔隙度，可分别按下列各式计算：

$$土壤总孔隙度=（1-容重/密度）\times 100\%$$

$$土壤毛管孔隙度=土壤田间持水量（质量比，\%）\times 土壤容重$$

$$土壤非毛管孔隙度=土壤总孔隙度-土壤毛管孔隙度$$

$$土壤液相率=土壤质量含水量\times 土壤容重$$

土壤气相率 = 土壤总孔隙度 − 土壤液相率
= 土壤总孔隙度 − 土壤质量含水量 × 土壤容重
土壤固相率 = 1 − 土壤孔隙度
孔隙比 − 孔隙容积/固相土粒容积 = 土壤总孔隙度/(1 − 土壤总孔隙度)

对于多数旱地农作物来说，适宜的土壤，耕层的总孔隙度为 50% ~ 56%，其中固相率为 50% 左右，液相率为 25% ~ 30%，气相率为 15% ~ 25%。如果气相率在 5% ~ 8% 及以下，会妨碍土壤通气而抑制植物根系和好气微生物活动。对于旱地土壤来说，一般固液气三相比以保持 2 : 1 : 1 为较宜。

3. 计算土壤质量和工程土方量

每公顷耕层土壤的质量，可根据土壤容重来计算。

例如，某农田土壤耕作层厚度为 0.2 m，容重为 1.15 g/cm^3（或 t/m^3），则该农田每公顷耕层土壤质量 = $10^4\ m^2 \times 0.2\ m \times 1.15\ t/m^3 = 2.3 \times 10^3\ t = 2.3 \times 10^6\ kg$。

如果计算每公顷取工程土 20 cm 厚的土方量，则需要测定土壤容重，依据上述计算即可。

4. 估算各种土壤养分数量，指导农田施肥

一般分析方法测定的土壤养分含量均为相对含量，而非绝对的养分数量。土体内养分的绝对数量可以通过养分相对含量和容重计算得到。

例如，某设施菜田定植前，经过测定，0 ~ 30 cm 土层深度土壤硝态氮和有效磷含量分别为 80 mg/kg 和 300 mg/kg，该层次土壤容重为 1.26 g/cm^3，则每公顷该设施菜田 30 cm 深度内含有硝态氮和有效磷的数量分别为

每公顷土壤硝态氮数量 = $10^4\ m^2 \times 0.3\ m \times 1.26\ t/m^3 \times 1\ 000\ kg/t \times 80\ mg/kg \times 10^{-6}\ kg/mg$
= 302.4 kg

每公顷土壤有效磷数量 = $10^4\ m^2 \times 0.3\ m \times 1.26\ t/m^3 \times 1\ 000\ kg/t \times 300\ mg/kg \times 10^{-6}\ kg/mg$
= 1 134 kg

5. 计算土壤储水量及灌水（或排水）定额

例如，某农田土壤含水量 10%，欲使含水量达 20%，假定耕层容重为 1.2 g/cm^3，则每公顷耕层（20 cm）灌水定额（安全系数为 1.5）为 $0.2\ m \times 10^4\ m^2 \times 1.2\ t/m \times (20\% \sim 10\%) \times 1.5 = 360\ t$（或 m^3）。

5.2 土壤水分测定与应用

5.2.1 土壤水分测定

1. 吸湿水含量的测定

1）适用范围

吸湿水含量测定适用于测定除石膏性土壤和有机土（含有机质 200 g/kg 以上的土壤）以外的各类风干土壤的吸湿水含量。

2）方法与原理

吸湿水含量的测定采用烘干法（国家标准），土壤样品在 103 ~ 107 °C 烘至恒重时的失重，即为土壤样品含水分的质量。

3）测定步骤

取干净又经 103 ~ 107 °C 烘干的铝盒在分析天平上称量（准确到 0.001 g）。然后加入风干土壤样品（5 ~ 10 g），称量。将铝盒盖放在铝盒底下，放入烘箱中，保持烘箱内温度为 103 ~ 107 °C，烘 8 h。将铝盒加盖后从烘箱中取出，并放入干燥器内冷却至室温（约 20 min）称量。风干土壤样品水分测定应做 2 份平行测定。

精密度：平行测定结果的绝对相差（实测值 – 平均值，下同），水分含量小于 5% 的风干土壤样品不得超过 0.2 %。

4）注意事项

（1）控制好烘箱内的温度，使其保持在 103 ~ 107 °C，过高过低都将影响测定结果的准确性。

（2）干燥器内所放的干燥剂只有在充分干燥的情况下方可放入烘干土壤样品，否则干燥剂要重新烘干或更换后方可放入干燥器中。

2. 自然含水量的测定——烘干法

1）适用范围

烘干法适用于测定除石膏性土壤和有机土（含有机质 200 g/kg 以上的土壤）以外的各类土壤的水分含量。

2）方法与原理

土壤样品在 103 ~ 107 °C 烘至恒重时的失重，即为土壤样品含水分的质量。

3）仪器及使用

土钻：在土壤采样过程中，会遇到不同土壤质地，如黏土、壤土、砂土和泥炭土，为了达到更好的采样效果，应该根据不同土壤质地，选择合适的钻头。

铝盒：小型的铝盒直径约为 40 mm，高约为 20 mm；大型的铝盒直径约为 55 mm，高约为 28 mm。

分析天平：所用的分析天平感量为 0.001 g 和 0.01 g。

4）测定步骤

取干净又经烘干的铝盒在分析天平上称量。然后加入土壤样品称量（精确到 0.01 g）。将铝盒盖放在铝盒底下，放入烘箱中，烘箱内温度保持在 103 ~ 107 °C，烘干 12 h。将铝盒从烘箱中取出，并放入干燥器内冷却至室温，称量。新鲜土壤样品水分测定应做 3 份平行测定。

精密度：平行测定结果的绝对相差，水分含量 5% ~ 15% 的新鲜土壤样品不得超过 0.3%，水分含量大于 15% 的大粒（粒径约 10 mm）黏重潮湿土壤样品不得超过 0.7%。

5）注意事项

（1）要控制好烘箱内的温度，使其保持在 103 ~ 107 °C，过高过低都将影响测定结果的准确性。

（2）干燥器内所放的干燥剂只有在充分干燥的情况下方可放入烘干土壤样品。否则干燥剂要重新烘干或更换后方可放入干燥器中。

（3）酒精燃烧法。此方法简便快速，适于田间测定。但由于燃烧时温度不易控制，土壤有机质也易被烧失引起较大误差，有机质含量高的土壤（大于 5%）不宜用此法。

测定步骤：取土壤样品 5.00 g 放入已知质量的铝盒中，加无水乙醇浸没土壤样品，点燃乙醇，燃烧完毕，冷却后再加无水乙醇 2 ~ 3 mL，重复燃烧，冷却后称量，直至恒重。

（4）中子法。中子法就是用中子水分仪测定土壤含水量。在中子水分仪前端，装有一个同位素中子源，它能不断地发射出快中子，当土壤中的含氢量（即含水量）较大时，快中子很快被慢化成热中子，这些热中子犹如云雾一般紧紧围绕在中子源的周围。在土壤含水量较小时，中子被碰撞的机会少，能运动到稍远的地方去，这样中子云的密度就较低。在中子源的附近，装有一个热中子探测器，它能测出进入其内的热中子，这样热中子计数和土壤含水量之间就存在一种确定的关系，通过标定就能由热中子计数算出土壤含水量。

中子法十分适用于监测田间土壤水分动态，套管永久安放后不破坏土壤，能长期定位连续测定，不受滞后作用影响，测深不限；中子水分仪还可与自动记录仪和计算机连接，因而成为田间原位测定土壤含水量较好的方法，并得到广泛应用。但中子法也存在限制因素，需要田间校准是中子法的主要缺点之一。另外，仪器设备昂贵，一次性投入大；中子法对土壤采样范围为一球体，这使得在某些情况下测量结果会出现偏差，例如土壤处于干燥或湿润周期时，层状土壤、表层土壤等；中子水分仪还存在潜在的辐射危害。

中子水分仪是集多种高新技术于一体的野外土壤含水量测定仪器。测定时要将探头放入预先埋设好的导管内，半分钟左右就能测定一个土壤层的含水量。中子水分仪在整个测定过程中不用取样，具有精确、快速、测深不限、不受水分物理状态（如冰冻）影响的特点。中子水分仪主要用于田间土壤水分测量，观察水分分层分布情况及动态变化、作物的需水量研究、节水灌溉指导，也用于严寒地区冻土水分测定，以及某些部门的长期土壤水分资料积累等方面，还可用于其他物料的水分含量测定。仪器内部采用单片计算机系统，直接显示含水量值，所有计算储存自动完成，可根据被测定的土壤状况输入 10 条多项式标定曲线供计算用，并可随意调用。测定的结果可显示或打印出来，并可和微型计算机联机通信（见图 5-1）。本仪器经国家卫生防疫部门检测，放射防护符合国家标准，可确保使用者的身体健康。

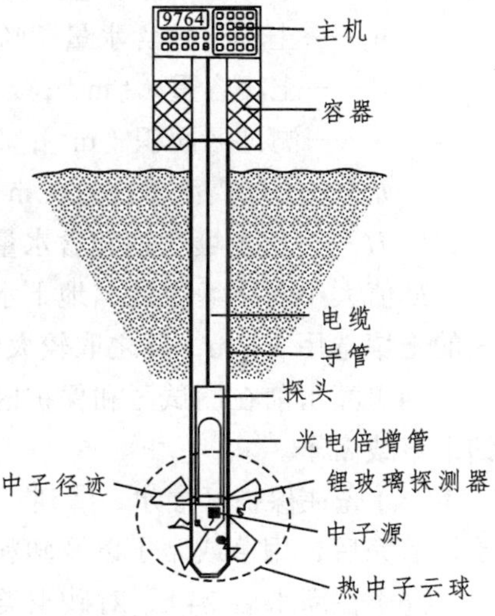

图 5-1　中子水分测定仪

（5）电阻法。电阻法测量土壤含水量的原理是石膏、尼龙、玻璃纤维等的电阻和它们的含水量有关。把这些中间物加上电极放置在潮湿的土壤中，过一段时间后，其含水量达到平衡。由于电阻和含水量相关，所以可以先标定电阻和含水量的对应关系，测量其电阻就能得出相应的含水量。

（6）TDR法。TDR（时域反射仪）法是20世纪80年代发展起来的一种土壤水分测定方法。由于土壤中水的介电常数远大于土壤中的固体颗粒和空气的介电常数，因此土壤介电常数随水分含量升高而增大。而电磁波在介质中传播的速度与介电常数的平方根成反比，因此沿波导棒传播的电磁波的传播速度随着介电常数的升高而减慢，通过测定土壤中高频电磁脉冲沿波导棒的传播速度，就可以确定土壤含水量。

TDR法测得的含水量是整个探针长度范围内的平均值，所以同一土体中埋置方式不同可能得到不同的结果，因此在使用TDR时，应根据实验要求选择适宜的探针埋置方式。此法测定土壤表层的含水量比中子水分仪精度高，具有快速、准确、安全、无辐射、便于自动控制等特点，且测量范围广，既可做成便携式仪器进行田间实时测量，又可通过导分测量，适用于原位连续线与计算机相连，进行远距离多点自动监测。但此法不适宜对盐碱土进行水测量。

3. 田间持水量测定

田间持水量是土壤所能稳定保持的最高土壤含水量，是对作物有效的最高的土壤水含量。它被认为是一个常数，常被用来作为灌溉上限和计算灌水定额的指标。田间持水量的测定可分为田间测定和室内测定。

1）田间持水量的田间测定方法

（1）在田间选择一块面积不小于0.5 m^2的具有代表性的地块，将地面仔细平整。

（2）将铁框击入平整好的地块6～7 cm深，其中大框（50 cm × 50 cm）在外，小框（25 cm × 25 cm）在内。大框与小框之间为保护区，保证它们之间距离均匀一致。小框内为测定区。

（3）在上述地块旁挖一个剖面，测定各层容重及其自然含水量，从而计算出总孔隙度及自然含水量所占容积的比例（%），然后根据总孔隙度与现有自然含水量所占容积的比例（%）之差，求出实验土层（一般为1 m左右）全部孔隙都充满水时应灌水的量。为保证土壤充分渗透，实际灌水量将为计算需水量的1.5倍。按下式计算测试区和保护区的灌水量。

$$灌水量（m^3）= H(a-w)dSh$$

式中 a——土壤饱和含水量（%）；

w——土壤自然含水量（%）；

d——土壤容重（t/m^3）；

S——测试区面积（m^2）；

h——土层需灌水深度（m）；

H——使土壤达饱和含水量的保证系数。

H值大小与土壤质地、地下水位深度有关，通常为1.5～3.0 m，一般黏性土或地下水位浅的土壤选用1.5 m，反之取较大的值。

（4）灌水前在测试区和保护区各插厘米尺一根，灌水时，为防止土壤冲刷，应在灌水处铺上草或席子。

（5）先往保护区灌水，灌到一定程度后，立即向测定区灌水，使内外均保持5 cm厚的水层，灌完后，用草或席子以及塑料布将土表盖严，防止蒸发和雨淋。

（6）在灌水后24 h，对砂土类、壤土类进行取样；在48 h或更长时间后，对黏土类进行取样。

（7）采样于测定区，按正方形对角线打钻，每次打 3 个钻孔，从上至下按土壤发生层分别采土 15 ~ 20 g（精确到 0.01 g），放入铝盒，测其含水量。以后每天调定一次，直到前后两天的含水量无显著差异，水分运动基本平衡为止。

2）田间持水量的室内测定

（1）测定目的。

土壤田间持水量在地势高、水位深的地方是毛管悬着水最大含量，但在地下水位高的低洼地区，它则接近毛管持水量。它的数值反映土壤保水能力的大小，常作为灌水定额的最高指标，对指导生产有很重要的意义。

（2）测定原理。

在自然状态下，用一定容积的环刀（一般为 100 cm）取土，到室内加水至毛管全部充满。取一定量湿土放入 105 ~ 110 °C 烘箱中，烘至恒重。水分占干土质量的比例（%）即为土壤田间持水量。

（3）方法步骤。

在田间选择挖掘的土壤位置，用土刀修平土壤表面，按要求深度将环刀向下垂直压入土中，直至环刀筒中充满土壤样品为止。然后用土刀切开环周围的土壤样品，取出已充满土的环刀，细心削平刀两端多余的土，并擦净环刀外围的土，将筒内的土壤无损失带入室内。

在环刀底端放大小合适的滤纸 2 张，用纱布包好后用橡皮筋扎好，放在玻璃皿中。玻璃皿中事先放 2 ~ 3 层滤纸，将装土环刀放在滤纸上，用滴管不断地滴加水于滤纸上，使滤纸经常保持湿润状态，至水分沿毛管上升而全部充满达到恒重为止。取出装土环刀，去掉纱布和滤纸，取出一部分土壤放入已知质量的铝盒内称量，放入 105 ~ 110 °C 烘箱中，烘至恒重，取出称量。

（4）结果计算。

$$\text{土壤田间含水量}(\%)=\frac{m_1-m_2}{m_2-m_0}\times 100\%$$

式中　m_0——烘干空铝盒的质量（g）；

m_1——烘干前铝盒及湿土的质量（g）；

m_2——烘干后铝盒及干土的质量（g）。

5.2.2　土壤水分含量测定计算与应用

1. 土壤水分含量测定计算

土壤水分含量主要通过质量分数（%）来表示，即土壤样品水分质量占烘干物质量的比例（%）。

$$\text{水分含量（分析基）}=\frac{m_1-m_2}{m_2-m_0}\times 100\%$$

$$\text{水分含量（干基）}=\frac{m_1-m_2}{m_2-m_0}\times 100\%$$

式中　m_0——烘干空铝盒的质量（g）；

m_1——烘干前铝盒及土壤样品的质量（g）；

m_2——烘干后铝盒及土壤样品的质量（g）。

平行测定结果用算术平均值表示，保留一位小数。

2. 土壤水分含量的应用

（1）通过测定土壤水分含量的高低，分析农田植物与其环境间的物质交换过程。

土壤水分含量的高低直接影响作物对养分的吸收速率。土壤中有机养分的分解矿化离不开水分，土壤水分的适量增加有利于各种营养物质溶解和移动，施入土壤中的化学肥料只有在水中才能溶解。例如土壤水分有利于磷酸盐的水解和有机态磷的矿化，这些都能改善植物的营养状况。此外，养分离子向根系表面迁移以及作物根系对养分的吸收都必须通过水分介质来实现。

（2）通过测定土壤水分含量的高低，分析土壤温度和通气状况，指导农业生产。

土壤水分还能调节土壤温度，但水分过多或过少都会影响植物的生长，从而对植物的产量和品质产生重要影响。水分过少时，植物会受干旱的威胁极缺营养。水分过多会使土壤中空气流通不畅并使营养物质流失，从而降低土壤肥力，或使有机质分解不完全而产生一些对植物有害的还原物质。

（3）分析土壤水分含量，调节生态平衡。

在自然界，森林、草原、湖泊等生态系统，都是由动物、植物、微生物等生物成分和光、水、土壤、空气、温度等非生物成分所组成。每一个成分都不是孤立存在的，而是相互联系、相互制约的统一综合体。因此，土壤水分含量会影响生态系统的组成成分，改善土壤水分含量才能使生态系统组成成分之间通过相互作用达到一个相对稳定的平衡状态，称为生态平衡。

（4）土壤含水量在智能灌溉决策系统中的应用研究。

理想的智能灌溉系统，需要基于具体可靠的土壤水分含量数据做出科学灌溉决策来补充人的经验决策，因此，分析满足智能灌溉系统决策需要土壤水分含量数据的特点，讨论如何采集到可供智能灌溉决策系统使用的土壤水分含量数据，可以得到智能灌溉决策系统给出的如何处理使用土壤水分含量的数据。

5.3　土壤最大吸湿量测定

在空气相对湿度接近饱和的条件下，风干土所能吸收的气态水分的最大量，即土壤最大吸湿量，又称为吸湿系数。土壤吸湿水含量的多少与空气相对湿度、土壤质地及土壤有机质含量等有关。测定土壤最大吸湿量，可以了解土壤比表面的大小，估算土壤的稳定凋萎含水量（萎蔫系数）。

1. 实验原理

用硫酸钾饱和溶液在干燥器中模拟相对湿度接近饱和（98%～99%）的空气状态，将风干土壤放入其中，充分吸湿，测定最大吸湿量。

2. 实验仪器及试剂

仪器：天平（感量 0.001 g）、称量瓶（直径为 45 cm、高 3 cm）、干燥器、烘箱。

试剂：称取 11 ~ 15 g 的硫酸钾（K_2SO_4，化学纯）溶于 100 mL 水中，制成饱和硫酸钾溶液。

3. 实验步骤

（1）称取通过 2 mm 筛孔的风干土样 5 ~ 20 g（黏土和有机质含量多的土壤为 5 ~ 10 g，壤土和有机质较少的土壤为 10 ~ 15 g，砂土和有机质含量极少的土壤为 15 ~ 20 g，精确至 0.001 g），转入已知质量的称量瓶中，平铺在称量瓶底。

（2）将称量瓶放入干燥器有孔瓷板上，将瓶盖打开斜放在瓶上，称量瓶勿靠近干燥器壁。干燥器下部盛有饱和硫酸钾溶液（每 1 g 土样放入约 3 mL 饱和硫酸钾溶液）。将干燥器盖好后，放置在温度稳定处，保持恒温 20 °C。

（3）一周后，将称量瓶加盖从干燥器中取出，立即在天平上称量（精确至 0.001 g），然后重新放入干燥器中，使其继续吸湿，以后每隔 2 ~ 3 d 按照前述方法称量一次，直至达到恒定质量（前后两次质量之差不超过 0.005 g），计算时可取其最大值。

（4）将最大吸湿量达到恒定质量的土样，置于（105 ± 2）°C 的烘箱中烘干至恒定质量，计算土壤最大吸湿量。

4. 结果计算

$$最大吸湿量（\%）=\frac{m_1-m_2}{m_2-m_0}\times 100\%$$

式中　m_0——称量瓶的质量（g）；

m_1——98% 相对湿度饱和后的湿土样加称量瓶的质量（g）；

m_2——烘干后土样加称量瓶的质量（g）。

5.4　土壤毛管持水量测定

土壤中粗细不同的毛管孔腺连通在一起形成复杂的毛管体系。毛管上升水达最大含水量时的土壤含水量，即毛管持水量，又称为最大毛管水量。毛管上升水的高度对农业生产有重要意义，当地下水位较高时，毛管持水量对植物是有效的；地下水位过低时，因植物的根系不能接触到毛管上升水，故对植物生长无效。

1. 实验原理

用环刀采取原状土，使其下部受到水的浸润，水分通过毛管力的作用沿毛管孔隙上升至恒重，测定原状土的含水量，该含水量即土壤毛管持水量。

2. 实验仪器及试剂

环刀、天平（感应量为 0.01 g）、烘箱、铝盒、托盘、干燥器。

3. 实验步骤

（1）在野外用环刀采取原状土样，用削土刀削去两端多余的土，在两端盖上盖子，带回室内，到实验室后打开两端的盖子，环刀刃口处套上垫有滤纸的有孔底盖，浸入托盘内。土样毛管孔隙充水时间因土壤质量而异，一般砂土需要 4 h，壤土需要 8 h，黏土需要 12 ~ 24 h。

（2）毛管孔隙充水时间达到饱和后，取出环刀，用滤纸吸干环刀外部的水分，立即称重（精确至 0.1 g），将环刀放回托盘继续吸水，一定时间后（砂土 2 h，黏土 4 h）再次称重，直至恒重。

（3）从恒重的环刀内取 15 ~ 20 g 土样放入已知质量的铝盒，立即称重（精确至 0.01 g），在（105 ± 2）°C 烘箱内烘至恒重，计算含水量，此含水量即土壤毛管持水量。

本实验要进行平行实验，重复 2 ~ 3 次，每次允许误差为 ± 5%，取算术平均值。

4. 结果计算

$$\text{土壤毛管含水量（\%）} = \frac{m_1 - m_2}{m_2 - m_0} \times 100\%$$

式中 m_0——烘干空铝盒的质量（g）；

m_1——烘干前铝盒及湿土的质量（g）；

m_2——烘干后铝盒及干土的质量（g）。

5. 注　释

该方法只能测定直接处于地下水平面上的毛管水，毛管水活动层下部的毛管持水量随着高度的增加，毛管持水量也有所降低。为了测定整个毛管水活动层中水分的分布曲线，需要从地下水面开始，向上逐层测定土壤含水量，直到毛管水活动层上限为止。

5.5 土壤萎蔫系数测定

土壤萎蔫系数是指植物发生永久凋萎时的土壤含水量。通常把土壤萎蔫系数看作土壤水的下限，此时所含的水分形态为全部吸湿水和部分膜状水。田间持水量是土壤有效水的上限，因此田间持水量与萎蔫系数之间的差值即土壤有效水最大含量。不同土壤由于质地、结构、有机质及盐分含量的差异，其萎蔫系数也不同。一般土壤质地越黏重，萎蔫系数越大，不同作物和同一作物在不同生育阶段，其萎蔫系数也有一定的差别。土壤萎蔫系数是研究土壤水分状况、土壤改良及灌溉的重要指标。萎蔫系数的测定一般有两种方法：一种是间接测定法，另一种是直接测定法。

1. 实验原理

（1）间接测定法。

间接测定法是指根据不同土壤质地和水分常数计算求得萎蔫系数，通常用最大吸湿水含量乘以一个系数得到。其系数为 1.34 ~ 2.0，若土质偏砂质则乘以 1.34，偏壤质则乘以 1.5，偏黏质则乘以 2.0。这种计算法只能求得其近似值，不能反映作物本身的多样性。

（2）直接测定法。

直接测定法也叫生物测定法，即直接进行植物生长试验求出萎蔫系数。

① 测定幼苗的萎蔫系数：当幼苗发生永久萎蔫时，测定其土壤的含水量，即幼苗的萎蔫系数。这种方法能较准确地反映不同作物的特点，但不能反映作物在不同发育阶段的特殊性。

② 测定作物在不同生育阶段的萎蔫系数。

2. 实验仪器及试剂

木箱（内放湿锯末，使箱内水汽饱和）、温度计、塑料管、烧杯、种子（棉种种子或其他作物种子）、营养液［2.8 g 磷酸氢铵（$NH_4H_2PO_4$）、3.5 g 硝酸钾（KNO_3）、5.4 g 硝酸铵（NH_4NO_3）］溶于 1 L 水中。

3. 实验步骤

1）种子前处理

将选好的籽粒饱满的种子进行催芽处理，即放入清水中浸泡 48 h，每 12 h 换水 1 次。

2）装土

将通过 2 mm 孔径的风干土均匀装满烧杯（杯高 6 ~ 7 cm，直径 4 ~ 5 cm），杯中插入一根直径为 0.5 cm、长为 8 cm 的塑料管，以便浇水时烧杯底层空气可排出。采用棉线引水的方式用营养液将烧杯中的土壤浸湿。

3）种植

在湿润的表层土壤下 2 cm 处种 5 ~ 6 粒催芽过的种子，覆土后称重并记录，杯口用厚纸盖住，以免表土水分蒸发。出苗后，每个烧杯定株 3 棵，将烧杯放在光线充足处（避免烈日直射），待幼苗生长到与杯口齐平时，杯口用蜡纸封住，纸面对应植株的地方留小孔，幼苗即可由此长出。纸与杯壁接合处封上石蜡，然后在蜡纸上盖一薄层石英砂，防止土表蒸发，排气的塑料管口用棉花塞上。

在生长过程中，每天早、中、晚观察室温和生长情况，并每隔 6 d 称重 1 次（如杯内水分蒸发过多，则可进行第二次灌水）。当第二片真叶长得比第一片真叶大时，视为幼菌根已分布于杯内的整个土体，此时可进行实验（也可最后灌一次水）。然后将杯子移到没有阳光直射的地方，直到第一次凋萎（叶子下垂）。

当植株出现凋萎后，将杯子移入木箱内，经过一昼夜观察，如凋萎现象消失，即把杯子放回原处，待凋萎现象再次出现后，再把箱子移入箱内，如此反复观察，直到植株不再复原，就可认为幼苗已达到凋萎。

4）取样分析

去除石蜡、土表 2 cm 的土层、植株及根系，参照测定土壤吸湿水方法，所测定的杯中土壤的含水量即萎蔫系数。

4. 结果计算

$$土壤萎蔫系数=\frac{萎蔫点土样质量-烘干样品质量}{烘干样品质量}\times 100\%$$

5. 注　释

装填的土壤不要过于疏松，最好接近田间土壤容重值，这样更接近实际土壤状况。

5.6 土壤温度测定

5.6.1 地温计法

1. 基本原理

地温计是测定土壤温度的温度计（传统的地温计为水银温度计）。通常使用的地温计有定时温度计、最高温度计和最低温度计等。定点观测上层土壤温度时，一般采用不同长度的曲管地温计来定期观测土壤上层（5～20 cm）的温度；而定点观测较深层的土壤温度用直管地温计，通常将不同长度的直管地温计分别安装在不同深度（如 20 cm、40 cm、60 cm 等层次）的土壤中。为了快速测定土壤温度，可用插入式地温计，它能较快测出田块的土壤温度。随着温度传感技术的发展，现在电子温度计日益普及，其精度比水银温度计高，且直接用数字显示，使用更加方便。

2. 实验仪器与设备

插入式数显温度计、温度传感器（热敏探头、导线、数采仪等）。

3. 测定步骤

1）田间土壤温度测定

测定土壤耕作层的温度一般可在不同深度（5 cm、10 cm、15 cm、20 cm）上进行，如有特殊要求可按需要确定。

2）地段的选择

如果观测地段位于比较平坦的地方，可以在该地段上选 2～3 m^2 的面积来测定土壤温度。如果观测地段位于坡地上，也应选出 3 块与上述面积同等的地段，这些地段必须分布在坡地的上部、中部和下部。每天必须在同一时间进行观测。如果观测地段距离站址很远，可以每两天进行一次观测。如果定点观测，则应至少重复 3 次，求取平均值。

即时测定土壤温度时，将插入式地温计垂直插到所需要的土壤深度中，5 min 后立即读数，并记录。同一地点至少应重复测定 3 次，以减少土壤变异对温度测定的影响。

5.6.2 自动监测法

1. 基本原理

利用温度传感器，将土壤温度变化转化为电信号，由数据采集仪采集，并按一定采样频率自动观测土壤的温度变化。这种土壤自动监测法省时省力，方便准确，能够准确地反映土壤温度的变化规律，已成为土壤温度监测的主要方式。土壤温度自动监测设备的关键部件是温度传感器（又称为温度探头）。测量土壤温度的温度传感器种类很多，选择温度传感器时应考虑其灵敏性、稳定性、精确性、适应范围、易用性和成本高低等因素。目前，在土壤研究中普遍使用热电偶温度传感器来监测土壤温度变化。

热电偶原理（Seebeck 效应）是将两种不同金属的两端相互连接，当两个节点存在温度差时，二者之间产生电动势，电路中出现电流。接点间温差越大，产生的电动势越高。对于两种特定的金属而言，温差与电动势之间存在固定的函数关系。因此，只要确定了电路中电动势的大小，就可以算出两个接点间的温差。如果指定了其中一个接点的温度（参考温度），就可以得知另一个接点的温度。热电偶输出电压（E，mV）与温度（T，°C）的关系可用一元二次函数表示：

$$E = a + bT + cT^2$$

式中　a，b，c——与热电偶类型有关的常数；

　　E——输出电压，主要由 bT 项（b 为 Seebeck 常数）决定。

传感器对温度变化的反应速度用时间常数（r）来表示。时间常数定义为当环境温度变化为某一尺度时，传感器感应 63.2% 的变化尺度所需的时间。对于给定的传感器，其 r 值的大小受其材料、大小、热特性以及所处环境的影响。

利用热电偶测量土壤温度时应注意：热电偶的灵敏性和寿命受湿度、酸碱度等影响，要防止其受到酸碱腐蚀；热电偶线的直径大小对测定有影响，直径越大，响应时间常数越大。对于大多数土壤研究而言，取直径为 0.51 mm 的热电偶线即可。可以用细热电偶线做成热电偶接点，然后再将其连接在同类型的较粗的热电偶线上。

2. 仪器与设备

利用热敏探头和数采仪组成的自动地温监测系统可连续监测土壤温度。

3. 测定步骤

1）温度传感器的校准

多数温度传感器不需要校正，如果需要校正，可将传感器放置于 1 : 1 的冰水混合物中，其读数应该为 ± 0.01 °C。在将数采仪和热敏探头安装在田间之前，应在室内将系统（软件和硬件）全部连接并测试。热敏探头的精度一般为 0.5 °C，在分析作物生长和发育时，土壤温度精度在 ± 1 °C 即可，而如要计算土壤热通量，则测定精度必须达到 ± 0.1 °C。

2）监测点数与频率

土壤表层温度变异大，需要增加监测的点数，相应需要较多的热敏探头。深层土壤温度变异较小，可以减少监测点数。土壤温度的取样频率取决于观测变量的变化频率以及传感器的特性。如果不考虑传感器本身的滞后效应，则取样频率至少应为所观测变量频率的 2 倍。

5.6.3 田间安装

1. 监测地点选择

监测地点要具有代表性，一般选择田块的中间部位，不要选择在田边、水渠边或有遮蔽、覆盖物、污染物的地方。观测地点尽可能远离公路、居民区等受人为因素干扰大的地方，同时要保障仪器的安全性。

2. 埋设热敏探头

安装热敏探头前用防水标签标记探头。挖两个长 × 宽 × 深 = 20 cm × 20 cm × 30 cm 的小坑（挖出的土壤分层放好），从地表开始测量安装深度，并利用事先打好孔的木板确定热敏探头在土壤剖面上安装的位置。将在铜管中的热敏探头分别埋在 5 cm、10 cm、15 cm 和 20 cm 的深度，然后分层回填土壤，保证热敏探头和土壤有良好的接触；将 20 cm 以上的探头引线埋入土壤，避免热传导带来的误差；保持土壤固有的层次结构和容重等特性，尽量减小土壤水热特性的变化。

3. 连接数采仪和探头

其连接引线最好穿过 PVC（聚氯乙烯）管，埋入土壤底层，以避免田间管理、耕作以及动物对引线的破坏。

4. 数据采集

接通电源，设定好取样频率，连续监测土壤温度的昼夜变化。利用数采仪采集温度数据。每 10 min 测定 1 次，30 min 时，计算平均数并输出数据，共采集 24 h。

5. 注　释

（1）要在同一时间观测读数，只有同一时刻测定的土壤温度才具有可比性。

（2）测定土壤表面温度时，要保持探头与土壤表面接触良好；尽量使用微型热电偶以减小探头对地面能量平衡的影响，而且为了降低辐射热传输，一般将探头上盖一薄层土（5 mm 左右）。

5.7 土壤水势测定

土壤水总是由土水势高处流向土水势低处。同一土壤，含水量越大，土壤水能量越高，土水势也越高，土壤水就会由湿度大的土壤流向湿度小的土壤，但是不同质地的土壤不能由土壤含水量的多少来判断土壤水流向，而是要根据土水势的高低来确定。非饱和土壤剖面上各点的水势能是不同的，土壤中各点的水势能差决定了土壤中水分的运动状况。土水势的测定，是研究土壤水的运动和它对植物的可给性，是确定土壤水的能量状态必不可少的条件。土壤水总势常被认为是基质势、渗透势、压力势及重力势的和，与土壤水运动最密切相关的是基质势和重力势。由于重力势只与被测点的相对位置有关，一般不用测定。土壤基质势（或土壤水吸力）与含水量之间并非简单的函数关系，因干、湿过程的不同，土水势与含水量的关系有较大差异，即所谓“滞后现象”，所以用张力计来标定土壤含水量是不适宜的，其误差可达 ± 2% ~ ± 4%（水的质量对烘干土质量的百分数），精度比一般含水量测定法低，故用它来估算土壤含水量，结果是粗略的。测定基质势最常用的方法是张力计法，可以在田间、盆栽和室内进行现场测定。

1. 基本原理

张力计，又称为负压计、湿度计或土壤水分传感器，由陶土管、负压表（真空表）和集气管组成，如图 5-2 所示。陶土管是仪器的感应部件，它是一个多孔体，被水浸润之后，其孔隙间的水膜具有一定的张力，能透过水和溶质，但能阻止空气和土粒通过。水膜在 1.0×10^5 Pa 以上的压力下才能破裂透过空气。负压表和集气管分别是张力计的指示部件和空气收集部件。仪器使用时内部应充满无气水，不允许有空气。在仪器的使用过程中，溶解在土壤水中的空气往往会进入仪器内。在一定的负压下，这部分溶解的空气气化逸出而聚集到集气管中。一个完全充满水且封闭的土壤张力计插入水分不饱和的土壤后，由于土壤具有吸力，通过土壤水与仪器内水分的流动，使土壤与仪器的水势趋于平衡。陶土管被水浸润后，其孔隙间的水膜具有一定的张力，能透过水和溶质，但能阻止空气和土粒的通过。故此时仪器内部便产生一定的真空，使负压表指示负压力。当仪器与土水势达到平衡时，此负压力即土水势。

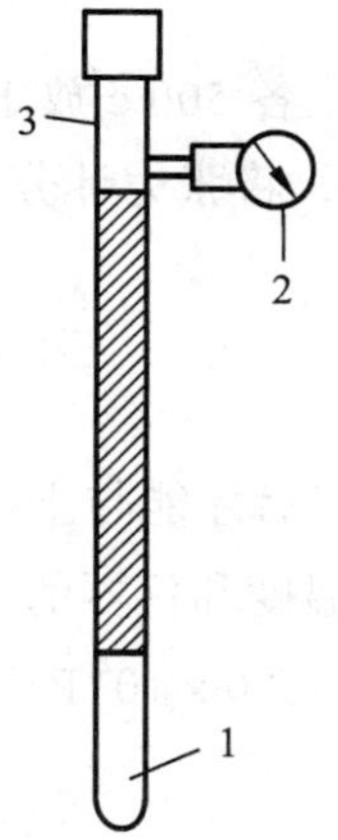

1—陶土管；2—负压表；3—集气管。

图 5-2 土壤张力计

2. 仪器及试剂

张力计（长度规格为 380 mm、580 mm、780 mm 等）、注射器、土钻、洗瓶、米尺、胶塞、无气水。

3. 操作步骤

张力计在安装使用前，必须预先排气。将仪器集气管上盖及胶塞打开，使仪器倾斜，缓缓注入除尽二氧化碳气体的冷却水，加满为止。然后将仪器直立 5 min 至陶土管有水珠滴出为止。

1）仪器检查

除气，再次将无二氧化碳的水注满仪器，加胶塞，将注射管的针头从胶塞上插入抽气，这时可见气泡溢出聚集到集气管中，负压表上指针出现读数，可达 6.0×10^4 Pa（450 mmHg）或更高。所有气泡集中后，将陶土管浸入无气水中，此时指针即回到“0”值。打开集气管的盖子和塞子，重新注满无气水，按上述步骤反复进行数次，最后负压表上的负压可达 8.0×10^4 Pa（600 mmHg）以上。如果最后没有发现有小气泡聚集到集气管中，说明仪器系统内空气已经除尽，可供使用。

2）安装

（1）田间的安装。

在需要测量的田块上选择有代表性的地方，用与陶土管直径相同的取土钻钻孔达到待测的深度，然后将张力计插入孔中，为使陶土管感应部分与土壤接触紧密，灌少量水于孔中，再用细土填入仪器和土之间的空隙中，并将张力计上下移动几次，使陶土管与周围的土壤紧密结合，然后填上剩余的土壤并轻轻捣实，使仪器固定，并稍高起（防止雨水顺着张力计的管子渗进去）。张力计安装好以后，可在其他仪表部件套上塑料袋，并在观测点周围作适当保护，但要注意不要过多地扰动和踏实附近的土壤，致使测量的地方失去原来的状态。

（2）实验室的安装。

分别称取砂质、壤质、黏质的风干土各 500 g 放于三只 500 mL 的烧杯中，加入等量的水调匀，使之含水量相等（达 15% 左右），将张力计分别埋入其中，并使陶土管与周围的土壤紧密接触，待平衡 2 h 后观察读数。

3）观测

仪器安装完毕后，一般需 2 ~ 24 h 以后才能与土壤吸力达到平衡。平衡以后，即可读数。一般应在早晨记录读数，以避免土壤的温度和仪器的温度有过大的差别。当温度降至冰点时，应将仪器撤离。张力计的测定范围在 $0\sim8.0\times10^4$ Pa 之间，一般植物生长适宜的土壤吸力，多在它的测量范围以内。

4）零位校正

土壤水与仪器内部水的参考压力都是大气压力。在仪器内部，负压表到测点（陶土管中部）存在一个静水压力，负压表的读数实际包括了这一静水压力，如需精确观测，在计算时应予以消除。弹簧管真空负压表型张力计，校正方法是量出负压表至陶土管中部的距离（h），按 1 cm 距离为 0.1 kPa 计算校正值，测量值减去校正值可测得实测值。也可将除过气的张力计垂直浸入水中，水面保持在陶土管的中部，此时真空表的读数即零位校正值。

4. 结果换算

张力计测定结果所用单位为 Pa。但张力计的真空压力表上的读数是以 mmHg 为单位表示的，可换算如下：1 mmHg = 1.333 223 87 mbar = 133.322 Pa（1 mbar = 0.750 069 mmHg = 10^2 Pa = 0.1 kPa）。

如用 mm H_2O 或 PF 表示，换算如下：

$$1\ \text{atm} = 1.013\,249\,99\ \text{bar} = 1\,013.249\,99\ \text{mbar} = 759.999\,99\ \text{mmHg}$$
$$= 1\,033.231\,28\ \text{cmH}_2\text{O}（4\ ^\circ\text{C 时}） = 101\,324.999\,7\ \text{Pa}$$
$$1\ \text{mmH}_2\text{O} = 9.806\,65\ \text{Pa}$$
$$1\ \text{bar} = 1\,000\ \text{mbar} = 1\,020\ \text{cmH}_2\text{O} = 10^\circ\text{dyn} \cdot \text{cm}^{-2} = 100\ \text{J} \cdot \text{kg}^{-1}$$
$$= 10^5\ \text{Pa} = 0.1\ \text{MPa}$$

$pF_1 = 10\ cmH_2O$，$pF_3 = 10^3\ cmH_2O$，依此类推。

5. 注　释

（1）用本法测定土壤基质势时，土壤的盐分存在对测定无影响；但在土壤中含有一定数量的盐分时，应分别测定其溶质势（渗透势）或溶质水吸力。

（2）必须使陶土管的压力表之间有连续的水力联系，所以应小心除去系统中所有的气泡，以避免出现间隙，它可能中断水力联系，或至少使仪器变得较迟钝。

（3）因为要求的是水势平衡而不是含水量平衡，所以仪器和土壤之间必须有水力上的联系，必须注意保证土壤干燥时，陶土管不致因土壤收缩而与土壤失去联系。

5.8　土壤物理性质综合实训设计

1. 实训目的

以凉山州当地的土壤样品为采集对象，采用蛇形布点采样法对选择区域的土壤样品进行采集，并带回实验室，对其物理性质进行测定。

2. 实训工具及仪器

环刀、铝盒、分析天平、烘箱、插入式数显温度计、温度传感器、张力计、注射器。

3. 实训内容

（1）野外土壤样品的采集及制备；
（2）土壤容重测定；
（3）土壤水分测定；
（4）土壤最大稀释量测定；
（5）土壤毛管持水量测定；
（6）土壤萎蔫系数测定；
（7）土壤温度测定。

4. 实训时间

实训时间为一周，土壤样品的采集为 1 天，土壤样品的制备为 1 天，土壤各项物理指标的测定为 4 天，实训报告的完成为 1 天。

5. 注意事项

（1）应采集具有代表性的混合土壤，采样应该选择梅花形或者蛇形布点法，采集的混样为 4 kg 左右。

（2）样品应该在阴凉通风处风干，用筛分法制备不同粒径的土壤样品。

（3）土壤水分的测定应该用新鲜的土壤样品。

6 土壤化学性质分析技术及综合实训

本章主要介绍了土壤酸碱性测定方法及应用、土壤阳离子交换量测定及应用、土壤水溶性盐测定应用的方法，培养学生实事求是的科学态度和科学精神。

6.1 土壤酸碱性测定及应用

6.1.1 土壤酸碱性测定概述

土壤酸碱性又称为土壤反应，它是土壤溶液的酸碱反应，主要取决于土壤溶液中氢离子的浓度，以 pH 表示。我国西北和北方干旱地区土壤多为石灰性或碱性，而南方土壤多为酸性或中性，“南酸北碱”概括了我国土壤酸碱性的地区差异，这种酸碱变化一般都受到成土母岩和气候条件的影响，同时也受到地形、植被、耕作措施等因素影响。那些盐基成分含量高的岩石（如石灰岩等）风化后产生氢氧根离子，就使土壤偏碱性或中性；酸性成分的岩石（如花岗岩等）发育的土壤，多呈酸性。同类岩石风化产生的盐类，在北方干旱地区不容易淋失而底层的盐基又随水分蒸发上升，并累积在土壤表层中，使土壤偏碱性，而在东北森林地带以及湿润多雨的南方，岩石风化产生的一价和二价阳离子组成的盐类大量被淋失，剩下的三价铁铝等化合物尤其是铝的氧化物及其盐类在水中水解产生氢离子，致使土壤变酸。

土壤酸性指标可分为两种基本类型：① 活性酸度，是指由土壤溶液 H^+直接反映出来的酸度，又称有效酸度；② 潜性酸度，是指土壤胶体吸附的致酸离子（H^+、Al^{3+}）被交换到土壤溶液后引起的土壤酸度。根据测定潜性酸度时所用浸提液的不同，将潜性酸度又分为交换性酸度和水解性酸度。用过量的中性盐溶液浸提土壤而使胶粒表面吸附的 H^+、Al^{3+}进入土壤溶液后所表现的酸度称为交换性酸度；而用弱酸强碱的盐类溶液浸提土壤而使胶粒吸附的 H^+、Al^{3+} 进入土壤溶液所产生的酸度称为水解性酸度。二者常被用作改良酸性土壤时计算石灰施用量的参考依据，尤其是后者。

土壤碱性指标不仅可以用 pH 表示，还可以用土壤总碱度和碱化度两个指标表示。总碱度是指土壤溶液中碳酸根和重碳酸根离子的总浓度。土壤碱化度是指土壤中交换性钠离子的数量占交换性阳离子数量的比例（%）。

土壤酸碱性对土壤肥力及植物生长影响很大，土壤酸碱性对养分的有效性影响很大，例如中性土壤中磷的有效性大，碱性土壤中微量元素（锰、铜、锌等）的有效性差。每种作物正常生长都需要一定的酸碱适宜范围。例如，红壤地区可种植喜酸的茶树，而苜蓿的抗碱能力一般较强。因此测定土壤酸碱性，对指导农作物施肥和土壤改良具有重要的参考作用。

6.1.2 土壤酸碱性测定方法

1. 电位法

1）测定原理

以电位法测定土壤悬液 pH 时，通常用 pH 玻璃电极为指示电极，甘汞电极为参比电极，两电极同时插入待测液时构成原电池反应，其间产生电位差，因参比电极的电位是固定的，故此电位差之大小取决于待测液的 H^+ 活度或其负对数（pH）。目前，通过改进仪器，将玻璃电极和参比电极合并为复合电极。因此可用电位计测定电位势，再换算成 pH，一般用酸度计可直接测出 pH。本实验浸提时用水土比为 2.5∶1。酸性土壤除测定水浸提土壤 pH 外，还应测定盐浸提 pH，即以 1 mol/L 氯化钾（KCl）溶液浸提土壤后用电位法测定。

2）试剂与仪器

（1）主要试剂的配制。

① 去除 CO_2 的蒸馏水。蒸馏水煮沸 10 min 后加盖冷却，立即使用。

② 1 mol/L KCl 溶液。称取 74.6 g KCl 溶于 800 mL 水中，用稀氢氧化钾和稀盐酸调节溶液 pH 至 5.5 ~ 6.0，稀释至 1 L。

③ pH = 4.01（25 °C）标准缓冲溶液。称取经 110 ~ 120 °C 烘干 2 ~ 3 h 的邻苯二甲酸氢钾 10.21 g 溶于水，移入 1 L 容量瓶，用水定容，储于聚乙烯瓶，即 pH = 4.01、浓度为 0.05 mol/L 的邻苯二甲酸氢钾溶液。

④ pH = 6.87（25 °C）标准缓冲溶液。称取经 110 ~ 120 °C 烘干 2 ~ 3 h 的磷酸氢二钠 3.533 g 和磷酸二氢钾 3.388 g 溶于水，移入 1 L 容量瓶，用水定容，储于聚乙烯瓶。

⑤ pH = 9.18（25 °C）标准缓冲溶液。称取经平衡处理的硼砂（$Na_2B_4O_7 \cdot 10H_2O$）3.800 g 溶于无 CO_2 水中，移入 1 L 容量瓶，用水定容，储于聚乙烯瓶。

⑥ 混合指示剂的配制。分别称取溴甲酚绿、溴甲酚紫及甲酚红各 0.25 g，于玛瑙钵中加 15 mL 0.1 mol/L 氢氧化钠及 5 mL 蒸馏水，共同研磨，再加蒸馏水稀释至 1 L。

（2）主要仪器。

所需主要仪器用具有酸度计、小烧杯（50 mL）、量筒（25 mL）、洗瓶、滤纸、玻璃棒、分析天平等。

FE20 型实验室 pH 计见图 6-1。

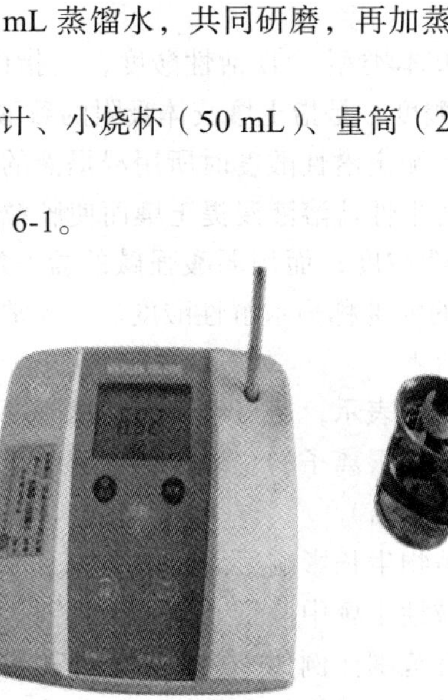

图 6-1 FE20 型实验室 pH 计

① 安装固定支架后，安装复合电极和电源。

② 按下电源按钮，接通电源，预热 30 min。

③ 选择 pH 测定模式。

④ 将电极插入待测液，以玻璃电极玻璃泡与液土界面相切为宜。

⑤ 按下读数按钮测定，待显示屏上“A”变化到上面出现“T”时，即为终点。

3）测定步骤

（1）土壤水浸提 pH 测定。

称取过 1 mm 或 2 mm 筛的风干土壤 10.0 g 于 50 mL 烧杯中，加 25 mL 去除二氧化碳（CO_2）的蒸馏水，以玻璃棒搅拌 2 ~ 3 min，使土粒充分分散，放置 30 min 后进行测定。将复合电极插入待测液中(注意玻璃电极球泡下部应位于土液界面处,甘汞电极插入上部清液)，轻轻摇动烧杯以除去电极上的水膜，促使其快速平衡，待读数稳定（在 5 s 内 pH 变化不超过 0.02）时记下 pH。取出电极，以去离子水洗涤，用滤纸条吸干水分后即可进行第二个样品的测定。

（2）土壤氯化钾盐浸提液 pH 测定。

当土壤水浸液 pH < 7.0 时，应测定土壤盐浸提液 pH。测定方法除用 1 mol/L 氯化钾溶液代替去二氧化碳蒸馏水以外，其他步骤与水浸提 pH 测定相同。

（3）结果计算。

用酸度计测定时，直接读取 pH，不需计算，结果保留两位小数，并注明浸提剂的种类。

4）注意事项

（1）水土比影响测定结果，一般土壤悬液浓度越小，测得土壤 pH 越高，尤以碱性土的稀释效应最为明显。为了便于比较，测定 pH 的水土比应当固定。国际土壤学会规定水土比例为 2.5∶1。为使所测定的 pH 更接近田间的实际情况，采用水土比 2.5∶1 或 1∶1 为宜。

（2）蒸馏水中有二氧化碳时会使测得的土壤 pH 偏低，故应尽量除去，以避免其干扰。

（3）待测土壤不宜磨得太细，宜用通过 1 mm 或 2 mm 筛孔的土壤样品测定。

（4）长时间存放不用的玻璃电极需要在水中浸泡 24 h，使之活化后才能进行测定。暂时不用的可浸泡在水中，长期不用时应干燥保存。玻璃电极表面受到污染时，需进行处理。甘汞电极腔内要充满饱和氯化钾溶液，在室温下应有少许氯化钾结晶存在，但氯化钾结晶不宜过多，以防堵塞电极与被测溶液的通路。玻璃电极的内电极与球泡之间、甘汞电极内电极和陶瓷芯之间不得有气泡。

（5）电极在悬液中所处的位置对测定结果有影响，要求将甘汞电极插入上部清液中，应避免与泥浆接触，以减少甘汞电极液接电位（当甘汞电极与土壤悬浊液接触时，就会产生电位，这个电位称为液接电位）的影响。

（6）pH 读数时摇动烧杯会使读数偏低，应在摇动后稍加静置再读数。

（7）操作过程中避免酸碱蒸气侵入。

（8）测定批量样品时，最好按土壤类型将 pH 相差大的样品分开测定，可避免因电极响应迟钝而造成测定误差。

2. 混合指示剂比色法

1）测定原理

指示剂在不同 pH 的溶液中显示不同的颜色，故可根据其颜色变化即可确定溶液的 pH。混合指示剂是几种指示剂的混合液，能在一个较广的 pH 范围内显示出与一系列不同 pH 相对应的颜色，据此测定该范围内各种土壤的 pH。

2）测定步骤

在比色盘板穴中（室内要保持清洁干燥，野外可用待测土壤擦拭），滴入混合指示剂 3 ~ 5 滴，放入黄豆粒大小的待测土壤，轻轻摇动使土粒与指示剂充分接触约 1 min，静置片刻，待稍澄清后，将比色盘稍加倾斜，用盘孔边缘显示的颜色与 pH 比色卡比较，以估计土壤的 pH。pH 比色卡系列颜色如表 6-1 所示。

表 6-1 pH 比色卡系列颜色表

pH	4.0	4.5	5.0	5.5	6.0	6.5	7.0	8.0
颜色	黄色	绿黄色	黄绿色	草绿色	灰绿色	灰蓝色	蓝紫色	紫色

6.1.3 土壤酸碱性测定应用

1. 土壤酸碱性分级

农田土壤碱性分级参考评价标准见表 6-2 和表 6-3。

表 6-2 农田土壤酸性分级标准

酸化分级	弱酸	酸性	强酸性	极强酸性
pH 范围	6.5 ~ 6.0	6.0 ~ 5.0	5.0 ~ 4.5	< 4.5

表 6-3 农田土壤碱性分级标准

碱化分级	中性	弱碱	碱性	强碱性	碱土
pH 范围	6.5 ~ 7.5	7.5 ~ 8.0	8.0 ~ 8.5	8.5 ~ 9.0	> 9.0

土壤 pH 是影响土壤肥力的主要因素之一，它对土壤养分存在形态和有效性，以及土壤微生物活动和植物本身的生长都有重要影响。大部分农作物生长适宜 pH 范围为 6 ~ 8。土壤 pH 过高、过低均不利于蔬菜生长。由于设施菜田体系施肥强度大、灌水多，近些年土壤酸化问题日益普遍。土壤酸化是土壤中氢离子增多和盐基饱和度降低综合过程的反映，例如铵态氮、酰胺态氮肥或氮固定的净硝化引起土壤氢离子数量增加，碱性盐基离子随作物和氮淋洗移出土壤体系引起盐基饱和度降低等。设施土壤严重酸化与土壤盐基饱和度有着紧密联系，尤其是钙饱和度。土壤严重酸化表层钙饱和度明显降低，就会影响设施作物对钙的吸收。另外，土壤酸化导致土壤某些重金属元素有效性提高，土壤微生物区系被破坏，以及土壤养分吸收受到影响，这些应该引起高度重视。

2. 土壤酸碱性改良

如果农田土壤出现酸性或碱性过强，均需要加以改良，措施如下：

1）酸性土改良

土壤酸性过大，通常可通过施用石灰［CaO、$Ca(OH)_2$、$CaCO_3$］进行改良。可每年每公顷施入 300 ~ 375 kg 的石灰，且施足农家肥，切忌只施石灰不施农家肥，这样会使土壤肥力下降。石灰需要量的计算一般以潜性酸为基础，活性酸量很少；也可以用土壤交换性酸为基础进行计算；或者根据酸性土的缓冲滴定曲线计算。

石灰物质的换算系数：$Ca(OH)_2/CaO = 74/56 = 1.32$，$CaCO_3/CaO = 100/56 = 1.79$。

在施用 CaO 或 $Ca(OH)_2$ 时，因其不易与土壤混合均匀，致使局部土壤 pH 上升过高，影响植物生长，应乘以经验数值 0.5，得出实际施用量。但若施用 $CaCO_3$（石灰石粉），因作用缓和，经验数值一般为 1.3，也可施草木灰 600 ~ 750 kg/hm^2，中和土壤酸性，更好地调节土壤的水肥状况。

2）碱性土改良

对于碱性土壤，可以施用有机肥，利用有机肥分解产生大量的二氧化碳（CO_2）和有机酸来中和土壤碱性；还可以施用硫酸铝钾、硫酸亚铁、硫黄粉、腐殖酸肥等来改良。对于碱化土、碱土，施用石膏（$CaSO_4 \cdot 2H_2O$）、硅酸钙等，以钙将胶体上的钠离子代换下来，并随水流出土体，从而降低土壤 pH 并改善土壤的理化性状。通常每公顷施用石膏 450 ~ 600 kg 作为基肥。硫酸铝钾也被用来调节土壤 pH，因为它水解生成氢氧化铝的同时产生少量的硫酸。添加后与土壤混匀即可达到改良效果，具体添加量需要做预备实验，以上方法以施硫黄粉见效最慢，但效果最持久。施用硫酸铝钾时需补充磷肥。施硫酸亚铁见效快，但作用时间不长，需经常施用。

6.2 土壤阳离子交换量测定及应用

6.2.1 土壤阳离子交换概述

1. 土壤阳离子交换量的概念

土壤阳离子交换作用是指土壤胶体表面吸附的阳离子（主要是扩散层中的阳离子）与土壤溶液中的阳离子相互交换的作用。土壤胶体通常带有大量负电荷，因而能从土壤溶液中吸附阳离子（离子的吸附过程），以中和电荷，被吸附的阳离子在一定的条件下又可被土壤溶液中的其他阳离子从胶体表面上交换出来（离子的解吸过程）。这种阳离子交换作用是一种可逆反应，在湿润的土壤中，阳离子交换作用进行得很快，一般的交换反应只需几秒钟就可完成，但在较干燥的土壤中则进行得缓慢。土壤阳离子交换是等电荷量交换的。

土壤阳离子交换量（Cation Exchange Capacity，CEC）是指土壤吸附全部交换性阳离子的总量，其数值以厘摩尔每千克［cmol(+)/kg］表示。

2. 土壤阳离子交换量的影响因素

影响土壤阳离子交换量大小的因素包括胶体数量、胶体类型和土壤 pH。

1）胶体数量

土壤胶体物质越多（包括矿质胶体、有机胶体和复合胶体），则阳离子交换量越大。就矿质胶体而言，阳离子交换量随着质地黏重程度的增加而增大，质地由砂质向黏质变化，阳离子交换量逐渐增大（见表 6-4），所以黏质土的阳离子交换量较砂质土要大得多。

表 6-4　土壤质地与阳离子交换量的关系

质　地	砂土	砂壤土	壤土	黏土
阳离子交换量/[cmol(+)/kg]	1 ~ 5	7 ~ 8	7 ~ 18	25 ~ 30

2）胶体类型

不同土壤胶体阳离子交换量相差悬殊（见表 6-5），有机胶体的阳离子交换量为 350 cmol(+)/kg，比无机胶体大得多，因而有机质含量高的土壤的阳离子交换量也大，保肥力强。而且有机质含量可通过人为措施而加以调控，所以生产中注意增施有机肥，可以大幅度提高土壤的保肥能力。

表 6-5　不同土壤胶体的阳离子交换量　　　　单位：cmol（+）/kg

胶体类型	一般范围	平　均
有机胶体	100 ~ 700	300 ~ 400
蒙脱石（2∶1 型）	60 ~ 100	80
高岭石（1∶1 型）	5 ~ 15	10
含水氧化铁、铝胶体极微	—	—

在矿质胶体部分中，2∶1 型黏土矿物阳离子交换量大于 1∶1 型黏土矿物，1∶1 型黏土矿物阳离子交换量大于氧化物，2∶1 型黏土矿物中蒙脱石类的阳离子交换量大于伊利石类。含水氧化铁、铝胶体的阳离子交换量很小。

3）土壤 pH

对带可变电荷的土壤胶体来说，酸碱度影响其电荷数量，进而影响土壤保肥能力。因为土壤酸碱度影响胶体表面官能团中 H^+ 的解离，因而影响可变电荷的多少。当土壤溶液呈酸性反应时，胶体上的 H^+ 不易解离，则胶体所带负电荷少，阳离子交换量小。反之，当 pH 增加到一定数值时，H^+ 开始解离，并在一定范围内随着 pH 的升高，H^+ 解离增多，即可变负电荷逐渐增多，阳离子交换量也随之增大。例如，砖红壤的 pH 由自然条件下的 5 左右提高到 7 左右时，其负电荷量约增加 70%。

土壤阳离子交换量的测定受多种因素影响，例如交换剂的性质、盐溶液的浓度、pH 等，必须严格掌握操作技术才能获得可靠的结果。

6.2.2 土壤阳离子交换量的测定

石灰性土壤含游离碳酸钙、镁，是盐基饱和（主要是钙饱和）的土壤，一般只进行阳离子交换量的测定，从土壤分类与土壤肥力方面考虑，也需进行交换性阳离子组成的测定。石灰性土壤在大气二氧化碳（CO_2）分压下的平衡 pH 接近于 8.2，在 pH = 8.2 时，许多交换剂对石灰质的溶解度很低，所以用于石灰性土壤的交换剂往往采用 pH = 8.2 的缓冲液。本实验采用 pH = 8.2 的乙酸钠-火焰光度计法进行测定。

1. 测定原理

用 pH = 8.2 的 1 mol/L 乙酸钠（NaOAc）处理土壤，使其为 Na^+饱和，洗出多余的乙酸钠后，以 NH_4^+将交换性 Na^+交换出来，测定 Na^+以计算交换量。

$$\text{土壤 Ca} + n\text{NaOAc} = \text{土壤 Na} + \text{Ca(OAc)}_2 + (n-2)\text{NaOAc}$$
$$\text{土壤 Ca} + \text{NH}_4\text{OAc} = \text{土壤 NH}_4 + \text{NaOAc}$$

在操作程序中，用醇洗去多余的乙酸钠时，交换性钠倾向于水解进入溶液而损失，因此过分洗涤将产生负误差；减少淋洗次数，则因残留交换剂而增大阳离子交换量。只有当两个误差互相抵消，才能得到良好的结果。试验证明，醇洗 3 次，一般可使误差达到最低值。

2. 仪器与试剂

（1）主要仪器。

所需主要仪器有分析天平、离心机、火焰光度计等。

（2）主要试剂的配制。

① 1 mol/L 乙酸钠（pH = 8.2）溶液。称取乙酸钠（$CH_3COONa \cdot 3H_2O$）135 g 用蒸馏水溶解并定容至 1 L，此溶液 pH 为 8.2，否则以氢氧化钠（NaOH）或乙酸（HOAc）调节 pH 至 8.2。

② 异丙醇（990 mL/L）或乙醇（950 mL/L）。

③ 1 mol/L 乙酸铵（NH_4OAc）（pH = 7）。称取化学纯乙酸铵（CH_3COONH_4）77.09 g，加蒸馏水至约 980 mL 溶解，用氢氧化铵（NH_4OH）或乙酸（HOAc）调节溶液 pH 至 7.0，然后用蒸馏水定容到 1 L。

④ 钠标准溶液。称取氯化钠（分析纯，105 °C 烘干 4 h）2.542 3 g，以 pH = 7.0 的 0.1 mol/L 乙酸铵（NH_4OAc）为溶剂，溶解并定容至 1 L，即为 1 000 mg/L 钠标准溶液，然后逐级用乙酸铵溶液稀释成 3 mg/L、5 mg/L、10 mg/L、20 mg/L、30 mg/L、50 mg/L 标准溶液，储于塑料瓶中保存。

3. 测定步骤

称取过 1 mm 筛孔的风干土壤样品 4.00 ~ 6.00 g（黏土 4 g，砂土 6 g），置于 50 mL 离心管中，加 pH = 8.2 的 1 mol/L 乙酸钠（NaOAc）33 mL，使各管质量一致。塞住管口，振荡 5 min 后离心，弃去上清液。重复用乙酸钠提取 4 次，然后以同样的方法，用异丙醇或乙醇洗涤样品 3 次，最后 1 次尽量除尽洗涤液。将上述土壤样品加 1 mol/L 乙酸铵 33 mL，振荡

5 min（必要时用玻璃棒搅动），离心，将上清液小心倾入 100 mL 容量瓶。按同样的方法用 1 mol/L 乙酸铵交换洗涤两次，收集的上清液最后用 1 mol/L 乙酸铵溶液稀释至刻度。用火焰光度计测定溶液中 Na^+的浓度，计算土壤阳离子交换量。

标准曲线制作：将 1 000 μg/mL 钠标准溶液，用 1 mol/L 乙酸铵溶液稀释成浓度为 3 μg/mL、5 μg/mL、10 μg/mL、20 μg/mL、30 μg/mL、50 μg/mL 的溶液，用火焰光度计分别测定各浓度的吸光度，制作标准曲线。

4. 注意事项

（1）此方法适于石灰性土壤阳离子交换量测定。

用于盐碱土时，由于该类土壤既含石灰质，又含易溶盐，在交换前必须除去可溶盐。具体办法是：于离心管中加入 50 °C 左右的 500 mL/L 乙醇溶液数毫升，搅拌样品，离心后弃去上清液。反复数次直至用氯化钡（$BaCl_2$）检查清液仅有微量硫酸钡（$BaSO_4$）反应为止。

（2）用乙酸钠溶液提取 4 次，第 4 次提取的钙和镁已很少，第 4 次提取的 pH 为 7.9 ~ 8.2，表示提取过程已基本完成。

6.2.3 土壤阳离子交换量测定计算与应用评价

1. 土壤阳离子交换量测定计算

$$土壤阳离子交换量[cmol(+)/kg] = \rho V \times 10^{-3} \times 100/(m \times 23)$$

式中 ρ——标准曲线上查得的待测液中钠离子的含量（mg/L）；

V——测定时定容体积（mL）；

23——钠的摩尔质量（g/mol）；

10^{-3}——把毫克换算成克；

m——烘干质量（g）。

2. 土壤阳离子交换量应用评价

土壤阳离子交换量是土壤重要的化学性质，它直接反映了土壤的保肥性能，评价标准如表 6-6 所示。

表 6-6 土壤阳离子交换量评价标准

指 标	保肥能力		
	弱	中等	强
土壤阳离子交换量/[cmol(+)/kg]	< 10	10 ~ 20	> 20

土壤阳离子交换性能是土壤胶体的属性，不同类型的土壤胶体，其阳离子交换性能不同，一般有机胶体阳离子交换能力高于无机胶体。土壤有机胶体腐殖质的阳离子交换量为 200 ~ 400 cmol(+)/kg，2∶1 型黏土矿物如蒙脱石的交换量为 60 ~ 100 cmol(+)/kg，1∶1 型的黏土矿物如高岭石的阳离子交换量为 10 ~ 15 cmol(+)/kg。因此，不同土壤由于黏土矿物和腐殖质的性质和数量不同，阳离子交换量差异很大。例如，东北的黑钙土的阳离子交换量为 3 ~

50 cmol(+)/kg，华北的石灰性土壤的阳离子交换量为 10 ~ 20 cmol(+)/kg，而华南的酸性土的阳离子交换量均小于 10 cmol/kg。

6.3 土壤水溶性盐测定

6.3.1 土壤盐渍化概述

土壤盐渍化主要发生在干旱、半干旱和半湿润地区，它是指易溶性盐分在土壤表层积累的现象或过程。土壤水溶性盐是盐碱土的一个重要属性，是限制作物生长的障碍因素。我国盐碱土分布广，面积大，类型多，在干旱、半干旱地区盐渍化土壤，以水溶性氯化物和硫酸盐为主。滨海地区由于受海水浸渍，生成滨海盐土，所含盐分以氯化物为主。在我国南方（福建、广东、广西等地）沿海还分布着一种返酸盐土。盐土中含有大量水溶性盐类，影响作物生长，同一浓度的不同盐分危害作物的程度也不一样。盐分中以碳酸钠的危害最大，它会增加土壤碱度和恶化土壤物理性质，使作物受害。其次是氯化物，氯化物又以氯化镁（$MgCl_2$）的毒害作用较大。另外，氯离子和钠离子的作用也不一样。

盐渍化土壤中盐分的来源主要包括矿物风化（如碳酸盐、硫酸盐、氯化物、硝酸盐等无机盐类）、降雨、灌溉、地下水、施肥等，其中地下水作为盐分的主要载体，由于土壤自由水流动的速度快、流量大，对溶质的移动所起的作用很大，特别是地下水蒸发过程中毛管水的运动，是现代积盐的主导因素。土壤次生盐渍化就是由于操作不当，使潜在盐渍化土壤中盐分趋向于表层积聚的过程，从内因看，土壤具有积盐的趋势或已积盐在一定深度；从外因看，主要是因为农业灌溉不当。

土壤所含的水溶盐分达到一定数量后，不仅使土壤理化性状恶化，而且使作物发生生理性干旱，盐分离子产生毒害作用，会直接影响农作物种子的发芽和植株正常生长，尤其是近些年，设施菜田高强度施肥引发的次生盐渍化日益严重，制约着农业生产力的提高。因此，定期测定农田土壤中可溶性盐总量及其盐分组成，可以了解土壤盐渍程度和季节性盐分动态，并可据此改良、利用盐化土。

6.3.2 土壤水溶性盐总量测定

土壤水溶性盐是用一定的水土比例和一定时间内浸提出来的土壤中所含有的水溶性盐分。测定土壤水溶性盐有电导法和烘干法。电导法比较简便、方便、快速。烘干法比较准确，但操作烦琐、费时。

1. 电导法测定土壤水溶性盐总量

1）测定原理

土壤水溶性盐是强电解质，其水溶液具有导电作用。导电能力的强弱可用电导率表示。在一定浓度范围内，溶液的含盐量与电导率呈正相关，含盐量越高，溶液的渗透压越大，电导率也越大。因此，土壤浸出液的电导率的数值能反映土填含盐量的高低，但不能反映混合盐的组成。如果土壤溶液中几种盐分彼此间的比值比较固定，则用电导率测定总盐分含量的高低是相当准确的。因此，电导法用于田间定位、定点测量，及时了解土壤盐分的动态变化，算是快速而又精确的方法。

用一定水土比例的浸出液［如果研究土壤中盐分的运动规律或某种改良措施对盐分变化的影响，则可用较大的水土比（如 5∶1）浸提水溶性盐］，在电导仪上测得 25 °C 时的电导率（常用 mS/cm 为单位），就可以用这个数值来指示土壤中水溶性盐总量的多少，即土壤盐渍化的程度。

在测定土壤可溶性盐总量（蒸干法）或离子总量的同时，测定浸出液的电导率，然后用数理统计方法，建立该类型盐土的可溶性盐总量-电导率回归方程，或绘成回归直线，根据测得的浸出液电导率，用回归方程计算或由回归直线即可得到可溶性盐总量。

2）仪器与试剂

（1）主要试剂的配制。

① 去除二氧化碳的蒸馏水。蒸馏水煮沸 10 min 后加盖冷却，立即使用。

② 过氧化氢溶液（1∶1）。

（2）主要仪器用具。

所需主要仪器用具有电学仪、布氏漏斗或其他类似抽滤装置、三角瓶（500 mL）、小烧杯（100 mL）、量筒（100 mL）、洗瓶、定性滤纸、玻璃棒、分析天平等。

目前在生产科研中应用较普遍的是 DDS-11AT 型或 DDSJ-308A 型电导仪（见图 6-2）。此外，还有适应野外工作需要的袖珍电导仪。电导电极一般多用 DJS-1C 型等电导电极。这种电极使用前后应浸在蒸馏水内，以防止铂黑的惰化。如果发现镀铂黑的电极失灵，可浸在 1∶9 的硝酸或盐酸中 2 min，然后用蒸馏水冲洗再行测量。如情况无改善，则应重镀铂黑，将镀铂黑的电极浸入王水中，电解数分钟，每分钟改变一次电流方向，铂黑即行溶解，铂片恢复光亮。用重铬酸钾浓硫酸的温热溶液浸洗，使其彻底洁净，再用蒸馏水清洗。将电极插入 100 mL 溶有 3 g 氯化铂和 0.02 g 醋酸铅配成的水溶液中，接在 1.5 V 的干电池上电解 10 min，5 min 改变 1 次电流方向，就可得到均匀的铂黑层，用水冲洗电极，不用时浸在蒸馏水中。

图 6-2　DDSJ-308A 型电导仪

DDSJ-308A 型电导仪的使用方法如下：

① 将多功能电极架插入电极孔座内。

② 将电导电极和温度传感器夹在多功能电极架上。

③ 分别将电导电极和温度传感器的插头插入测量电极插座和温度传感器插座内。

④ 用蒸馏水清洗电导电极和温度传感器，再用被测溶液清洗一次。然后将电导电极和温度传感器浸入被测溶液中。

⑤ 将通用电源输入插头插入仪器的电源插座内。然后，接通通用电源，预热 30 min，仪器即可以进行正常操作。

⑥ 测定结束后，按“ON/OFF”键，仪器关机。

3）测定步骤

（1）待测液制备。

称取通过 1 mm 或 2 mm 筛孔的风干土样 50.0 g，放入 500 mL 三角瓶中，加水 250 mL（如果土壤含水量超过 3% 时，加水量应加以校正）。盖好瓶塞，在振荡机上振荡 3 min，或用手摇荡 3 min，然后将布氏漏斗与抽气系统相连（见图 6-3），铺上与漏斗直径大小一致的紧密滤纸，缓缓抽气，使滤纸与漏斗紧贴，先倒少量土壤溶液于漏斗中心，使滤纸湿润并完全贴实在漏斗上，再将悬浊土浆缓缓倒入，直至抽滤完毕。如果滤液开始浑浊，应倒回重新过滤或弃去浊液，将清亮滤液收集备用。

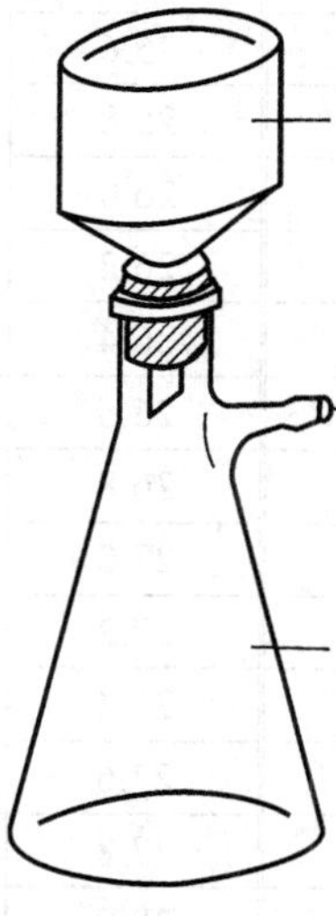

图 6-3　布氏漏斗

如果遇到碱性土壤、分散性很强或质地黏重的土壤，难以得到清亮滤液时，最好用素陶瓷中孔（巴斯德）吸滤管减压过滤，或用改进的抽滤装置过滤，如用巴斯德吸速管过滤，则应加大土液数量，过滤时可将几个吸滤瓶连接在一起。

（2）水溶性盐分测定。

吸取土壤浸出液 30 ~ 40 mL，放在 50 mL 小烧杯中（如果土壤只用电导仪测定水溶性盐总量，可直接称取 1 mm 或 2 mm 风干土壤样品 10.00 g 于 100 mL 干燥小烧杯中，用量筒准确加入 50 mL 去二氧化碳蒸馏水，用玻璃棒搅拌 3 min，静置 60 min 澄清后，不必过滤，直接测定），测量液体温度。如果测一批样品，则应每隔 10 min 测 1 次液温，在 10 min 内所测样品可用前后两次液温的平均温度，或者在 25 °C 恒温水浴中测定。将电极用待测液淋洗 1 ~ 2 次（在待测液少或不易取出时可用水冲洗，用滤纸吸干），再将电极插入待测液中，使铂片全部浸没在液面下，并尽量插在液体的中心部位。按电导仪说明书调节电导仪，测定待测液的电导度（S），记下读数。每个样品应重读 2 ~ 3 次，以防出现误差。

一个样品测定后及时用蒸馏水冲洗电极，如果电极上附着有水滴，可用滤纸吸干，以备测下一个样品继续使用。

4）结果计算

（1）计算公式。

土壤浸出液的电导率(EC_{25}) = 电导度(S_t) × 温度校正系数(f_t) × 电极常数(K)

一般电导仪的电极常数值已在仪器上补偿，故只要乘以温度校正系数即可，不需要再乘以电极常数。温度校正系数（f_t）可查表 6-7。粗略校正时，可按每增高 1 °C，电导度约增加 2% 计算。

表 6-7　电导仪温度校正系数

温度/°C	校正系数	温度/°C	校正系数	温度/°C	校正系数	温度/°C	校正系数
3.0	1.709	20.0	1.112	25.0	1.000	30.0	0.907
4.0	1.660	20.2	1.107	25.2	0.996	30.2	0.904
5.0	1.613	20.4	1.102	25.4	0.992	30.4	0.901
6.0	1.569	20.6	1.079	25.6	0.988	30.6	0.897
7.0	1.528	20.8	1.092	25.8	0.983	30.8	0.894
8.0	1.448	21.0	1.087	26.0	0.979	31.0	0.890
9.0	1.448	21.2	1.082	26.2	0.975	31.2	0.887
10.0	1.411	21.4	1.078	26.4	0.971	31.4	0.884
11.0	1.375	21.6	1.073	26.6	0.967	31.6	0.880
12.0	1.341	21.8	1.068	26.8	0.964	31.8	0.877
13.0	1.309	22.0	1.064	27.0	0.960	32.0	0.873
14.0	1.277	22.2	1.060	27.2	0.956	32.2	0.870
15.0	1.247	22.4	1.055	27.4	0.953	32.4	0.867
16.0	1.218	22.6	1.051	27.6	0.950	32.6	0.864
17.0	1.189	22.8	1.047	27.8	0.947	32.8	0.861
18.0	1.163	23.0	1.043	28.0	0.943	33.0	0.858
18.2	1.157	23.2	1.038	28.2	0.940	34.0	0.843
18.4	1.152	23.4	1.034	28.4	0.936	35.0	0.829
18.6	1.147	23.6	1.029	28.6	0.932	36.0	0.815
18.8	1.142	23.8	1.025	28.8	0.929	37.0	0.801
19.0	1.136	24.0	1.020	29.0	0.925	38.0	0.788
19.2	1.131	24.2	1.016	29.2	0.921	39.0	0.775
19.4	1.127	24.4	1.012	29.4	0.918	40.0	0.763
19.6	1.122	24.6	1.008	29.6	0.914	41.0	0.750
19.8	1.117	24.8	1.004	29.8	0.911		

当液温在 17 ~ 35 °C 时，液温与标准液温 25 °C 每差 1 °C，则电导率约增减 2%，所以 EC_{25} 也可按下式直接算出。

$$EC_t = S_t K$$
$$EC_{25} = EC_t - [(t-25)\times 2\% EC_t] - KS_t[1-(t-25)\times 2\%]$$

本实验采用数字电导仪测定电导率，由于仪器本身校正了温度差异，所以计算结果可简化为

$$\text{土壤浸出液的导电率}(EC_t,\ \mu S) = \text{电导度}(S_t) \times \text{电极常数}(K)$$

2. 标准曲线法计算土壤水溶性盐总量

用土壤水溶性盐总量与电导率的相关直线或回归方程计算土壤水溶性盐总量。

标准曲线的绘制：溶液的电导度不仅与溶液中盐分的浓度有关，而且也受盐分的组成成分的影响。因此要使电导度的数值符合土壤溶液中盐分的浓度，就必须预先用所测地区盐分的不同浓度的代表性土壤样品若干个（如 20 个或更多）用烘干法测得土壤水溶性盐总盐量（%），再以电导法测其土壤溶液的电导度，换算成电导率（EC_{25}），以纵坐标为电导率，横坐标为土壤水溶性盐（g/kg），拟合出回归方程。将同一地区的待测土壤溶液盐分用同一型号的电导仪测得其电导度，算出电导率，即可查出土壤水溶性盐总量（g/kg）。

$$\text{土壤水溶性盐总量(g/kg)} = \text{回归方程上计算的待测液含盐量(g/kg)} \times \text{液土比}$$

为了方便计算，可以采用下面简化公式计算：

$$\text{土壤水溶性总量(g/kg)} = 640 \times \text{电导度（读数）} \times \text{电极常数} \times \text{液土比} \times 10^{-6}$$

式中，电导度单位为 μS/cm，液土比为 5∶1。

注意事项：

① 用于电导率测定的溶液应当清晰透明，不要用悬浊液测定。因为悬浮的胶体颗粒会吸附在电极铂片上，损害铂黑层，引起测量误差。如果只测量电导率，不分析其他离子，则可用一定比例的水土混合后测量。以 5∶1 水土比为例，称取 10.00 g 粒径 1 mm 风干土，放入 100 mL 小烧杯中，加去二氧化碳蒸馏水 500 mL，用玻璃棒搅拌 3 min，放置约 1 h 至澄清后，将电极铂片部直接浸没在上层清液中测量溶液的电导率。

② 电极测完一个样品后，先用蒸馏水清洗，再用滤纸吸干，不允许用滤纸来回擦铂黑片。测定时间最好相对一致，如第一个样品在插入电极 2 min 后读数，以后的样品也应在 2 min 左右读数，时间不要相差太大，但一定要使指针基本稳定后再记录读数。

③ 用土壤饱和土浆浸出液的电导率来估计土壤全盐量，其结果较接近于田间情况，并已有明确的应用指标。目前，国内多采用 5∶1 水土比的浸出液做电导率测定，需要研究浸出液的电导率与土壤盐渍化程度及作物生长关系。

3. 烘干法测定土壤水溶性盐总量

1）测定原理

吸取一定量的土壤浸出液放在瓷蒸发皿中，在水浴上蒸干，用过氧化氢（H_2O_2）氧化有机质，然后在 105 ~ 110 °C 烘箱中烘干，称量，即得烘干残渣质量。

2）测定步骤

用分析天平准确称取风干土壤样品两份各 50.0 g（准确度应达三个有效数字）分别放入 2 个 500 mL 三角瓶中，用量筒分别加入蒸馏水 250 mL，加塞振荡 3 min，用中孔滤纸于漏斗上过滤，如过滤不清，应反复过滤至清亮为止。较难滤清的土壤悬浊液，可用细菌过滤器抽滤。

吸收 5：1 土壤浸出液或水样 20 ~ 50 mL（根据盐分多少取样，一般应使盐分质量在 0.02 ~ 0.20 g）放在 100 mL 已知烘干质量的瓷蒸发皿内，在水浴上蒸干，不必取下蒸发皿，用滴管沿蒸发皿四周加 1：1 过氧化氢（H_2O_2）处理残渣，使残渣湿润，继续蒸干，如此反复用过氧化氢处理析出所得盐分，直至有机质被完全氧化为止，此时干残渣全为白色。蒸干后残渣和蒸发皿放在 105 ~ 110 °C 烘箱中烘干 1 ~ 2 h，然后取出冷却，用分析天平称量，记下质量。将蒸发皿和残渣再次烘干 0.5 h，取出放在干燥器中冷却。前后两次质量之差不得大于 1 mg。

3）结果计算

$$土壤水溶性盐总量(g/kg) = [(m_1 - m_2)/m] \times 液土比 \times 1\,000$$

式中 m_1——蒸发皿质量+盐质量（g）；

m_2——蒸发皿质量（g）；

m——相当于 50 mL 浸出液的烘干土质量（g）；

另外，液土比为 5，1 000 为折算为 1 000 g 土的含盐量。

4）注意事项

（1）吸取待测液的数量应根据盐分的多少确定，如果含盐量 > 5.0 g/kg，则吸取 25 mL；含盐量 < 5.0 g/kg 时，则吸取 50 mL 或 100 mL，保持盐分量在 0.02 ~ 0.20 g。

（2）加过氧化氢去除有机质时，只要达到使残渣湿润即可，这样可以避免由于过氧化氢分解时泡沫过多而使盐分溅失，因而必须少量多次地反复处理，直至残渣完全变白为止。但溶液中有铁存在而出现黄色氧化铁时，不可误认为是有机质的颜色。

（3）由于盐分（特别是镁盐）在空气中容易吸水，故应在相同的时间和条件下冷却称量。

6.3.3 土壤水溶性盐总量测定及应用

1. 测定评价标准

农田土壤（及地下水）中水溶性盐的分析，是研究盐渍土盐分动态的重要方法之一，对了解盐分对种子发芽和作物生长的影响以及拟定改良措施都是十分必要的。我国盐渍化土壤以水溶性盐总量为指标进行分类评价（见表 6-8）。

美国农业部盐碱土研究室以饱和土浆浸出液的电导率来估计土壤水溶性盐总量（见表 6-9）。

在分析土壤盐分的同时，需要对地下水进行鉴定，当地下水矿化度达到 2 g/L 时，土壤比较容易盐渍化。所以地下水矿化度大小可以作为土壤盐渍化程度和改良难易的依据（见表 6-10）。

表 6-8　我国盐渍土盐化分级评价标准　　单位：g/kg

标　准	非盐渍土	轻度盐化	中度盐化	重度盐化	盐土
以硫酸盐为主	< 1	1 ~ 3	3 ~ 6	6 ~ 10	> 10
以氯化物为主	< 1	1 ~ 2	2 ~ 4	4 ~ 6	> 6

表 6-9　土壤饱和浸出液的电导率与盐分和作物生长的关系

饱和浸出液电导率/(dS/m)	盐分/(g/kg)	盐渍化程度	植物反应
0 ~ 2	< 1.0	非盐渍化土壤	对作物不产生盐害
2 ~ 4	1.0 ~ 3.0	盐渍化土壤	对盐分极敏感的作物产量可能受到影响
4 ~ 8	3.0 ~ 5.0	中度盐土	对盐分敏感的作物产量受到影响，但耐盐作物（苜蓿、棉花、甜菜、高粱、谷子）受影响不大
8 ~ 16	5.0 ~ 10.0	重盐土	只有耐盐作物有收成，但种子发芽受影响，而且出现缺苗，严重影响产量
> 16	> 10.0	极重盐土	只有极少数耐盐植物能生长，如盐生的牧草、灌木、树木等

表 6-10　地下水矿化度的分级标准

类　别	矿化度/(g/L)	水　质
淡水	< 1	优质水
弱矿化水	1 ~ 2	可用于灌溉
半咸水	2 ~ 3	一般不宜用于灌溉
咸水	> 3	不宜用于灌溉

注：弱矿化水可用于灌溉，其电导率为 0.10 ~ 0.75 dS/m。

2. 应　用

土壤盐渍化改良的关键是合理利用好水资源，例如实施合理的灌溉制度、采用节水防盐的灌溉技术、减少输配水系统的渗漏损失、处理好蓄水与排水及引灌与井灌的关系。具体改良措施有以下几个方面。

1）工程洗盐措施

水是土壤积盐的因素，也是脱盐的动力。建立健全水利设施，实行河、井、沟、渠结合，排、灌、蓄配套，进行合理灌排，调节自然界水分循环，可淋洗、排除土壤中的盐分。

2）农业措施

（1）增施有机肥。这样，能提高土壤的有机质含量，改善土壤的理化性状，增强土壤的保水能力。

（2）种植绿肥。种植绿肥不仅增加有机肥的来源，还有增加覆盖、减少蒸发和抑盐作用。

（3）合理耕作。合理耕作、及时松土，可以减少蒸发，破除板结，改善通气，抑制返盐，有利于种子萌发和根系吸收。

（4）种植水稻。种植水稻，由于泡水时间长，土壤中盐分被压到耕层以下的地下水里，排出田外。

（5）植树造林。植树造林，能降低风速，减少蒸发，减轻地面运盐。

（6）刮除盐土。在春秋旱季，将含盐表土刮除，移出耕地外，可降低土壤含盐量。

（7）开沟躲盐。利用盐往高处走的规律，开沟可降低沟底含盐量，以利于种子出苗。

（8）放淤压碱。把含泥沙较多的河水引入事先筑好埂坝的地块，使泥沙沉降下来，淤地改碱。

另外，还可种植耐盐碱作物，如棉花、高粱等。

3）化学措施

（1）施用磷石膏。施用磷石膏，可提高土壤活性钙阳离子的含量，减轻碳酸钠和碳酸氢钠对作物的危害，降低 pH。

（2）巧施化肥。盐碱地多施钙质化肥（如过磷酸钙、硝酸钙等）和酸性化肥（如硝酸铵等），可增加土壤中钙的含量和活化土壤中的钙素。

（3）施用腐殖酸类改良剂。这类物质是很好的离子交换剂，对钠、氯等有害离子有代换吸附作用，能调节土壤的酸碱性。

（4）施用抑盐剂。将抑盐剂用水稀释后，喷在地面上能形成一层连续性薄膜。这种薄膜能阻止水分子通过，抑制水分蒸发和提高地温，减少盐分在地表积累，对农作物保苗增产有良好作用。

7 土壤养分分析技术及综合实训

土壤有机质是土壤肥沃程度的重要指标，是土壤各种元素的重要来源。本章主要介绍了土壤有机质、氮、磷、钾的测定方法，通过有机质的来源及分布可以让学生理解有机质的重要性及有机质的测定方法，通过实训可以培养学生严谨的科学态度，倡导学生节约资源，保护土壤环境。

7.1 土壤有机质测定

土壤有机质是土壤中所有有机物质的总称，包括土壤中各种动植物残体、微生物体及其合成的各种有机物质。对于农田土壤来说，土壤有机质的来源主要是人为施用的各种有机肥料以及作物残留的根茬等，土壤中真正的有机质称为腐殖质，土壤腐殖质是除未分解和半分解的动植物残体及微生物体以外的有机物质的总称。腐殖质是经土壤微生物作用后，由多酚和多醌类物质聚合而成的含芳香环结构的、新形成的黄色至棕黑色的非晶形高分子有机化合物，它是土壤有机质的主体，也是土壤有机质中最难降解的组分，一般占土壤有机质的 50%～90%。

土壤有机质是土壤固相的重要组成成分，由于土壤有机质的主要元素组成是碳（C）、氢（H）、氧（O）和氮（N），其次是磷（P）和硫（S）。其中 C 含量为 55%～60%（平均为 58%），所以有机质是土壤中各种营养元素特别是氮、磷的重要来源，能促进植物的生长发育，改善土壤的物理性质，促进土壤生物的活动，提高土壤的保肥性和缓冲性。土壤有机质与土壤的结构性、通气性、渗透性和吸附性、缓冲性有密切的关系，通常在其他条件相同或相近的情况下，在一定含量范围内，有机质的含量与土壤肥力水平呈正相关，是衡量土壤肥力高低的重要指标。

土壤有机质对土壤肥力具有重大意义，它含有植物所需要的各种营养元素（特别是氯、磷的主要来源）和刺激植物生长的胡敏酸类物质。由于它具有胶体特性，吸附较多的阳离子，因而使土壤具有保肥性和缓冲性，还能使土壤疏松和形成良好结构，从而改善了土壤的理化性状，则有利于土壤中水、肥、气、热关系的调节；同时有机质也是土壤中异养微生物的能源物质。土壤有机质含量的多少，是土壤肥力高低的重要指标。

黑龙江省土壤有机质的含量在全国是最高的，一般在 2%～5%，高的可达 7%～8%，低的约在 1%。土壤有机质和土壤全氮含量之间有较好的相关性。一般土壤有机质约含氮 5%，因此可以从有机质的结果来估算，土壤全氮的近似含量为

$$土壤全氮（g/kg）= 土壤有机质（g/kg）\times 0.05$$

土壤有机质含量的测定，通常是通过测定土壤中有机碳的含量计算求得，将所测得的有

机碳乘以换算因数 1.724（按有机质含碳 58% 计算）即为有机质总量，但这仅仅是个近似数值，因为土壤中各种有机质的含碳量不完全一致。

7.1.1 土壤有机质含量测定方法概述

1. 氧化法

该方法用氧化剂在一定温度下氧化土壤有机碳后，测定消耗氧化剂的量。该方法操作简便、快速，适用于大量样品分析，其中样品前处理有电沙浴法、油浴法、恒温消煮法、水合热法。

电沙浴法为国家标准法，其操作简单、准确，但不适于大量样品分析。油浴法使用较普遍，操作简便、快速，适用于大批量样品分析，但污染环境。恒温消煮法简便、快速，避免了环境污染。水合热法操作方便，但有时有机质的氧化程度较低，且受室温影响较大。

2. 测定二氧化碳法

该方法将土壤样品中有机碳高温氧化后，测定释放出的二氧化碳的量，高温氧化又分为干烧法和湿烧法。

1）干烧法

该方法是一种测定土壤全碳的方法，即在纯氧气流或不含钙的空气流条件下，用中温电阻炉（> 1 000 °C）或高温感应炉（> 1 650 °C）加热土壤和催化的混合物，使样品中的所有碳（C）转化为二氧化碳，然后可以测定二氧化碳体积（全碳自动分析仪基于此原理研制），也可以碱石灰吸收后称量，还可以标准 $Ba(OH)_2$ 溶液吸收后，用标准酸滴定。

2）湿烧法

该方法是一种快速测定土壤全碳和有机碳含量的方法，通常是将重铬酸钾、硫酸混合物与土壤样品，在密闭系统中供给无二氧化碳的空气，加热至沸腾，使样品中的所有碳（C）转化为二氧化碳，然后测定二氧化碳体积（全碳自动分析仪基于此原理研制），也可以碱石灰吸收后称量，还可以标准 $Ba(OH)_2$ 溶液吸收后，用标准酸滴定。

该方法能使土壤有机质全部分解，不受还原物质的影响，可获得比较准确的结果，但该方法操作复杂、费时，需要较高的分析技术和特殊的仪器设备，测定成本高，因而不适宜在小型实验室内进行。

7.1.2 重铬酸钾氧化——外加热法

1. 方法与原理

土壤有机质的测定方法很多，但基本上分两类；一类是干烧法，通过测定高温灼烧后所产生的二氧化碳进行定量。此法需要特殊的设备，操作技术要求比较严格，费时间，再现性差。因此，一般不作例行分析用。另一类是湿烧法，在湿烧法中，以重铬酸钾-浓硫酸氧化法应用最为普遍，此法设备简单、操作容易、快速，再现性较好，适用于大量样品的分析。本实验采用重铬酸钾氧化——外加热法。

在加热恒温的条件下（170 ~ 180 °C 沸腾 5 min），用一定量的标准重铬酸钾-浓硫酸溶液，氧化土壤有机质中的碳，多余的重铬酸钾用标准的硫酸亚铁溶液滴定，由所消耗的重铬酸钾量，即可计算出有机碳的含量，再乘以常数 1.724，即为土壤有机质量。该方法因只能氧化 90% 的有机碳，所以结果还必须乘以校正系数 1.1。其反应式如下：

$$K_2Cr_2O_7 + 8H_2SO_4 + 3C = 2K_2SO_4 + 2Cr_2(SO_4)_3 + 3CO_2\uparrow + 8H_2O$$
$$K_2Cr_2O_7 + 6FeSO_4 + 7H_2SO_4 \longrightarrow K_2SO_4 + Cr_2(SO_4)_3 + 3Fe_2(SO_4)_3 + 7H_2O$$

土壤中如有 Cl^- 和 Fe^{2+} 存在，也能被重铬酸钾的硫酸溶液氧化，而造成误差。通常加入少量 Ag_2SO_4，使 Cl^- 形成 AgCl 沉淀而清除干扰，此时校正系数应改为乘以 1.04。其反应过程如下：

$$Cr_2O_7^{2-} + 6Cl^- + 14H^+ \longrightarrow 2Cr^{3+} + 3Cl_2 + 7H_2O$$
$$Cl^- + Ag^+ \longrightarrow AgCl\downarrow$$

消除干扰后，可将土样摊成薄层，在室内通风处风干数日，使全部 Fe^{2+} 氧化为 Fe^{3+} 后再进行测定。

2. 仪器与设备

滴定管、可调恒温沙浴、计时器或秒表。

3. 试剂配制

（1）0.800 mol/L（$1/6K_2Cr_2O_7$）重铬酸钾标准溶液：精确称取经 105 °C 烘干过的分析纯重铬酸钾 39.224 5 g，放入烧杯中，加少量蒸馏水溶解，定容于 1 000 mL 容量瓶中。

（2）浓硫酸：分析纯，$\rho = 1.84$ g/cm。

（3）0.2 mol/L 硫酸亚铁溶液：称取 56 g $FeSO_4 \cdot 7H_2O$ 或 $(NH_4)_2SO_4 \cdot FeSO_4 \cdot 6H_2O$ 溶于水中，加入浓 H_2SO_4 5 mL，然后加水至 1 L。

（4）邻菲罗啉指示剂：称取 $FeSO_4 \cdot 7H_2O$ 0.70 g 和邻菲罗啉（$C_{12}HgN_2$）1.49 g 溶于 100 mL 水中，此时试剂与 $FeSO_4$ 形成红棕色络合物，即 $[Fe(C_{12}HgN_2)_3]^{2+}$，贮于棕色瓶内备用。

4. 操作步骤

（1）准确称取过 100 目筛（0.149 mm）的风干土样 0.100 ~ 0.500 g（有机质含量高于 5%，称样 0.1 g，有机质含量为 20 ~ 40 kg，称样 0.3 g，低于 20 g/kg 时，称样 0.5 g），放入 250 mL 三角瓶底部，用滴定管准确加入 0.8 mol/L（$1/6K_2Cr_2O_7$）重铬酸钾标准溶液 5.00 mL，再用注射器注入 5 mL 浓硫酸，小心摇匀。

在三角瓶口上加一小漏斗，以冷凝加热时逸出的水汽。然后将三角瓶置于事先预热至 180 °C 的沙浴上，当瓶内液体沸腾或有大气泡发生时开始计算时间，严格控制微沸 5 min。

（2）取下三角瓶冷却（此时，溶液一般为黄色或黄中稍带绿色，如果以绿色为主，则说明重铬酸钾用量不足，应弃去重做），用水冲洗小漏斗内外于三角瓶中，使瓶内总体积在 60 ~ 70 mL（溶液酸度为 2 ~ 3 mol/L），加邻菲罗啉指示剂 3 滴，用 0.2 mol/L $FeSO_4$ 标准液滴定。当溶液变成深绿色时表示接近终点，应逐渐慢滴，直到由蓝绿色突变为褐红色为终点。

每批样品可测定2个空白试验，取其平均值，可用石英砂或灼烧土代替土样，其他步骤同上。

5. 结果计算

$$土壤有机碳（g/kg）=\frac{\frac{5c}{V_0}(V_0-V)\times 3\times 10^{-3}\times 1.1}{W}\times 1\ 000$$

$$土壤有机质（g/kg）= 土壤有机碳（g/kg）\times 1.724$$

式中 V_0——空白试验用 $FeSO_4$ 溶液的体积（mL）；

V——待测样品消耗 $FeSO_4$ 溶液的体积（mL）；

c——$1/6K_2Cr_2O_7$ 溶液的标准溶液的浓度，为0.800 mol/L；

5——重铬酸钾标准溶液加入的体积（mL）；

W——烘干土样质量（g）；

3——1/4碳的摩尔质量（g/mL）；

1.1——氧化校正系数（按平均回收率90%计）；

1.724——土壤有机碳换算成有机质的平均换算系数（按有机质平均含碳58%计）；

10^{-3}——将mL换算成L。

6. 注意事项

（1）含有机质＞5%者，称土样0.1 g，含有机质为2%～3%，称土样0.3 g，含有机质＜2%者，称土样0.5 g。由于称样量少，称样时应用减重法以减小称样误差。

（2）特殊样品，如草炭、有机肥等样品的有机质远大于5%者，则不能再采用此法，应当改用干灰化法，即在500～525 °C下灼烧，由灼烧后失去的质量计算有机质含量。

具体操作步骤如下：

坩埚称重：将标有号码的瓷坩埚洗净，烘干，高温电炉中灼烧15～20 min，然后冷却，用坩埚钳取出，干燥器内冷却至室温，称重。

称样灰化：将磨细（0.5 mm，烘干，60 °C烘4 h）的样品2～3 g放入已知质量的瓷坩埚中，在分析天平上准确称重，可调电炉上加热炭化，逐步提高温度，呈灰白色不再冒烟时炭化完毕，移入高温电炉，550 °C灼烧1～2 h，冷却取出，放入干燥器中冷却30 min，称重。

7. 结果计算

$$有机质(\%)=\frac{灰化前重-灰化后重}{样品烘干量}\times 100$$

7.1.3 油浴加热——重铬酸钾容量法

1. 方法与原理

用过量的重铬酸钾-硫酸（$K_2Cr_2O_7$-H_2SO_4）溶液与土壤样品在高温（170～180 °C）下作

用，重铬酸钾（$K_2Cr_2O_7$）即将有机质中的碳氧化成二氧化碳（CO_2），根据化学反应中的等物质的量规则，$K_2Cr_2O_7$中的 Cr^{+6}（橙色）也被还原成等物质的量的 Cr^{3+}（草绿色），剩余的$K_2Cr_2O_7$用已知浓度的硫酸亚铁（$FeSO_4$）溶液滴定，则所消耗的 $FeSO_4$ 的物质的量应与剩余的 $K_2Cr_2O_7$ 的物质的量相等，这一部分物质的量和最初所加入的 $K_2Cr_2O_7$ 的全部物质的量之差，即是与土壤样品有机碳的反应时所消耗的物质的量，也就等于有机碳的物质的量，通过计算即可得出土壤中有机碳的含量。由于土壤有机质中碳的含量平均为 58%，所以土壤有机碳含量除以 58%（即乘以 1.724）即为土壤有机质含量。但在本方法中，有机碳的氧化率一般只能达到 90% 左右，故上述结果再乘以校正系数 1.1 才是土壤有机质的实际含量。本方法适用于有机质含量低于 150 g/kg 的土壤有机质的测定。

重铬酸钾-硫酸溶液与有机质作用的反应式为

$$2K_2Cr_2O_7 + 8H_2SO_4 + 3C = 2K_2SO_4 + 2Cr_2(SO_4)_3 + 3CO_2\uparrow + 8H_2O$$

硫酸亚铁滴定剩余重铬酸钾作用的反应式为

$$K_2Cr_2O_7 + 6FeSO_4 + 7H_2SO_4 = K_2SO_4 + Cr_2(SO_4)_3 + 3Fe_2(SO_4)_3 + 7H_2O$$

2. 操作步骤

（1）在分析天平上准确称取通过 0.25 mm 孔径筛的风干土壤样品 0.05 ~ 0.50 g（精确到 0.000 1 g）用长条蜡光纸把称取的样品全部倒入干的硬质试管中，用移液管缓缓准确加入 0.8 mol/L 重铬酸钾-硫酸（$1/6K_2Cr_2O_7$-H_2SO_4）溶液 10 mL，摇匀，然后在试管口加一小漏斗。

（2）预先将油浴锅加热至 185 ~ 190 °C，将试管放入铁丝笼中，然后将铁丝笼放入油浴锅中加热。放入后温度应控制在 170 ~ 180 °C，待试管中液体沸腾时开始计时，煮沸 5 min，取出试管，稍冷，擦净试管外部油液。

（3）冷却后，将试管内容物小心地全部洗入 250 mL 的三角瓶中，使瓶内总体积为 60 ~ 70 mL，保持其中硫酸浓度为 1.0 ~ 1.5 mol/L，此时溶液的颜色应为橙黄色或淡黄色。然后加邻菲罗啉指示剂 3 ~ 4 滴，用 0.2 mol/L 标准硫酸亚铁（$FeSO_4$）溶液滴定，溶液由黄色经过淡绿色、绿色突变为棕红色即为终点。

（4）在测定样品的同时必须做两个空白试验，取其平均值。可用 0.5 g 石英砂代替样品，其他操作同上。

平行测定结果允许相差：有机质含量小于 10 g/kg 时，允许绝对相差 < 0.5 g/kg；有机质含量为 10 ~ 40 g/kg 时，允许绝对相差 < 1.0 g/kg；有机质含量为 40 ~ 70 g/kg 时，允许绝对相差 < 3.0 g/kg；有机质含量大于 100 g/kg 时，允许绝对相差 < 5.0 g/kg。

3. 注意事项

（1）根据样品有机质含量决定称样量。有机质含量大于 50 g/kg 的土壤样品称取 0.1 g，有机质含量为 20 ~ 40 g/kg 的土壤样品称取 0.3 g，有机质含量小于 20 g/kg 的土壤样品可称取 0.5 g。

（2）消化煮沸时，必须严格控制时间和温度。

（3）本方法不适用于含氯化物较高的土壤，对含有少量氯化物的样品，可加少量硫酸银除去其影响。水稻土和长期渍水的土壤，由于含有较多的还原物质，而还原物质会消耗重铬酸钾，从而使测定结果偏高。

（4）一般滴定时消耗硫酸亚铁量不应少于空白用量的 1/3，否则氧化不完全，应弃去重做，消煮后若溶液以绿色为主，说明重铬酸钾用量不足，应减少样品量重做。

（5）有机质含量一般以烘干土壤计算，故应测出含水量换算成烘干土壤质量。

7.1.4 稀释热法或水合热法测定

1. 方法与原理

利用浓硫酸和重铬酸钾（$K_2Cr_2O_7$）迅速混合时所产生的热来氧化有机质，以代替油浴加热，操作更方便。由于产生的热量使温度升得不够高，对有机质氧化程度较低，只有 75% $K_2Cr_2O_7$ 即将有机质中的碳氧化成二氧化碳（CO_2），Cr_2O_7 中的 Cr^{6+}（橙色）也被等物质的量地还原成 Cr^{3+}（草绿色），剩余的 $K_2Cr_2O_7$ 用已知浓度的硫酸亚铁（$FeSO_4$）溶液滴定，则所消耗的 $FeSO_4$ 的物质的量，应与剩余的 $K_2Cr_2O_7$ 的物质的量相等，这一部分物质的量和最初所加入的 $K_2Cr_2O_7$ 的全部物质的量之差，即是与土壤样品有机碳的反应时所消耗的物质的量，也就等于有机碳的物质的量，通过计算即可得出土壤中有机碳的含量。由于土壤有机质中碳的含量平均为 58%，所以土壤有机碳含量除以 58%（即乘以 1.724）即为土壤有机质含量，但在本方法中，有机碳的氧化率一般只能达到 75% 左右，故上述所得结果还应乘以校正系数 1.33 才是实际土壤有机质含量。

2. 操作步骤

1）称样

准确称取 0.500 g 土壤样品于 500 mL 的三角瓶中。

2）加氧化剂

准确加入 1 mol/L（$1/6K_2Cr_2O_7$）溶液 10 mL 于土壤样品中，转动瓶子使之混合均匀。然后加浓硫酸 20 mL，将三角瓶缓缓转动 1 min，促使混合以保证试剂与土壤充分作用。

3）放置

在石棉板上放置约 30 min。

4）加水稀释并滴定

加水稀释至 250 mL，加 2-羧基代二苯胺指示剂 12 ~ 15 滴，然后用 0.5 mol/L $FeSO_4$ 标准溶液滴定，其终点为灰蓝绿色。或加 3 ~ 4 滴邻菲罗啉指示剂，用 0.5 mol/L $FeSO_4$ 标准溶液滴定。近终点时，溶液颜色由绿色变成暗绿色，然后逐滴加入 $FeSO_4$ 直至变成砖红色为止。

用同样的方法做空白试验（即不加土壤样品）。

3. 注意事项

此法的注意事项与油浴加热——重铬酸钾容量法测定实验相同。

7.2 土壤氮含量测定

7.2.1 土壤全氮的测定

1. 测定的意义

氮素是植物最重要的营养元素之一，它在土壤中主要分为有机态和无机态两大类。有机态的氮主要以蛋白质、核酸、氨基糖和腐殖质等类化合物形式存在，而无机态的氮以固定态铵、交换性铵、NO_3、NO_2等存在，通常不超过全氮量的5%。

土壤无机氮是植物可以直接吸收的氮素，它的含量受气温、土壤水分、酸碱度、氧化还原条件、土壤微生物活动、作物生长情况和耕作措施、施肥、灌溉、排水等条件的影响很大，变化很快。因此，某一时刻土壤无机氮含量的高低，不能说明该土壤的基本供氮水平，而有机氮只有经过微生物的矿化作用才能为作物所吸收利用。土壤全氮量虽然不能说明土壤的供氮强度，但可反映土壤供氮的总水平，即土壤基本氮素水平，从而为评价土壤基本肥力、合理施肥，以及采用各种农业措施促进有机氮的矿化过程等提供科学依据。

我国土壤中的氮素含量变幅很大。南方红、黄壤及滨海盐土，全氮量在1 g/kg以下；水稻土含量较高，为1 ~ 3 g/kg；华北平原耕层土壤全氮量为0.5 ~ 0.8 g/kg，而东北黑土则为2 ~ 5 g/kg。

由于土壤有机质和全氮（以及全磷、全钾）的含量比较稳定，所以不必每年测定，更无须按作物生育期进行测定，这一点与土壤有效养分是不同的。

2. 方法与原理

土壤全氮的测定方法主要有两种：一种是1831年杜马斯创立的干烧法或称杜氏法，样品在CO_2中燃烧，以Cu或者CuO为催化剂，使所有的氮气气流通过矿液体吸收CO_2，后测量N_2的体积，进而计算样品中氮的含量。杜氏法回收率较高，比较复杂。目前国外已有干烧法的自动定氮仪，可提高分析效率。另一种方法是丹麦人开道尔于1883年创立的湿烧法——开氏法，此法经过几十年的多次修改，结果可靠。由于此法设备简单，一般实验室均可广泛应用。开氏法定氮包括以下两个过程：

1）样品的消煮

各种有机化合物经过复杂的高温分解反应而转化成为新的形态（硫酸铵），这个复杂的反应，总称为开氏反应。硫酸在高温下为强氧化剂，蒸气分解产生新生态氧（O），能氧化有机化合物中的碳，生成CO_2，从而分解有机质。

$$H_2SO_4 \xrightarrow{\text{高温}} SO_3\uparrow + H_2O$$
$$2SO_3 \longrightarrow 2SO_2\uparrow + 2[O]$$
$$C + 2[O] \longrightarrow CO_2\uparrow$$

样品中的含氮有机化合物如蛋白质等在浓硫酸作用下，水解成为氨基酸，氨基酸又在硫酸的脱氨作用下，还原成氨，氨与硫酸结合成为硫酸铵留在溶液中。主要反应如下：

$$\text{蛋白质} \longrightarrow \text{各种氨基酸}$$
$$NH_2\cdot CH_2\cdot COOH + 3H_2SO_4 \longrightarrow NH_3 + 2CO_2 + 3SO_2\uparrow + 4H_2O$$

$$2NH_3 + H_2SO_4 \longrightarrow (NH_4)_2SO_4$$

此法消煮测定土壤全氮量，样品中极微量的硝态氮，在加热过程中逸出而损失，因一般土壤中此类氮含量甚微，可忽略不计。

上述反应进行速度较慢，通常利用加速剂促进反应过程。加速剂的成分，按其效用的不同，分为增温剂、催化剂和氧化剂 3 类。常用增温剂是硫酸钾和硫酸钠。消煮时温度要求控制在 360 ~ 410 °C 之间，低于 360 °C，消化不完全，特别是杂环氮化合物不易分解，使结果偏低，温度过高可引起氮素的损失。其温度的高低取决于加入盐的多少，一般以每 1 mL 浓硫酸中含有 0.35 ~ 0.45 g 为宜。

在催化剂中也有很多种类，如汞、氧化汞、硫酸铜、硫酸铁、硒等，其中以硫酸铜和硒混合使用最为普遍。其催化作用如下：

$$4CuSO_4 + 3C + 2H_2SO_4 \longrightarrow Cu_2SO_4 + 4SO_2\uparrow + 3CO_2\uparrow + 2H_2O \text{（氧化作用）}$$
$$Cu_2SO_4 + 2H_2SO_4 \longrightarrow 2CuSO_4 + SO_2\uparrow + 2H_2O \text{（还原作用）}$$

$CuSO_4$ 发生的氧化还原反应，周而复始地进行，当有机质全部被氧化之后，则不易形成褐红色的 Cu_2SO_4，而呈现清澈的蓝绿色。因此，硫酸铜不仅起催化作用，也起指示消化终点作用。硒的催化效率很高，可以大大缩短消化时间，其催化作用如下：

$$2H_2SO_4 + Se \longrightarrow H_2SeO_3 + 2SO_2\uparrow + H_2O$$
$$H_2SeO_3 \longrightarrow SeO_2 + H_2O$$
$$SeO_2 + C \longrightarrow Se + CO_2\uparrow$$

在使用硒粉作催化剂时，硒的用量不能过多，消煮时间过长或温度过高，均能导致氮素的损失：

$$(NH_4)_2SO_4 + H_2SeO_3 \longrightarrow (NH_4)_2SeO_3 + H_2SO_4$$
$$3(NH_4)_2SeO_3 \longrightarrow 9H_2O + 2NH_3\uparrow + 3Se + 2N_2\uparrow$$

同时要注意，用硒作催化剂时，消煮液不能供氮、磷联合测定。硒还是有毒元素，实验室必须有良好的通风设备，否则在消化过程中产生的 H_2Se 可能引起中毒。另外，为了加快反应速度，很多人曾使用氧化剂。试验证明，将氧化剂（$K_2Cr_2O_7$ · $KMnO_4$、$HClO_4$ 等）分次加到消煮液的硫酸中均能取得良好效果，同时可以大大缩短消煮时间，一般 15 ~ 30 min 即可。目前，人们对 $HClO_4$ 的使用很重视，因为 H_2SO_4-$HClO_4$ 消煮液可以同时测定氮、磷，有利于自动化分析的使用。但是由于氧化剂作用很激烈，容易造成氮的损失，所以，使用时必须谨慎，每次用量不可过多，消煮时只能微沸，以防有机氮被氧化成游离氮气或氮的氧化物而逸失。关于消煮时间，不能以消煮液是否清澈作为依据，通常消煮液开始清亮后尚需“后煮”一定时间，以保证全部有机态氮都转化为铵盐。

2）消煮液中铵的定量

消煮液中的铵态氮可根据要求和实验条件选用蒸馏法、扩散法或比色法等测定。

扩散法和蒸馏法所用仪器不同，但都是先把消煮液碱化，使 $(NH_4)_2SO_4$ 转变为挥发性的 NH_3，让它自行扩散出来或蒸馏出来，扩散或蒸馏出来的 NH_3，可以用标准酸吸收。剩余的酸再用标准碱溶液回滴，根据被 NH_3 所消耗的酸量来计算铵态氮的量。

$$(NH_4)_2SO_4 + 2NaOH = Na_2SO_4 + 2NH_3\uparrow + 2H_2O$$

现在通常改用硼酸（H_3BO_3）溶液来吸收 NH_3，然后用标准酸溶液直接滴定硼酸吸收的 NH_3。

$$NH_3 + H_3BO_3 = NH_4\cdot H_2BO_3\text{（或写作 } H_3BO_3\cdot NH_3\text{）}$$
$$NH_4H_2BO_3 + HCl = NH_4Cl + H_3BO_3$$

硼酸吸收 NH_3 的量，大致可按 1 mL 1% H_3BO_3 最多能吸收 0.46 mg N 计算。例如，3 mL 3% H_2BO_3 溶液最多可吸收 $3\times3\times0.46$ mg≈4 mg N。用硼酸代替标准酸吸收氨的优点很多：直接滴定氨的准确度较高，可以不配制标准碱溶液；硼酸的用量足够即可，不必准确量取；蒸馏氨时不怕倒吸，只需添加硼酸后再蒸馏即可；带有指示剂的硼酸溶液容易发现器皿和外来酸碱的污染。但应注意，用硼酸吸收氨时，温度不能超过 40 °C，否则 NH_3 易逸失，所用硼酸和指示剂（溴甲酚绿和甲基红）的质量与滴定终点的敏锐程度有关；硼酸久储于玻璃瓶中后，也可因溶解玻璃而降低终点的灵敏性。

开氏法测定的是有机氮和样品中原有的铵态氮，不包括全部硝态氮。如需包括全部硝态氮在内，须将开氏法稍加修改。由于土壤中硝态氮含量很少，常不到全氮量的 1%，可以忽略不计，所以一般开氏法测得的结果，就可以当作土壤的全氮。

3. 仪器与设备

50 mL 刻度消煮管、红外消煮炉、定氮蒸馏装置或自动定氮仪、微量滴定管。

4. 试剂配制

（1）酸溶液，$\rho = 1.84\ g/cm^3$（不含氮，化学纯）。

（2）加速剂，100 g K_2SO_4、10 g $CuSO_4\cdot5H_2O$ 和 1 g Se 粉共同研细，全部通过 0.25 mm 筛孔，充分混匀，如无 Se 粉，也可以只用 10∶1 的 K_2SO_4 和 $CuSO_4\cdot5H_2O$ 配制，此时消煮时间要适当延长些。

（3）溴甲酚绿-甲基红指示剂，0.099 g 溴甲酚绿和 0.066 g 甲基红溶于 100 mL 95% 乙醇中，用稀 NaOH（约 1 mol/L）或 HCl 调节至呈蓝色（pH = 4.5），此指示剂的变色液图为 pH = 4.2 ~ 4.9（蓝绿色）。

（4）2% 硼酸溶液（内含少量溴甲酚绿-甲基红指示剂），20 g H_3BO_3，溶于 1 L 蒸馏水中，加溴甲酚绿-甲基红指示剂约 10 mL，并用稀 NaOH（约 0.1 mol/L）或稀 HCl（0.1 mol/L）调节至呈紫红色（pH = 4.5），此液每毫升最多可吸收 0.9 mg NH_4^+-N。

（5）40% 氢氧化钠溶液，称取固体 NaOH 400 g 于硬质烧杯中，加 400 mL 无 CO_2 蒸馏水溶解，并不断搅拌，以防止烧杯底 NaOH 固结，冷却后以无 CO_2 蒸馏水稀释至 1 000 mL，贮于胶塞试剂瓶中。

（6）0.01 mol/L 标准盐酸（HCl）或硫酸（1/2 H_2SO_4）溶液，先配制 0.1 mol/L 标准酸溶液，然后稀释 10 倍，用标准碱标定。

5. 操作步骤

1）样品的消煮

（1）称取过 0.25 mm 筛孔的风干土样 0.5 ~ 1.0（含 N 量约 1 mg），土样含氮量 0.1%，称

样 1.0 g；含氮在 0.2% 时，则应称样 0.5 g，用光滑小纸条小心放入 50 mL 干燥消煮管底部。

（2）加入加速剂 2 g（用量勺加入）、浓硫酸 5 mL，轻轻摇匀（如果是黏质土壤，先加入 5 ~ 10 滴水浸泡，待黏粒分散后，再加 5 mL 浓硫酸），以小漏斗盖住消煮管口。

（3）将开氏瓶斜置于 600 ~ 800 W 的电炉上，先用小火消煮，待泡沫不多时，可加大火力，使溶液保持沸腾，硫酸蒸气在瓶颈下部 1/3 处冷凝回馏。消煮过程中应间断地转动消煮管，使溅上的有机质能及时分解。待消煮液褪去污色而呈清澈淡蓝色后，再煮 30 ~ 40 min。

（4）消煮完毕后稍放冷却，在硫酸盐类尚未析出凝固以前，用少量蒸馏水洗涤消煮管 4 ~ 5 次，然后将消煮液全部转入蒸馏器内室，总用量约 20 mL。

在消煮土样的同时，做 2 份空白试验，除不加土样以外，其他操作都相同。

2）铵的定量蒸馏法

（1）蒸馏前先检查蒸馏装置是否漏气和管道是否清洁。检查方法：用水蒸洗，弃去初馏液，用小三角瓶接取蒸馏液约 10 mL，加 1 小滴 0.01 mol/L 盐酸、1 小滴混合指示剂，溶液如能由绿色变为红色，即表示管道无酸碱污染。

（2）另取小三角瓶加入 10 mL 2% 硼酸-指示剂溶液，放在蒸馏器的冷凝管下面，距离硼酸液面 2 ~ 3 cm 处。

（3）向蒸馏器内室加入约 20 mL 40% NaOH 溶液，立即塞紧，进行蒸气蒸馏。注意同时开放冷凝水，勿使蒸出液的温度超过 40 °C。蒸馏时间 15 ~ 20 min，蒸馏液体 40 ~ 50 mL 时即可停止蒸馏，用少量蒸馏水洗冷凝管末端于三角瓶中，然后取下三角瓶。

（4）用微量滴定管，以 0.02 mol/L（$1/2H_2SO_4$）或 0.02 mol/L HCl 标准溶液滴定蒸馏液中的氨，溶液由蓝绿色变为紫红色为终点。

（5）测定时，做两份空白试验，以校正试剂和滴定误差。

6. 结果计算

$$土壤全氮（g/kg）= c(V - V_0) \times 10^{-3} \times 14/m \times 1\,000$$

式中 c——HCl 标准溶液的摩尔浓度（mol/L）；

V——测定时所用 HCl 标准液的体积（mL）；

V_0——空白试验所用 HCl 标准液的体积（mL）；

14——氮的摩尔质量（g / mol）；

m——烘干土样质量（g）；

10^{-3}——标准酸体积 mL 换算成 L。

平行测定结果允许误差为 0.005%。

7.2.2 土壤碱解氮的测定

1. 测定的意义

土壤“碱解氮”是指用一定浓度的碱溶液，在一定条件下使土壤中易水解性的有机氮水解生成氨时所测得的“水解性氮”（用酸溶液进行水解时测得的氮，称为“酸解氮”），也称土壤有效性氮。它包括无机的矿物态氮（铵态氮和硝态氨），也包括部分有机物质中易水解的比较简单的有机态氮（氨基酸、酰胺和易水解的蛋白质氮）。碱解氮的含量与土壤有机质和含水量及土壤本身水热环境条件等有关，一般情况下，土壤有机质含量高，熟化程度高，土壤温度高，微生物活动强，则碱解氮的含量也高。通常情况下，这部分氮素能反映出土壤近期内氮素的供应状况，在某种程度上既反映土壤氮素供应强度，又能看出氮的供应容量与释放速率。因此，它与作物的生长和产量有着一定的相关性。

2. 方法与原理

利用 1.0 mol/L NaOH 水解土壤样品，使土壤易水解的有机含氮化合物脱氨而转化为 NH_3，连同土壤中原有的 NH_4^+-N 不断扩散逸出，由硼酸吸收，再用标准酸滴定，计算出水解性氮的含量。此法测定结果受碱的种类、浓度、土液比、水解时的温度和作用时间等因素的影响。为了使测得结果可以相互比较，必须严格控制规定的条件进行测定。

碱解扩散法，不受石灰性土壤中 $CaCO_3$ 的干扰，操作手续简便，结果的再现性较高，消耗劳力和药品较少，很适用于大批样品的分析。但此法测得结果，不包括土壤中的 NH_3^--N，因为旱田土壤中硝态氮含量较高，需加硫酸亚铁还原成铵态氮，硫酸亚铁本身会中和部分氢氧化钠，故须提高加入碱的浓度，使碱度保持 1.0 mol/L；而水稻土壤中硝态氮含量极微，可省去加硫酸亚铁，直接用 1.0 mol/L NaOH 进行水解。

3. 仪器与设备

微量滴定管、恒温培养箱、扩散皿。

4. 试剂配制

（1）1.6 mol/L 氢氧化钠溶液：64 g 氢氧化钠置于大烧杯中，用水溶解后，冷却定容至 1 L（用于土壤）。

（2）1.0 mol/L 氢氧化钠溶液：称取化学纯 NaOH 40.0 g，用水溶解后，冷却定容至 1 L（用于水田土壤）。

（3）2% 硼酸和 0.01 mol/L 盐酸溶液：见全氮测定中试剂配制。

（4）碱性胶液：40 g 阿拉伯胶粉与 50 mL 水在烧杯中混合，加热至 70 ~ 80 °C，促进溶解，冷却后，加 20 mL 甘油和 20 mL 饱和碳酸钾溶液，搅匀，放冷。最好用离心机分离以除去泡沫和不溶物，将清液倾入小玻璃瓶中。用此黏合剂涂于扩散皿磨口边上，约 5 min 后（蒸发了一些水，增加了黏性），再加盖玻璃片，密封效果最好。

（5）$FeSO_4 \cdot 7H_2O$（粉状）：将分析纯 $FeSO_4 \cdot 7H_2O$ 研细，保存于阴凉干燥处。

5. 测定步骤

（1）取风干土样 2.00 g（如果是湿土，则应称取相当于 2 g 干土的湿土样重），和 1 g 硫酸亚铁，均匀平铺在扩散皿外室（水稻土样品则不必加入硫酸亚铁）。

（2）在扩散皿内室中加入含有指示剂的 2% 硼酸 2 mL，然后在扩散皿磨口边上涂一层碱性甘油，盖上毛玻片，从小孔注入 10 mL 1.6 mol/L 氢氧化钠溶液（水稻土样品，改用 1.0 mol/L 氢氧化钠 10 mL）于扩散皿外室，立即盖严扩散皿。

（3）水平轻轻移动扩散皿，使土样与溶液充分混匀，用橡皮筋固定，随后放入 40 °C 的恒温箱中，24 h 后取出，用 0.01 mol/L 盐酸标准液滴定至终点。

注意：有时因扩散温度高于室温，盖玻片下有小水汽滴冷凝吸收氨而产生负误差。以 0.01 mol/L 盐酸标准溶液用半微量滴定管滴定内室硼酸中所吸收的氨量。测定的同时可做两份空白试验以校正试剂和滴定误差。

6. **结果计算**

$$\text{土壤碱解氮（N，mg/kg）}=\frac{c(V-V_0)\times 14}{m}\times 1\,000$$

式中 V、V_0——土样测定和空白试验所用标准酸的体积（mL）；

c——标准酸的浓度（mol/L）；

14——氮摩尔质量（g/mol）；

1 000——换算成每 1 000 g 样品中氮的 mg 数。

平行测定结果允许误差为 5 mg/kg。

7.2.3 土壤无机氮的测定

土壤中无机态氮主要是铵态氮和硝态氮，有时还有少量的亚硝态氮存在，其总和称为土壤速效氮，一般只占土壤全氮量的 1%～5%。它们含量尽管不多，但变化很大，由植物直接吸收利用，因而对植物氮素营养起着重要作用。测定土变化很大，通过土壤无机氮的测定，可以了解旱田和水田的供氮情况，而且也可以了解中耕、灌溉、排水等农业生产时土壤氮素的转化作用。

春播前肥力较低的土壤硝态氮含量为 5～10 mg/kg，肥力较高的土壤有时可达数十 mg/kg。铵态氮在旱田土壤中硝态氨变化小，一般含量很低。硝态氮与铵态氨的总和为 5～80 mg/kg。

土壤铵态氮与硝态氮测定，在常规分析中多应用比色法，操作简便但限制因素较多，也可以用在碱性介质中的蒸馏法，可连续测定铵态氮和硝态氮，方法简便快速，准确可靠。

1. **蒸馏法**

1）方法与原理

用 2 mol/L 氯化钾提取土壤交换性铵和可溶性硝酸盐及亚硝酸盐，在锌-硫酸亚铁还原剂存在下，在氧化镁的弱碱性介质中还原蒸馏。蒸馏过程中，有氢气产生，使硝态氮极大部分还原为亚硝态氮和少量的铵态氮，而亚铁又将亚硝态氮还原为铵态氮，低价铁变为高价铁，同时氧又将高价铁还原为低价铁，由于有锌的存在而不断供氢气，如此反复循环，从而保证了亚铁的还原能力，使硝态氮在碱性介质中完全还原为铵态氮。蒸馏时产生的氨被硼酸吸收，然后用标准酸滴定，即得铵态氮与硝态氮的总量。化学反应式如下：

$$FeSO_4 + Mg(OH)_2 \longrightarrow Fe(OH)_2\downarrow + MgSO_4$$
$$8Fe(OH)_2 + KNO_3 + 6H_2O \longrightarrow 8Fe(OH)_3\downarrow + KOH + NH_3\uparrow$$
$$Zn + 2KOH + 2H_2O \longrightarrow K_2[Zn(OH)_4] + H_2\uparrow$$
$$H_2 + 2Fe(OH)_3 \longrightarrow 2Fe(OH)_2 + H_2O$$

$$H_2 + NaNO_3 \longrightarrow NaNO_2 + H_2O$$

$$6Fe(OH)_2 + NaNO_2 + 5H_2O \longrightarrow 6Fe(OH)_3 + NaOH + NH_3\uparrow$$

如果需要分别测定铵态氮肥和硝态氨肥的含量，只加 MgO 溶液进行蒸馏、吸收、滴定，计算结果即为铵态氮含量；然后再向蒸馏瓶中加入锌-硫酸亚铁还原剂再次进行蒸馏、吸收、滴定，计算结果即为硝态氮含量。

2）仪器与设备

定氮蒸馏装置、往复振荡机、微量滴定管。

3）试剂配制

（1）2 mol/L 氯化钾溶液：149.1 g KCl 溶于水中，稀释到 1 L。

（2）氧化镁：把 MgO 置于 600 ~ 700 °C 高温电炉（马福炉）灼烧 2 h，放在装有氢氧化钾的干燥器中冷却，贮于瓶中塞紧，防止吸收空气中的二氧化碳，用时配成 12% 氧化镁悬液。

（3）锌-硫酸亚铁还原剂化学纯：硫酸亚铁（$FeSO_4 \cdot 7H_2O$）50 g 和锌粉 10 g 共同研细（或分别研细、分别保存，用时按比例混合），通过 60 号筛，盛于棕色瓶中备用（易氧化，只能保存 1 周）。

（4）标准盐酸、硼酸等试剂均同土壤全氮测定中试剂配制。

4）操作步骤

（1）称取 10 g 过 2 mm 筛的新鲜土样（同时测水分），放入 50 mL 三角瓶中，加入 2 mol/L 氯化钾溶液 50 mL，振荡 30 min，用干燥滤纸过滤于另一干燥三角瓶中。

（2）吸取滤液 20 mL，放入半微量定氨蒸馏器中，加入 12% 氧化镁悬液（用前摇匀）10 mL，再用少量水冲洗，控制蒸馏器中溶液的总体积不超过 40 mL。

（3）将有 5 mL 2% 硼酸-指示剂溶液的三角瓶（预先在瓶上做好 30 mL 标记），放在冷凝管下，冷凝管末端在液面以上 2 ~ 3 cm 处，然后按全氮测定中蒸馏步骤（不加 NaOH）进行蒸馏。

（4）蒸馏完毕后（5 ~ 10 min 可用纳氏试剂检查是否蒸馏完全），用半微量滴定管以 0.01 mol/L 标准盐酸溶液滴定硼酸所吸收的氮，至溶液由蓝色变为紫红色即为终点，根据用去的标准盐酸溶液的体积（V_1）计算土壤中铵态氮的含量。

（5）另取一份 5 mL 2% 硼酸-指示剂溶液放在冷凝管下，在已蒸馏过氨态氮的蒸馏器中加入 1.2 g 锌-硫酸亚铁还原剂，同上述方法继续进行蒸馏和滴定，这次用的标准体积为 V_2，由此计算土壤中硝态氮的含量。

（6）测定样品同时，做两份空白试验，消耗标准酸的体积为 V。

5）结果计算

$$土壤中铵态氮（mg/kg）= \frac{c(V_1 - V_0)\times 14\times 1\,000}{m}$$

$$土壤中硝态氮（mg/kg）= \frac{cV_2\times 14\times 1\,000}{m}$$

式中　V_1——测定时所用 HCl 标准液的体积（mL）；

V_0——空白试验所用 HCl 标准液的体积（mL）；

V_2——还原剂滴定时所用标准液的体积（mL）；

m——吸取待测液相当于烘干土样质量（g）；

14——氮的摩尔质量（g/mol）；

1 000——换算系数。

平行测定允许误差为 2 mg/kg。

6）注意事项

在冷凝管下端取 1 滴蒸出液于白瓷板孔中，加纳氏试剂 1 滴，如无黄色，即表示蒸馏完全；如有黄色，应再继续蒸馏，直到蒸馏完全为止。

2. 比色法

1）土壤铵态氮的测定（纳氏剂比色法）

土壤铵态氮的测定常用蒸馏法，但是在样品含量较低的情况下，常给结果带来误差，因此，纳氏剂比色法适用于微量铵态氮的成批测定，测定范围为 0.5 ~ 16 mg/kg。

（1）方法与原理。

样品用氯化钾提取，铵离子在碱性条件下与纳氏试剂络合生成黄色络合物，进行比色。其交换作用与络合反应式如下：

$$\text{土壤胶体}\ NH_4^+ + KCl \longrightarrow \text{土壤胶体}\ K^+ + NH_4Cl$$

$$NH_4Cl + NaOH \longrightarrow NaCl + NH_4OH$$

$$NH_4OH + 2K_2HgI_4 + 3KOH \longrightarrow HgO \cdot HgNH_2I + 7KI + 3H_2O$$

当加入纳氏试剂后，若溶液发现有白色沉淀混浊，说明有钙、镁离子的干扰。遇此情况可多加 1 ~ 2 倍酒石酸钠络合剂，使其与钙和镁离子作用生成难解离的络合物，消除干扰。

（2）仪器与设备。

往复振荡机、可见分光光度计、水浴。

（3）试剂配制。

① 2 mol/L 氯化钾溶液：149.1 g KCl 溶于水中，稀释到 1 L。

② 25% 酒石酸钠水溶液：25 g 酒石酸钠（$Na_2C_4H_4O_4 \cdot 2H_2O$）溶于水中，稀释至 100 mL。

③ 1% 阿拉伯胶：1 g 阿拉伯胶溶于 100 mL 沸水中，加热溶解，加 2 滴氯仿作为防腐剂（混浊时使其澄清后，倾出上部清液）备用。

④ 纳氏试剂，有两种配方，任选其一。

配方一：溶解 10 g 碘化钾（KI）于 5 mL 蒸馏水中，又溶解 3.5 g 氯化汞（$HgCl_2$）于 20 mL 蒸馏水中（加热溶解），以 $HgCl_2$ 溶液慢慢地倾入 KI 溶液中，不断搅拌情况下，直到出现微红色少量沉淀为止，然后加 30% 氢氧化钾溶液 70 mL，并不断搅拌，再加数滴 $HgCl_2$ 溶液，至出现红色沉淀为止。混匀，静置过夜，倾出清液贮于棕色瓶中，放置暗处保存。

配方二：10 g 碘化汞（HgI_2）和 7 g 碘化钾（KI）溶于少量水中；16 g 氢氧化钠溶于 50 mL 水中。冷却后将前者缓缓倒入后者中，边加边搅拌，最后用水稀释至 100 mL，静置过夜，取其清液贮于棕色瓶中。

⑤ 铵态氮标准溶液：称取分析纯且在 90 °C 下干燥过的氯化铵 1.910 g，溶于蒸馏中，加入氯仿至 1 000 mL，即 500 mg/L 铵态氮溶液。吸取该溶液 20 mL，加水定容至 500 mL 即为 20 mg/L 铵态氮。

（4）操作步骤。

① 称取 10.0 g 土样，置于 150 mL 三角瓶中，准确加氯化钾溶液 50 mL，振荡 30 min，用干燥滤纸过滤，滤液盛于干燥三角瓶中。

② 吸取液 5 ~ 10 mL 于 25 mL 容量瓶中，加水稀释至 20 mL，再加 25% 酒石酸钠 1 mL，充分摇动后，静置 5 min，使其与钙镁离子络合。

③ 加入 5 滴 1% 阿拉伯胶，摇动后加入 1 mL 纳氏试剂边加边摇动，然后定容至刻度。5 min 后在分光光度计上用波长 490 nm 比色。

④ 铵态氮标准色阶溶液为 2 mg/L、4 mg/L、6 mg/L、8 mg/L、10 mg/L，与待测液的操作步骤相同，进行显色，比色、绘制成标准曲线。

（5）结果计算。

$$NH_4^+\text{-N}(\text{mg/kg})=\frac{\rho V t_s}{m}$$

式中 ρ——显色液铵态氮的质量浓度（mg/L）；
V——显色液的体积（mL）；
t_s——分取倍数；
m——烘干土样质量（g）。

（6）注意事项。

① 加阿拉伯胶保护剂要准确，否则影响黄色的深浅（多加时浅，少加时深）。

② 加纳氏试剂前，待测液必须调至中性，如果呈酸性时，则产生红色的碘化汞（HgI_2）沉淀，或出现其他各种颜色干扰测定。

③ 黄色的稳定时间，只有 30 min，因此不能放置过久，否则有沉淀或颜色变浅现象。

2）土壤硝态氮的测定（酚二磺酸比色法）

硝态氮在水田土壤中含量很少，在旱田土壤中的含量随季节的变化和植物不同生育阶段而有显著的差异。硝态氮不易被土壤吸附，易遭淋失，所以，在雨量多及作物生长盛期含量低，干旱季节及作物收获后含量较高。另外，硝态氮与土壤通气状况也有密切关系，通气好含量高，通气差含量低。因此，测定硝态氮必须掌握适当季节与时间，如能结合植株的汁液分析，就更能准确判断土壤中速效氮的供应状况；否则，测定结果不能反映实际问题。土壤中硝态氮的含量一般为 0.5 ~ 50 mg/kg。

酚二磺酸法测定硝态氮，具有较高的灵敏度。待测液中亚硝酸根在 1 mg/L 和氯化物在 15 mg/L 以下时，用此法测定无影响。本法测定硝态氮范围为 0.05 ~ 9 mg/L。以待测液中含 NO_3^--N 为 0.1 ~ 2 mg/L 时，测定结果重现性好、准确性高。

（1）方法与原理。

酚二磺酸在无水条件下与硝酸作用，生成硝基酚二磺酸，然后在氢氧化铵的碱性条件下，蒸发至干，此时产生分子重排，则生成硝基酚二磺酸的黄色络合物，可在波长 420 nm 处进行比色测定，其黄色深浅与硝态氮的含量在一定范围内呈正相关。

（2）仪器与设备。

往复振荡机、可见分光光度计、水浴。

（3）试剂配制。

① 酚二磺酸试剂：25.5 g 白色苯酚（C_6H_5OH）在 500 mL 三角瓶中，加 225 mL 浓硫酸（$\rho = 1.84$ mg/mL），混匀，瓶口加塞，置于沸水浴中加热 6 h。试剂冷却后可能析出结晶，用时须重新加热溶解，但不可加水。试剂必须贮于密闭的玻塞棕色瓶中，严防吸湿。

② 1∶1 的氢氧化铵溶液。

③ 纯硫酸钙（$CaSO_4 \cdot 2H_2O$）。

④ 纯碳酸钙（二级粉状）。

⑤ 活性炭（不含 NO_3^-）或 10% 过氧化氢。

⑥ 硝态氮标准溶液：准确称取分析纯的干燥的硝酸钾（KNO_3）0.721 8 g，溶于蒸馏水中，定容到 1 000 mL，此液含硝酸态氮为 100 mg/L。再将此液稀释 10 倍，硝态氮含量为 10 mg/L。

（4）操作步骤。

① 称取新鲜土样 50.0 g（有机质含量高者，可称 20.0 g）于 500 mL 三角瓶中。加入硫酸钙 0.5 g 及蒸馏水 250 mL，振荡 10 min，放置 5 min，将上部清液用干燥滤纸过滤。如果滤液因含有机质而有色，则可用活性炭除去。

② 吸取清澈滤液 25 ~ 50 mL，于直径 8 cm 的蒸发皿中，加入碳酸钙 0.05 g，在水浴上蒸发至干，放置冷却，迅速加入酚二磺酸 2 mL，转动蒸发皿，使残渣与试剂充分作用，10 min 后加水约 15 mL，用玻棒搅拌使之全部溶解。

③ 将蒸发皿冷却后，缓缓加入 1∶1 氢氧化铵溶液直至溶液呈现黄色，再加入氢氧化铵 3 mL，然后移入 100 mL 容量瓶中定容，在分光光度计上用波长 420 nm 进行比色。

④ 硝态氮标准曲线绘制。分别吸取 10 mg/L 硝态氮标准液 0 mL、2 mL、4 mL、8 mL、12 mL、16 mL 于瓷蒸发皿中，在水浴中蒸干，与待测液同样操作，进行显色，比色，绘制成标准曲线。

如果浸出液中含铵盐较多，可在蒸发前加入少量 30% KOH 溶液，除去铵盐对结果的负误差。

氯离子的干扰，主要是加酸后生成亚硝酰氯化合物或其他含氯的气体。

$$NO_3^- + 3Cl \longrightarrow NOCl + Cl_2 + 2H_2O$$

如果土壤中含氯化物超过 10 mg/L，则必须用硫酸银除去，方法是每 100 mL 浸出液加入 Ag_2SO_4 0.1 g，摇动 15 min，然后加入 $Ca(OH)_2$ 0.2 g 及 $MgCO_3$ 0.5 g，以沉淀过量的银。摇动 5 min 后过滤，继续按蒸干显色法进行。

（5）结果计算。

$$NO_3^- \text{-} N(mg/kg) = \frac{\rho V t_s}{m}$$

式中　ρ——显色液铵态氮的质量浓度（mg / L）；

V——显色液的体积（mL）；

t_s——分取倍数；

m——烘干土样质量（g）。

（6）注意事项。

① 此法要求滤液清澈，但是一般中性或碱性土壤滤液不易澄清，且带有有机质颜色，为此常在浸提液中加入凝聚剂。凝聚剂的种类很多，有 CaO、$Ca(OH)_2$、$CaCO_3$、$MgCO_3$、$KAl(SO_4)_2$、$CuSO_4$、$CaSO_4$ 等。其中，$CuSO_4$ 有防止生物转化作用，必须以氢氧化钙或碳酸镁除去多余的铜，因此以 $CaSO_4$ 法提取较为方便。

② 如果浸出液因有机质而有较深颜色，可用活性炭除去，可与硫酸钙同时加入。

③ 此法，亚硝酸根和氯离子对比色有干扰作用。亚硝酸根与酚二磺酸产生同样络合，使一般土壤中亚硝酸根极少，故可忽略不计。必要时可加少量尿素、硫酸除去。如果亚硝酸根超过 1 mg/L 时，每 10 mL 待测液中加入 20 mg 尿素，放置过夜，以破坏亚硝酸根。

④ 在蒸干过程中加入碳酸钙是为了防止硝态氮的损失，因为在酸性和中性条件下蒸干物导致硝态氮的分解。

⑤ 此反应必须在无水条件下才能完成，因此反应前必须蒸干。

⑥ 在蒸干前，显色和转入容量瓶时，应注意防止损失。

7.3 土壤磷含量测定

7.3.1 土壤全磷的测定

1. 测定的意义

我国土壤中全磷含量（以 P 表示）一般为 0.2 ~ 1.0 g/kg（相当于 P_2O_5 0.05% ~ 0.25%）。黑龙江省土壤全磷含量为 0.5 ~ 1.0 g/kg。土壤全磷含量的高低既取决于土壤性质，也取决于耕作管理，特别是磷肥的施用。一般来说，石灰性土壤高于非石灰性土壤；强酸性土壤含磷较低；黏质土壤高于砂质土壤，有机质多的全磷含量也高，耕作层一般高于底土层。

土壤中全磷大部分是无机磷，其中有机磷占全磷的 20% ~ 50%，土壤有机磷包括核酸、磷脂、植素等含磷化合物，其中以核酸为主，约占有机磷的 50%，土壤有机磷含量与土壤有机碳、氨含量呈正相关，C、N、P 的比例为 110∶9∶1，有机磷只有经土壤微生物分解后才能为植物吸收利用。土壤无机磷以钙、铁、铝等磷酸盐为主，无机磷存在的形态受土壤 pH 影响很大，石灰性土壤以磷酸盐为主，酸性土壤中则以磷酸铝和磷酸石灰性土壤中游离的 $CaCO_3$ 为主，含量对磷的有效性也有很大影响。测定土壤全磷的含量对了解土壤磷的供应状况有一定的帮助。从作物营养和施肥来看，只测定土壤全磷是不够的，但全磷量只能说明还必须测定土壤速效磷的量才能全面摸清土壤磷素状况，才能全面摸清土壤的磷素状况。

2. 溶液中磷的测定

在一定酸条件下，溶液中的正磷酸与钼酸络合形成磷钼杂多酸：

$$H_3PO_4 + 12H_2MoO_4 = H_3[P(Mo_3O_{10})_4] + 12H_2O$$

磷钼杂多酸是复杂的多元酸，磷较多时即生成黄色磷钼酸铵沉淀$(NH_4)_3[P(Mo_3O_{10})_4]$，磷很少时并不生成沉淀，甚至溶液也不出现黄色。在一定酸和钼酸铵浓度下，加入适当的还原剂后，钼磷酸中的一部分六价的钼原子被还原成正五价，生成三种称为“钼蓝”的物质。这是钼蓝比色法的基础。根据颜色的深浅可以进行磷的定量，而蓝色产生的速度、强度、稳定性以及其他离子的干扰程度，与所用还原剂和酸的种类、试剂的适宜浓度，特别是与酸度有关。

钼蓝比色法所用还原剂的种类很多，最常用的是氯化亚锡和抗坏血酸。氯化亚锡灵敏度高，显色快，但蓝色不稳定，对酸度和试剂浓度的控制要求很严格，干扰离子也较多。抗坏血酸的优点是蓝色稳定，三价铁和硅的干扰很少，但显色速度慢，需要温热处理。20世纪60年代提倡用的“钼-锑”抗法，是一种改进的抗坏血酸法，它在钼酸铵中添加了催化剂酒石酸氧锑钾，这样既具有还原法的各种优点，又能加速显色反应，在常温下迅速显色。锑还参与“钼蓝”络合物的组成，能增强蓝色，提高灵敏度。此法适用于含Fe多的土壤全磷消煮液中磷的测定。此外，钼锑抗试剂是单一的溶液，可以简化手续，利于分析方法的自动化。

试制的适宜浓度，是指比色溶液中酸和钼酸铵的最终浓度和它们的比例。如果酸的浓度太低，则溶液中可能存在的硅和钼酸铵本身也会变成蓝色物质而致磷的测定结果偏高；如果酸浓度太大，则钼蓝的生成延滞而致蓝色显著降低，甚至不显蓝色。此外，还原剂的用量也需控制在一定范围之内。

3. 仪器与设备

红外消煮炉、可见光分光光度计。

4. 试剂配制

（1）浓硫酸：1.84 g/cm^3，分析纯。

（2）高氯酸：70%～72%，分析纯。

（3）2，6-二硝基酚或2，4-二硝基酚指示剂溶液：0.25 g二硝基酚溶于100 mL蒸水中。此指示剂的变色为pH = 3，酸性时无色，碱性时呈黄色。

（4）4 mol/L氢氧化钠溶液：16 g NaOH溶于100 mL水中。

（5）2 mol/L（1/2 H_2SO_4）硫酸溶液：6 mL浓H_2SO_4注入水中，加水至100 mL。

（6）钼锑贮备液：取153 mL浓硫酸缓缓加入约400 mL水中，搅拌、冷却。另取10 g钼酸铵$[(NH_4)_6Mo_7O_{24}\cdot 4H_2O]$溶解于约60 °C的300 mL水中，冷却，然后将硫酸溶液缓缓倒入钼酸铵溶液中，再加入100 mL 0.5%的酒石酸氧锑钾$[(KSbOC_4H_4O_6\cdot 1/2H_2O) = 5$ g/L，分析纯]溶液，最后用水稀释至1 L，充分摇匀，贮于棕色瓶中保存。此贮备液含1%的钼酸铵。

（7）钼锑抗显色剂：称取1.5 g抗坏血酸（$C_6H_3O_6$，左旋，旋光度+21°～22°，二级）溶于100 mL钼锑贮备液中。此液有效期1 d，须随用随配。

（8）磷标准溶液：准确称取在105 °C下烘干的分析纯磷酸二氢钾（KH_2PO_4）0.219 5 g。溶于400 mL水中，加浓硫酸5 mL（防长霉菌、可使溶液长期保存）转入1 L容量瓶中，用水定容，此溶液为50 μg/mL磷标准溶液。

吸取上述标准贮备液25 mL，稀释至250 mL，即为5 μg/mL磷标准溶液（此液不易久存）。

5. 操作步骤

1）样品分解

（1）精确称取过 0.25 mm 筛孔的风干土样 0.5 ~ 1.0 g（含磷约 1 mL），置于 50 mL 消煮管中，以少量蒸馏水湿润后，加 H_2SO_4 8 mL，摇匀，再加 70% ~ 72% $HClO_4$ 10 滴，摇匀，在瓶口上放一弯颈小漏斗，置于电炉上加热消煮，至溶液开始转为灰白色，继续消煮 20 min，全部消煮时间为 30 ~ 40 min，在样品消煮的同时，做两个空白试验，操作同上，但不加土样。

（2）消煮液冷却后，用蒸馏水小心地定容至 50 mL 刻度，充分摇匀，放置过夜或用无磷滤纸，将滤液接收在 100 mL 干燥的三角瓶中待测定。

2）磷的测定

（1）清液（含磷 < 30 μg）注入 50 mL 容量瓶中，用水稀释至约 30 mL，再加入二硝基酚指示剂 2 滴，用 4 mol/L 氢氧化钠溶液调节 pH，直至溶液刚转为微黄色，NH_4OH 的浓度超过 1% 时，就会使钼蓝蓝色迅速消退。

（2）在上述溶液中，准确加入钼锑抗显色剂 5 mL，充分摇匀，30 min 后显色，在 700 nm 或 880 nm 波长进行比色，以空白试验的显色溶液调节零点读计吸收值 A。然后加水定容。

3）磷标准工作曲线的绘制

将标准溶液 0 mL、2 mL、4 mL、6 mL、8 mL，分别加入 50 mL 容量瓶中，加水约至 30 mL，再加入空白试验定容后的消煮液 5 mL，测定方法同上述方法。

6. 结果计算

$$全磷（P，g/kg）= \frac{\rho V}{m} \cdot \frac{V_2}{V_1} \times 10^{-3}$$

式中 ρ——从标准曲线回归方程求得磷的浓度（μg/mL）；

V——样品消煮后定容体积（mL）；

V_1——吸取清液的体积（mL）；

V_2——显色溶液的体积（mL）；

m——烘干土样品质量（g）；

10^{-3}——将μg 数换算为每千克土壤中含磷（g）的换算系数。

7. 注意事项

（1）如果滤纸含磷，必须先进行洗去，方法如下：取 9 cm 或 7 cm 的定性滤纸 200 张于大烧杯中，加 1∶2 盐酸 300 mL，浸泡 3 h，取出后分成 2 份，分别用蒸馏水漂洗 3 ~ 4 次，再用 1∶2 盐酸 300 mL 泡 3 h，然后叠放在布氏漏斗上，用蒸馏水冲洗至中性，取出晾干备用。

（2）如待测液中磷的浓度过高或过低时，可减少或增加待测液的吸收量，以含磷在 20 ~ 30 μg 为好。

（3）为了避免每次调节待测液 pH，可先计算出待测液中的消煮液带来的 H_2SO_4 量，当减少钼锑抗试剂中的 H_2SO_4 浓度，使最终显色的 1/2 H_2SO_4 浓度为 0.5 mol/L 即可。

7.3.2 土壤速效磷的测定

1. 测定的意义

测定土壤速效磷的含量，可以了解土壤的磷素供应状况，结合土壤类型、作物种产量指标和栽培管理措施等，在与氮、钾肥料合理配合的基础上，制订磷肥分配和施用方案。另外，测定土壤速效磷也有助于查明土壤对磷的固定能力，从而定量提高磷肥利用率的有效措施。

土壤速效磷的含量，随土壤类型、特性、气候、季节、水旱条件、耕作栽培管理措施等条件的不同而异。除了上述条件外，速效磷的丰缺指标（见表 7-1），还与各种作物需磷程度和生育期、产量要求、测定方法、条件等因素有关。

表 7-1 土壤磷的丰缺参考指标

土壤速效磷含量/(mg/kg)	< 5	5 ~ 10	10 ~ 20	> 20
土壤速效磷供应水平	缺	稍缺或中等	适宜	高足

2. 方法与原理

测定土壤速效磷，首先是选择适当的浸提剂。在一定条件下（土液比、浸提温度和时间等）把土壤速效磷浸提出来，然后再测定浸提液中的含磷量。浸提液的选择，取决于土壤类型和性质。不同浸提剂浸提出的磷量不同。浸提剂是否合适，主要看它的测得值与作物施肥反应的相关性，相关性最高的，就是最佳浸提剂。

目前使用较广的几种浸提液中，一般认为以 0.03 mol/L NH_4F-0.025 mol/L HCl 浸提剂比较适合于风化程度中等的酸性土壤，对于风化程度较高的酸性土壤，也有介绍用 0.05 mol/L（1/2 H_2SO_4）或 HCl 作浸提剂；石灰性土壤通常用 0.5 mol/L $NaHCO_3$ 作浸提比较好。对于中性土壤和酸性水稻土，NH_4F-HCl 法和 $NaHCO_3$ 法都有应用。

石灰性土壤中的磷主要以 Ca-P 形态存在，中性土壤中则 Ca-P、Al-P、Fe-P 都占一定比例。实验证明：以 0.5 mol/L $NaHCO_3$ 作浸提剂可以抑制 Ca^{2+}的活性，使某些活性较大的 Ca-P 被浸提出来；同时，也可使 Fe-P 和 Al-P 水解而部分被提取，并且与作物反应的相关性也高。因此，本实验选用 0.5 mol/L $NaHCO_3$ 作浸提剂。溶液中的磷用钼锑抗比色法测定，其原理见土壤全磷的测定。

3. 仪器与设备

可见光分光光度计、往复振荡机、恒温培养箱。

4. 试剂配制

（1）0.5 mol/L $NaHCO_3$ 溶液：称取 42.0 g $NaHCO_3$，溶于 800 mL 水中，稀释至 1 L，用 0.5 mol/L NaOH 调节 pH 至 8.5。此液曝置于空气中因失去二氧化碳而使 pH 增高，可加一层矿物油保护，每月调节 pH 一次。

（2）无磷活性炭和滤纸：活性炭常含有磷，须做空白试验，检验有无磷存在。如含磷较多，先用 2 mol/L 盐酸浸泡过夜，然后用蒸馏水洗到无 Cl 为止。再用 0.5 mol/L $NaHCO_3$ 浸泡过夜，在平底瓷漏斗上抽气过滤，先用自来水冲洗几次，最后用蒸馏水淋洗 3 次，80 °C

烘干备用。如含磷较少，可直接用 $NaHCO_3$ 处理即可。

其余试剂同土壤全磷测定中的试剂配制。

5. 操作步骤

（1）称取 5.00 g 风干土样（过 1.0 mm 筛），放入 250 mL 干燥三角瓶中，加入 100 mL pH = 8.5 的 0.5 mol/L $NaHCO_3$ 和一小勺活性炭，在振荡机上振荡 30 min，用干燥滤纸过滤（过滤前摇动，使溶液混浊）于另一干燥三角瓶中。

（2）用空白溶液（10 mL 浸提剂代替浸出液，其余试剂都相同）调节光电比色计零点，依次加入 5 μg/mL 磷的标准溶液 0 mL、0.5 mL、1.0 mL、2.0 mL、4.0 mL，各加入 5.00 mL 钼锑抗显色剂，分别加水使各瓶总体积为 50 mL、60 mL，摇匀后，同待测液一样显色，并拟合标准曲线回归方程。

（3）吸取滤液 10.00 mL，放入 50 mL 容量瓶中，加二硝基酚指示剂 2 滴，用稀 HCl 或 NaOH 调节 pH，边加边摇，待 CO_2 充分放出后，再准确加入 5 mL 钼抗显色剂，用水定容，摇匀。恒温 35 ~ 40 °C 培养上述滤液 30 min 后，在 700 nm 或 880 nm 波长下进行比色，测定土壤中磷的吸光度值。

6. 结果计算

$$\text{土壤速效磷（P，mg/kg）} = \frac{\rho V}{m} \cdot \frac{V_1}{V_2}$$

式中 ρ——从标准曲线回归方程求得磷的浓度（μg / mL）；

V——加入浸提剂的体积（mL）；

V_1——吸取滤液的体积（mL）；

V_2——显色溶液的体积（mL）；

m——风干土样品的质量（g）。

7.4 土壤钾含量测定

7.4.1 土壤全钾的测定

1. 测定的意义

土壤全钾是指土壤中各种形态钾素的总和，单位为 g/kg。全钾含量的大小虽然不能反映钾对植物的有效性，却能够反映土壤潜在的供钾能力。

土壤钾素的供应能力主要取决于速效钾和缓效钾。土壤全钾的分析在肥力上意义并不大，但是土壤黏粒部分钾的分析，可以帮助鉴定土壤黏土矿物的类型。

2. 方法与原理

本实验采用 NaOH 熔融-火焰光度法。其方法与原理是：土壤样品经强碱熔融后，难溶的硅酸盐分解成可溶性化合物，土壤矿物晶格中的钾转变成可溶性钾形态。以稀硫酸溶解熔融物后，即为可供测定全钾的待测液。用火焰光度法测定钾含量是将待测液在真温激发下，辐射出钾元素的特征光谱，通过钾滤光片，经光电池或光电倍增管，把光能放大后用微电流表（检流计）指示其强度。从钾标准溶液和检流计读数拟线性回归方程，即可求出待测液的钾浓度，然后计算样品中钾的含量。

3. 仪器与设备

高温电炉、银坩埚或镍坩埚、火焰光度计或原子吸收分光光度计。

4. 试剂配制

（1）无水酒精，分析纯。

（2）NaOH：分析纯。

（3）H_2SO_4（1∶3）溶液：取浓 H_2SO_4（分析纯）1 体积缓缓注入 3 体积水中混合。

（4）HCl（1∶1）溶液：盐酸（HCl，$\rho \approx 1.19$ g/mL，分析纯）与水等体积混合。

（5）0.2 mol/L H_2SO_4 溶液：取浓 H_2SO_4（分析纯）1 体积缓缓注入 89 体积水中混合。

（6）100 mg/L K 标准溶液：准确称取 KCl（分析纯，110 °C 烘 2 h）0.190 7 g 溶解于水中，在容量瓶中定容至 1 L，贮于塑料瓶中。

（7）K 系列标准溶液：吸取 10 mg/L K 标准溶液 2 mL、5 mL、10 mL、20 mL、40 mL、60 mL 分别放入 100 mL 容量瓶中，然后分别加入与待测液相同体积的空白液，使标准溶液中离子成分与待测液相近。在配制标准系列溶液时应各加 0.4 g NaOH 和 H_2SO_4 的溶液 1 mL，此为含钾浓度分别为 2 mg/L、5 mg/L、10 mg/L、20 mg/L、40 mg/L、60 mg/L 的 K 系列标准溶液。

5. 操作步骤

1）待测液制备

称取烘干土样（过 0.15 mm 筛）约 0.250 g 于坩埚（银坩埚或镍坩埚）底部，加几滴无水酒精湿润样品，然后加入 2.0 g 固体 NaOH，平铺于土样的表面，暂放在干燥器中，以防吸湿。

将坩埚加盖留一小缝放在高温电炉内，先以低温加热，然后逐渐升高温度至 450 °C（这样可以避免坩埚内的 NaOH 和样品溢出），保持此温度 15 min，熔融完毕。如在普通电炉上加热，则待熔融物全部熔成流体时，摇动坩埚，然后开始计算时间，15 min 后熔融物呈均匀流体时，即可停止加热，转动坩埚，使熔融物均匀地附在坩埚壁上。

将坩埚冷却后，加入 10 mL 水，加热至 80 °C，待熔块溶解后，再煮 5 min，转入 50 mL 容量瓶中，然后用少量 0.2 mol/L H_2SO_4 溶液清洗数次，一起倒入容量瓶内，使总体积至约 40 mL，再加 HCl（1∶1）溶液 5 滴和 H_2SO_4（1∶3）溶液 5 mL，用水定容，过滤。此待测液可供磷和钾的测定用。

2）测定

吸取待测液 5.00 mL 或 10.00 mL 于 50 mL 容量瓶中（K 的浓度控制在 10 ~ 30 mg/L），用水定容，直接在火焰光度计上测定，记录检流计的读数，然后从标准曲线回归方程得待测液的 K 浓度（mg/L）。注意在测定完毕之后，用喷雾器中的蒸馏水继续喷雾 5 min，洗去多余的盐或酸，使喷雾器保持良好的使用状态。

3）标准曲线的绘制

将配制的 K 系列标准溶液，以浓度最大的一个定到火焰光度计上检流计的满度（100），然后从稀到浓依序进行测定，记录检流计的读数。以检流计读数为纵坐标，K 浓度（mg/L）为横坐标，拟合线性回归方程图

6. 结果计算

$$土壤全钾（K，g/kg）=\frac{\rho V t_s}{m}$$

式中 ρ——待测液中钾的质量浓度（mg/L）；

V——测定液定容体积（mL），取 50 mL；

m——烘干土样质量（g）；

t_s——分取倍数（试液总体积 50 mL 吸取试液体积 5.00 mL 或 10.00 mL）。

7. 注意事项

（1）土壤与 NaOH 的比例为 1∶8，当土样用量增加时，NaOH 用量也需相应增加，须再熔一次。

（2）熔块冷却后应凝结成淡蓝色或蓝绿色，如熔块呈棕黑色，则表示还没有熔好，必须再熔一次。

（3）如在熔块还未完全冷却时加水，可不必再在电炉上加热至 80 °C，放置过夜自会溶解。

（4）加入 H_2SO_4 的量，视 NaOH 用量的多少而定，目的是中和多余的 NaOH，使溶液呈酸性（H_2SO_4 的浓度为 0.15 mol/L），硅得以沉淀下来。

7.4.2 土壤速效钾的测定

1. 测定的意义

根据钾的存在形态和作物吸收利用的情况，土壤中的钾可以分为水溶性钾、交换性钾、矿物层不能通过快速交换反应而释放的非交换性钾和矿物晶格中的钾。前两类可被当季作物吸收利用，统称为速效性钾，后一类是土壤钾的主要贮藏形态，不能被作物直接吸收利用。按其黏土矿物的种类和对作物的有效程度，有的是难交换性的无效性钾，有的是非交换性的迟效性钾和无效性钾，各种形态的钾彼此能相互转化，经常保持着动态平衡，称之为土壤钾的平衡。

土壤全钾的含量只能说明土壤钾总贮量的丰缺，不能说明对当季作物的供应情况。一般土壤中全钾含量较多，而速效性钾则仅有 20 ~ 200 mg/kg，不到全钾量的 1% ~ 2%。为了判断土壤钾素的供应情况以及是否需用钾肥及其施用量，测定土壤速效钾的含量是很有意义的。

土壤速效钾的分级标准要根据当地作物反应而拟定。应当指出，不同土壤，由于其黏土

矿物的种类和土壤质地等不同，对相同作物的供钾能力也往往不同。不同作物的需钾程度差别更大，因此在拟定指标和应用指标时，必须全面考虑各方面的因素。一般来说，1 mol/L NH_4Ac 浸提法测得的土壤速效钾参考表 7-2。

表 7-2　土壤速效钾参考指标

土壤速效钾含量/(mg/kg)	< 50	50 ~ 80	80 ~ 115	115 ~ 165	> 165
土壤速效钾供应水平	极缺	缺	中等	丰富	极丰富

2. 方法与原理

土壤速效钾的 95% 是交换性钾，水溶性钾只占极小部分。用盐或酸的水溶液浸提时，由于阳离子的交换作用，可以把交换性钾浸提出来，同时也溶出了水溶性钾。乙酸铵溶液是土壤速效钾的标准浸提剂，通常为 1 mol/L，它可以把土壤交换性钾和黏土矿物固定的钾分开。其他离子如 Na^+、Ca^{2+}、H^+ 等则不能，浸提过程中也能把一部分非交换性钾逐渐浸提出来，而且随浸提时间增长和浸提次数增加，浸出的交换性钾也越多。但是，NH_4^+ 的引入，对浸出液中钾的化学定量有干扰作用，必须用各种方法（如后灼烧或暖化后煮沸）把 N 除尽，因而延长了操作手续。为了方便起见，可用其他盐溶液（例如，用 1 mol/L NaCl、1 mol/L Na_2SO_4、10% $NaNO_3$、0.5 mol/L $NaHCO_3$ 较好，其结果与 1 mol/L NH_4OAc 浸提、火焰光度计测定钾的相关系数较高）。

本实验采用 1 mol/L 乙酸铵浸提、火焰光度计法测定。乙酸铵浸出液中的钾可用火焰光度计法测定，乙酸铵燃烧后不留固体残留物。为了抵消乙酸铵对测钾的影响，标准钾溶液也须用 1 mol/L 乙酸铵配制。

3. 仪器与设备

火焰光度计、往复振荡机。

4. 试剂配制

1）1 mol/L 中性乙酸铵浸提剂

77.08 g 化学纯 CH_3COONH_4 溶于水，稀释至 1 L。用稀 CH_3COOH 或 NH_4OH 调节 pH 至 7.0，然后稀释至 1 L。具体调节方法如下：取 50 mL 1 mol/L CH_3COONH_4 溶液，用溴百里酚蓝作指示剂，以 1：1 NH_4OH 或 1：4 CH_3COOH 调节至绿色，即 pH = 7.0（也可用酸度计测试）。根据 50 mL CH_3COONH_4 所用 NH_4OH 或 CH_3COOH 的毫升数，算出所配制溶液的大概需用量，然后将全部溶液调至 pH = 7.0。

2）钾标准溶液

精确称取 1.906 8 g 105 °C 下烘干的分析纯 KCl 溶于水中，定容至 1 L，此液为 1 000 mg/L 钾标准溶液。取此溶液用 1 mol/L CH_3COONH_4 浸提剂稀释至 100 mg/L，然后再吸取 100 mg/L 钾标准 0 mL、0.5 mL、1.5 mL、2.5 mL、5.0 mL、7.5 mL、10.0 mL、15.0 mL，分别放入 50 mL 容量瓶中，用 1 mol/L CH_3COONH_4 浸提剂稀释定容。此标准钾溶液的浓度分别为 0 mg/L、1 mg/L、3 mg/L、5 mg/L、10 mg/L、15 mg/L、20 mg/L、30 mg/L，贮于塑料瓶中保存。

5. 操作步骤

称取风干土样（过 1 mm 筛）5.00 g，放入 100 mL 三角瓶中，加入 50 mL 1 mol/L 中性 NH_4OAc 溶液，塞紧橡皮塞。在往复式振荡机上振荡 30 min，用干的普通定性滤纸过滤。滤液盛于小三角瓶或小烧杯中，与钾标准系列溶液一起在火焰光度计上测定，记录检流计的读数。然后拟合工作曲线回归方程，并求得土壤浸出液中钾的浓度。

6. 结果计算

$$土壤速效钾（mg/kg）= 浸出液中钾的浓度（mg/L）\times 水土比$$

注意：在本测定步骤中水土比为 50/5 = 10。

7.5 有机肥养分测定及应用

我国农业施用有机肥历史悠久，从有文字记载的战国、秦、汉时期直至现代，均在施用有机肥，有机肥是我国农业发展的重要基础。有机肥多指以动物的粪便和植物的残体为主体，经过一定的处理和加工，消除了一些有害物质而形成的具有丰富有机质和一定养分的一类肥料，一般含有多种有机酸、肽类以及包括氮、磷、钾在内的丰富的营养元素，不仅能为农作物提供全面营养，而且肥效长，可增加土壤有机质，促进微生物繁殖，改善土壤的理化性质和生物活性，提高农产品的品质。有机肥的种类包括粪肥、绿肥、堆肥、沤肥、厩肥以及杂肥类等。我国有机肥的年生产总量达 $1.8\times10^9 \sim 2.4\times10^9$ t，其中含氮（N）7.0×10^6 t 以上、磷（P_2O_5）5.0×10^6 t 以上、钾（K_2O）1.0×10^7 t 以上，相当于我国化肥年产量中氮肥的 1/3、磷肥的 2 倍、钾肥的 50 倍，是我国肥料的重要组成部分。

7.5.1 有机肥基础性状测定

有机肥多含有丰富的营养物质，其中基础性状包括有机质含量、总氮含量、总磷含量、总钾含量、pH 和水分含量等。本节基于中华人民共和国农业行业标准《有机肥料》（NY 525—2021）中有机肥的基础性状进行介绍。

1. 有机质含量测定（重铬酸钾容量法）

1）测定原理

用定量的重铬酸钾-硫酸溶液，在加热条件下，使有机肥中的有机碳氧化多余的重铬酸钾，用硫酸亚铁标准溶液滴定，同时以二氧化硅为添加物做空白试验。根据氧化前后氧化剂的消耗量，计算有机碳含量，乘以系数 1.724 即为有机质含量。

2）测定步骤

称取过直径 1 mm 筛的风干试样 0.2 ~ 0.5 g（精确至 0.000 1 g），置于 500 mL 三角瓶中，准确加入 0.8 mol/L 重铬酸钾标准溶液 50.0 mL，再加入 50.0 mL 浓硫酸，加一弯颈小漏斗，置于沸水中，待水沸腾后保持 30 min。取出冷却至室温，用水冲洗小漏斗，洗液承接于三角瓶中。取下三角瓶，将反应物无损转入 250 mL 容量瓶中，冷却至室温，定容。吸取 50.0 mL 溶液置 250 mL 三角瓶内，加水约至 100 mL，加 2 ~ 3 滴邻菲罗啉指示剂，用 0.2 mol/L 硫酸亚铁标准溶液滴定近终点时，溶液由绿色变成暗绿色，再逐滴加入硫酸亚铁标准溶液直至生成砖红色为止。同时称取 0.2 g（精确至 0.001 g）二氧化硅代替试样，按照相同分析步骤，使用同样的试剂，进行空白试验。

如果滴定试样所用硫酸亚铁标准溶液的用量不到空白试验所用硫酸亚铁标准溶液用量的 1/3，则应减少称样量，重新测定。

3）结果计算

有机质含量以肥料的质量分数表示。

$$有机质含量（g/kg）= c(V_0 - V)\times 0.003\times 1\,000\times 1.5\times 1.724t_s /[m(1-a)]$$

式中 c——硫酸亚铁标准溶液的浓度（mol/L）;

V_0——空白试验时消耗硫酸亚铁标准溶液的体积（mL）;

V——样品测定时消耗硫酸亚铁标准溶液的体积（mL）;

0.003——1/4 碳原子的毫摩尔质量（g/mmol）;

1.724——由有机碳换算为有机质的系数;

1.5——氧化校正系数;

m——风干试样质量（g）;

a——风干试样含水量（有机肥中水分质量占风干有机肥质量的百分率，%）;

t_s——分取倍数（定容体积/分取体积 = 250/50 = 5）。

2. 有机肥中总氮含量测定

1）测定原理

有机肥料中的有机氮经硫酸-过氧化氢消煮，转化为铵态氮。碱化后蒸馏出来的氨用硼酸溶液吸收，以标准酸溶液滴定，计算样品中的总氮含量。

2）测定步骤

称取过 1 mm 筛的风干试样 0.5 ~ 1.0 g（精确至 0.000 1 g），置于开氏烧瓶底部，用少量水冲洗黏附在瓶壁上的试样，加 5 mL 浓硫酸和 1.5 mL 过氧化氢，小心摇匀，瓶口放一弯颈小漏斗，放置过夜。在可调电炉上缓慢升温至沸后，继续加热 10 min，除尽剩余的过氧化氢。取下稍冷，小心加水至 20 ~ 30 mL，加热至沸。取下冷却，用少量水冲洗弯颈小漏斗，洗液收入原开氏烧瓶，将消煮液移入 100 mL 容量瓶中，加水定容，静置澄清或用无磷干滤纸过具塞三角瓶中，备用。同时做空白试验，除不加试样外，试剂用量和操作同上。

吸取消煮清液 50.0 mL 于蒸馏瓶内，加入 200 mL 蒸馏水，于 250 mL 三角瓶加入 10 mL 硼酸-指示剂混合液于冷凝管下端，管口插入硼酸液面中。由筒形漏斗向蒸馏瓶内缓慢加入 15 mL 40% 氢氧化钠溶液，关好活塞。加热蒸馏，待馏出液体积约 100 mL，即可停止蒸馏。

用硫酸标准溶液或盐酸标准溶液滴定馏出液，由蓝色刚变至紫红色为终点。记录消耗酸标准溶液的体积（mL）。空白测定所消耗酸标准溶液的体积不得超过 0.1 mL，否则应重新测定。

3）结果计算

$$有机肥总氮含量（\%）=c(V-V_0)\times 0.014t_s\times 100/[m(1-a)]$$

式中 c——酸标准溶液的浓度（mol/L）；

V_0——空白滴定消耗标准酸溶液的体积（mL）；

V——试液滴定消耗标准酸溶液的体积（mL）；

0.014——氮的毫摩尔质量（g/mmol）；

m——风干试样质量（g）；

a——风干试样含水量（%）；

t_s——分取倍数（定容体积/分取体积 = 100/50 = 2）。

所得结果应表示至两位小数。

3. 有机肥中总磷含量测定

1）测定原理

有机肥试样采用硫酸和过氧化氢消煮，在一定酸度下，待测液中的磷酸根离子与偏钒酸和钼酸反应形成黄色三元杂多酸。在一定浓度范围（1 ~ 20 mg/L）内，黄色溶液的吸光度与含磷量呈正比例关系，用分光光度法测定磷含量。

2）测定步骤

试样溶液制备同有机肥中总氮含量测定。空白溶液制备，除不加试样外，应用的试剂和操作与试样测定一致。

（1）吸取 5.00 ~ 10.00 mL 试样溶液（含磷 0.05 ~ 1.00 mg）于 50 mL 容量瓶中，加水至 30 mL 左右，与标准溶液系列同条件显色、比色，读取吸光度。

（2）校准曲线绘制：吸取含磷（P）50 mg/L 标准溶液 0 mL、1.0 mL、2.5 mL、5.0 mL、7.5 mL、10.0 mL、15.0 mL 分别置于 7 个 50 mL 容量瓶中，加入与吸取试样溶液等体积的空白溶液，加水至 30 mL 左右，加 2 滴 2，4-二硝基酚指示剂溶液，用氢氧化钠溶液和硫酸溶液调节溶液刚呈微黄色，加 10.0 mL 钒钼酸铵试剂，摇匀，用水定容。此溶液为含磷（P）0 mg/L、1.0 mg/L、2.5 mg/L、5.0 mg/L、7.5 mg/L、10.0 mg/L、15.0 mg/L 的标准溶液系列。在室温下放置 20 min 后，在分光光度计波长约 440 nm（依表 7-3 选择波长）处用 1 cm 光径比色皿，以空白溶液调节仪器零点，进行比色，读取吸光度。根据磷浓度和吸光度绘制标准曲线或求出直线回归方程。

表 7-3 根据磷浓度选择波长

磷浓度/(mg/L)	0.75 ~ 5.50	2 ~ 15	4 ~ 17	7 ~ 20
波长/nm	400	440	470	490

3）结果计算

有机肥的磷含量以有机肥的质量分数表示：

$$有机肥总磷含量（P_2O_5，\%）=cVt_s\times 2.29\times 0.000\,1/[m(1-a)]$$

式中 c——由校准曲线查得或由回归方程求得显色液磷含量（mg/L）；

V——显色液体积（50 mL）；

t_s——分取倍数（定容体积/分取体积 = 100/5 = 20 或 = 100/10 = 10）；

m——风干试样质量（g）；

a——风干试样含水量（%）；

2.29——将磷（P）换算成五氧化二磷（P_2O_5）的因数；

0.000 1——将 mg/kg 换算为质量分数（%）的因数。

所得结果应表示至两位小数。

4. 有机肥中总钾含量测定

1）测定原理

有机肥试样经硫酸和过氧化氢消煮，稀释后用火焰光度法测定。在一定含量范围内，溶液中钾含量与发射强度呈正比例关系。

2）测定步骤

试样溶液制备同有机肥中总氮含量测定。空白溶液制备中除不加试样外，应用的试剂和操作均一致。

（1）校准曲线绘制。

吸取含钾（K）100 mg/L 标准溶液 0 mL、1.00 mL、2.50 mL、5.00 mL、7.50 mL、10.00 mL 分别置于 6 个 50 mL 容量瓶中，分别加入与吸取试样溶液等体积的空白溶液，用水定容，即得含钾（K）分别为 0 mg/L、2.00 mg/L、5.00 mg/L、10.00 mg/L、15.00 mg/L、20.00 mg/L 的标准溶液系列。在火焰光度计上，以空白溶液调节仪器零点，以标准溶液系中高浓度的标准溶液调节滴度至 80 分度处，再依次由低浓度至高浓度测量其他标准溶液，根据钾含量和仪器示值绘制校准曲线或求出直线回归方程。

（2）测定。

测定吸取 5.00 mL 试样溶液于 50 mL 容量瓶中，用水定容。与标准溶液系列同条件在火焰光度计上测定，记录仪器示值。每测定 5 个样品后须用钾标准溶液校正仪器。

3）结果计算

有机肥的钾含量以有机肥的质量分数表示：

$$\text{有机肥总钾含量（}K_2O\text{，\%）} = cVt_s \times 1.20 \times 0.000\,1/[m(1-a)]$$

式中 c——由校准曲线查得或由回归方程求得测定液钾含量（mg/L）；

V——测定液体积（50 mL）；

t_s——分取倍数（定容体积/分取体积 = 100/5 = 20）；

m——风干试样质量（g）；

a——风干试样含水量（%）；

1.20——将钾（K）换算成氧化钾（K_2O）的因数；

0.000 1——将μg/g 换算为质量分数（%）的因数。

所得结果应表示至两位小数。

5. 有机肥酸碱度测定（pH 计法）

1）测定原理

试样经水浸泡平衡，直接用 pH 酸度计测定。

2）测定步骤

称取过直径 1 mm 筛的风干试样 5.0 g 于 100 mL 烧杯中，加 50 mL 水（经煮沸驱除二氧化碳），搅动 15 min，静置 30 min，用标准缓冲溶液（pH 分别为 4.01、6.87 和 9.18）、标准 pH 酸度计进行测定。

取平行测定结果的算术平均值为最终分析结果，保留一位小数。平行分析结果的绝对差值不大于 0.2 pH 单位。

7.5.2 有机肥有害微生物测定

有机肥，特别是以畜禽粪便为主要原料的有机肥，往往在发酵前有较多的粪大肠菌群和蛔虫卵，这些生物学指标也是有机肥质量的重要组成部分。

1. 有机肥中粪大肠菌群数测定

1）测定原理

根据国家标准《肥料中粪大肠菌群的测定》（GB/T 19524.1—2004），粪大肠菌群是一群在（44.5 ± 0.5）°C 条件下能发酵乳糖、产酸产气、需氧和兼性厌氧的革兰氏阴性无芽孢杆菌。粪大肠菌群数为 1 g/mL 肥料样品中粪大肠菌群的最可能数（MPN）。

2）测定步骤

（1）样品稀释。

在无菌操作下称取样品 10.0 g 或吸取样品 10 mL，加入带玻璃珠的 90 mL 无菌水中，置于摇床上以 200 min 充分振荡 30 min，即成 10^{-1} 稀释液。

用无菌移液管吸取 5.0 mL 上述稀释液加入 45 mL 无菌水中，混匀成 10^{-2} 稀释液。这样依次稀释，分别得到 10^{-3}、10^{-4} 等浓度稀释液（每个稀释度须更换无菌移液管）。

（2）乳糖发酵试验。

选取 3 个连续适宜的稀释液，分别吸取不同稀释液 1.0 mL 加入乳糖胆盐发酵管内，每个稀释度接种 3 支发酵管，置 44 ~ 45 °C 恒温水浴锅或隔水式培养箱内，培养 22 ~ 26 h。如果所有乳糖胆盐发酵管都不产酸不产气，则为粪大肠菌群阴性；如果有产酸产气或只产酸的发酵管，则按步骤（3）进行测定。

（3）分离培养。

从产酸产气或只产酸的发酵管中分别挑取发酵液在伊红美蓝琼脂平板上划线，置 35 ~ 37 °C 条件下培养 18 ~ 24 h。

（4）证实试验。

从步骤（3）分离平板上挑取可疑菌落，进行革兰氏染色。染色反应阳性者为粪大肠菌群阳性。如果为革兰氏阴性无芽孢杆菌，则挑取同样菌落接种在乳糖发酵管中，置 44 ~ 45 °C 条件下培养 22 ~ 26 h。观察产气情况，不产气为粪大肠菌群阴性，产气为粪大肠菌群阳性。

3）测定结果

证实实验为粪大肠菌群阳性的，根据粪大肠菌群阳性发酵管数，查 MPN 检索表，得出每克（毫升）肥料样品中的粪大肠菌群数。

2. 有机肥中蛔虫卵死亡率测定

1）测定原理

按照国家标准《肥料中蛔虫卵死亡率的测定》（GB/T 19524.2—2004）测定肥料中蛔虫卵死亡率。将碱性溶液与肥料样品充分混合，分离蛔虫卵，然后用密度较蛔虫卵密度大的溶液为漂浮液，使蛔虫卵漂浮在溶液的表面，从而收集检验。

2）测定步骤

（1）蛔虫卵分离。

称取 5.0 ~ 10.0 g 样品（颗粒较大的样品应先进行研磨），放于容量为 50 mL 的离心管中，注入 50.0 g/L 氢氧化钠（NaOH）溶液 25 ~ 30 mL，另加玻璃珠约 10 粒。用橡皮塞塞紧管口，放置在振荡器上，静置 30 min 后，以 200 ~ 300 r/min 频率振荡 10 ~ 15 min。振荡完毕，取下离心管中的样品充分搅匀。再次用橡皮塞塞紧管口，振荡 10 ~ 15 min。

（2）离心沉淀。

从振荡器上取下离心管，拔掉橡皮塞，用滴管吸取蒸馏水，静置 15 ~ 30 min 后，将附着于橡皮塞上和管口内壁的样品冲入管中，以 2 000 ~ 2 500 r/min 离心 3 ~ 5 min 后，弃去上清液。然后加适量蒸馏水，并用玻璃棒将沉淀物搅起，按上述方法重复离心并洗涤 3 次。

（3）离心漂浮。

往离心管中加入少量饱和硝酸钠（$NaNO_3$）溶液，用玻璃棒将沉淀物搅成糊状后，再徐徐添加饱和硝酸钠溶液，随加随搅，一直加到离管口约 1 cm 为止。用饱和硝酸钠溶液冲洗玻璃棒，洗液一并加入离心管中，以 2 000 ~ 2 500 r/min 离心 5 min，用金属丝圈不断将离心管表层液膜移于盛有半杯蒸馏水的烧杯约 30 次后，适当增加一些饱和硝酸钠溶液于离心管中，再次搅拌、离心及移置液膜，如此反复操作 3 ~ 4 次，直到液膜涂片观察不到蛔虫卵为止。

（4）抽滤镜检。

将烧杯中的混合悬液，通过覆以微孔火棉胶滤膜的高尔特曼氏漏斗抽滤。若混合悬液的浑浊度大，可更换滤膜。抽滤完毕，用弯头镊子将滤膜从漏斗的滤台上小心取下，置于载玻片上，滴加 2 ~ 3 滴 500 mL/L 甘油溶液，于低倍显微镜下对整张滤膜进行观察和蛔虫卵计数。当观察有蛔虫卵时，将含有蛔虫卵的滤膜进行培养。

（5）培养。

在培养皿的底部平铺一层厚约 1 cm 的脱脂棉，脱脂棉上铺一张直径与培养皿相适的普通滤纸。为防止霉菌和原生动物的繁殖，可加入甲醛溶液或甲醛生理盐水，以浸透滤纸和脱脂棉为宜。将含蛔虫卵的滤膜平铺在滤纸上，培养皿加盖后置于恒温培养箱中，在 28 ~ 30 °C 条件下培养，培养过程中经常滴加蒸馏水或甲醛溶液，使滤膜保持潮湿状态。

（6）镜检。

培养 10 ~ 15 d 后，自培养皿中取出滤膜置于载玻片上，滴加 500 mL/L 甘油溶液，使其透明后，在低倍显微镜下查找蛔虫卵，然后在高倍显微镜下根据形态，鉴定卵的死活，并加以计数。镜检时若感觉视野的亮度和膜的透明度不够，可在载玻片上滴一滴蒸馏水，用盖玻片从滤膜上刮下少许含卵滤渣，与水混合均匀，盖上盖玻片进行镜检。

（7）判定。

凡含有幼虫的，都认为是活卵，未孵化或单细胞的都判为死卵。

3）结果计算

$$K = 100(N_1 - N_2) / N_1$$

式中 K——蛔虫卵死亡率（%）；

N_1——镜检总卵数；

N_2——培养后镜检活卵。

8　土壤污染物分析技术及综合实训

土壤污染一般是通过大气与水污染的转化而产生的，它们可以单独起作用，也可以相互重叠和交叉进行，属于点污染的一类。随着农业现代化，特别是农业化学化水平的提高，大量化学肥料及农药散落到环境中，土壤遭受非点污染的机会越来越多，其程度也越来越严重。在水土流失和风蚀作用等的影响下，污染面积不断扩大。根据污染物质的性质不同，土壤污染物分为无机物和有机物两类：无机物主要有汞、铬、铅、铜、锌等重金属和砷、硒等非金属；有机物主要有酚、有机农药、油类、苯并芘类和洗涤剂类等。以上这些化学污染物主要是由污水、废气、固体废物、农药和化肥带进土壤并积累起来的。

本章主要介绍土壤污染中无机污染物铜、锌、铁、锰、汞、砷等重金属元素的现代技术的测定方法，以及土壤中有机污染六六六（六氯环己烷）和 DDT（双对氯苯基三氯乙烷）的色谱分析方法。通过现代仪器分析技术的介绍和具体实训，让学生掌握土壤污染的现代分析技术。

8.1　土壤中铜、锌、铁、锰的测定方法（AAS 法）

铜、锌、铁、锰和钼都是植物生长必需的微量元素，铜是植物体内多种氧化酶的成分，叶绿体中含铜较多，因此，铜在氧化还原反应及光合作用方面起着重要作用。

锌在作物体内主要参与生长素的代谢和某些酶素活动，它是碳酸酐酶、谷氨酸脱氢酶的成分。因此，植物缺锌常引起生理病害，最明显的是玉米“白苗病”。经研究，在某些土壤上由于缺少有效锌，致使玉米苗期出现大面积“白苗病”，严重影响了作物的生长。

铁参与叶绿素的合成，是铁氧还原蛋白的组成成分；参与光合电子传递作用，是固氮酶的组成成分，对固氮起重要作用；参与呼吸作用，是一些呼吸相关酶的组成成分，是磷酸蔗糖合成酶的活化剂，促进蔗糖的合成。

锰直接参与光合作用的放氧过程，对植物体内电子传递和氧化还原过程极为重要，是植物体内许多酶的成分和活化剂，促进吲哚乙酸的氧化，硝酸还原作用可促进种子萌发和幼苗生长，加速花粉萌发和花粉管的伸长，提高结实率等。

钼是植物生长必需的元素，钼是硝酸还原酶和固氮酶的组成成分，从而影响氮代谢和固氮作用，并参与糖代谢，对提高光合作用强度及维生素 C 的合成有良好作用。

如果土壤中有效微量元素含量过少，植物就会出现缺素症状，如果土壤中有效微量元素含量过多，同样也会导致植物生长不良，可见植物的生长发育与土壤中有效微量元素的含量关系密切。通过植株的外部形态所表现的症状来判断植物缺乏元素即外形诊断。当微量元素缺乏时，植物的外部形态表现一定的缺乏症状，如株高、叶片颜色等都会有症状表现出来，产量下降，甚至绝产。除典型症状外，有时仅仅根据外形难以做出正确判断，还需配合其他诊断方法。因此，我们还需要进行土壤微量元素分析，根据不同土壤和不同作物制定适应本地区的微量元素指标。

1. 方法与原理

用 HF-HNO_3-$HClO_4$ 消煮土壤试样，HF 破坏了硅酸盐的晶格，形成 SiF_4 并挥发掉，从而消除了土壤中 Si 对被测定元素的干扰。土样消煮完全后，用 1∶1 HNO_3 溶液溶解，成待测液，待测液可采用原子分光光度法（AAS）或电感耦合等离子发射光谱法（ICP-AES 或 ICP）进行测定。

AAS 法是应用原子吸收光谱进行分析的一种方法。当光源辐射出具有待测元素特征谱线的光通过试样所产生的原子蒸气时，被蒸气中待测元素的基态原子所吸收，有辐射特征谱线的光被减弱的程度来测定试样中该元素的含量。若喷雾的速度不变，火焰高度不变，则吸收值与蒸气中基态原子的浓度成正比，故可做吸收值 A 对浓度的标准曲线，利用标准曲线可求出待测元素的含量。

2. 仪器与设备

原子吸收分光度计及相关元素空心阴极灯、微波消解装置或可控温电热板、四聚氟乙烯坩埚。

3. 试剂配制

（1）HNO_3 优级纯；

（2）HF 优级纯；

（3）$HClO_4$ 优级纯；

（4）盐酸溶液（1∶2）：吸取浓盐酸（HCl，1.19 g/cm^3，优级纯）100 mL，加入 200 mL 水中，混匀；

（5）硝酸溶液（1∶1）：量取浓硝酸（HNO_3，1.42 g/cm^3，优级纯）250 mL，加入 250 mL 水中，混匀；

（6）硝酸溶液 [$\varphi(HNO_3) = 1\%$]：吸取浓硝酸（HNO_3，1.42 g/cm^3，优级纯）10 mL，加入 900 mL 水中，定容至 1 L；

（7）铜标准溶液 [$\rho(Cu) = 50$ μg/mL]：吸取 1 000 g/mL 铜标准贮备液 5.00 mL 于 100 mL 容量瓶中，用水定容；

（8）锌标准溶液 [$\rho(Zn) = 50$ μg/mL]：吸取 1 000 g/mL 锌标准贮备液 5.00 mL 于 100 mL 容量瓶中，用水定容；

（9）铁标准溶液 [$\rho(Fe) = 50$ μg/mL]：吸取 1 000 g/mL 铁标准贮备液 5.00 mL 于 100 mL 容量瓶中，用水定容；

（10）锰标准溶液 [$\rho(Mn) = 50$ μg/mL]：吸取 1 000 g/mL 锰标准贮备液 5.00 mL 于 100 mL 容量瓶中，用水定容。

4. 操作步骤

1）待测液制备

（1）湿式消解法。

称取通过 0.149 mm 孔径筛的风干土样 0.2 ~ 0.5 g（精确至 0.001 g），放入聚四氟乙烯坩埚中，用水湿润样品，加入浓硝酸 5 mL，加盖，在通风柜中于电热板上 100 ~ 150 °C 微沸 20 min，取下冷却后，加高氯酸 5 mL，加盖，在电热板上 200 °C 加热微沸 10 min，取下冷却，加氢氟酸 5 mL，在电热板上 80 °C 加热 1 h，然后逐渐升温使氢氟酸蒸发，待出现浓烈白烟时，取下冷却。再加氢氟酸 5 mL，高氯酸 2 mL，在电热板上 250 °C 蒸发近干，取下冷却。最后加 1∶2 盐酸溶液 4 mL 及少量水，在电热板上微热溶解残渣，移入 50 mL 容量瓶中，冷却后用水定容待测。同时做空白试验。

（2）微波消解法。

称取通过 0.149 mm 孔径筛的风干土样 0.2 ~ 0.5 g（精确至 0.000 1 g）置于聚四氟乙烯内罐中，加入硝酸 6 mL，待剧烈反应后，加过氧化氢 2 mL，氢氟酸 2 mL，放置 5 min，盖上内盖，严格按照仪器操作步骤装好保护套，将消解罐置入微波系统内，设置好微波消解程序，消解土样。消解结束，冷却至室温，取出内罐，放至电热板上加热赶酸，待溶液近干，加水溶解，转移至 50 mL 容量瓶中，冷却后用水定容待测。同时做空白试验。

2）标准曲线绘制

分别吸取 50 μg/mL 铜、锌、铁、锰标准溶液一定体积于 6 个 100 mL 容量瓶中，用 1% 硝酸溶液定容，即为铜、锌、铁、锰混合标准工作溶液（吸取体积及标准工作溶液浓度参见表 8-1），与样品同条件上机测定，按元素绘制标准曲线或计算回归方程。

表 8-1　铜、锌、铁、锰混合工作溶液配制

编号	Cu		Zn		Fe		Mn	
	标准溶液/mL	浓度/(μg/mL)	标准溶液/mL	浓度/(μg/mL)	标准溶液/mL	浓度/(μg/mL)	标准溶液/mL	浓度/(μg/mL)
1	0	0	0	0	0	0	0	0
2	0. 5	0. 25	0.5	0. 25	2	1.0	2	1.0
3	1.0	0.5	1.0	0.5	4	2.0	4	2.0
4	2.0	1.0	2.0	1.0	6	3.0	6	3.0
5	3.0	1.5	3.0	1.5	8	4.0	8	4.0
6	4.0	2.0	4.0	2.0	10	5.0	10	5.0

3）待测液测定

铜、锌可用待测液直接测定，铁、锰一般需稀释 5 ~ 10 倍后测定。读取浓度值，同时测定空白试验。

5. 结果计算

$$全量（铜、锌、铁、锰，mg/kg）= 0.001\rho V t_s / m$$

式中 ρ——标准曲线或回归方程求得待测液元素浓度（μg/mL）；

V——测定液体积（50 mL）；

t_s——分取倍数；

m——风干土样质量（g）；

0.001——μg 换算成 mg 和 g 换算成 kg 的系数。

6. 注意事项

（1）消煮液的酸必须按顺序加入，3 种酸不可同时加入消煮，温度也不可过高，否则 HF 挥发过快，土壤消煮不完全。

（2）消煮液用量因土而异，富含铁、铝的红壤及砖红壤，HF 用量要大并增加消煮次数，否则硅铝酸盐分解不完全，导致结果偏低。

（3）消煮后期加入高氯酸赶走氢氟酸时，内容物不可烧得过干，要使内容物处于强氧化环境中，并有氯离子存在，有助于金属的溶解，否则有些内容物不能溶解在硝酸溶液中，使结果偏低。

8.2 土壤有效态 Fe、Mn、Cu、Zn 的测定方法（ICP 法）

1. 方法与原理

采用 ICP-AES 法同时测定，用 pH = 7.3 的 DITPA（二乙三胺五乙酸）-$CaCl_2$-TEA（三乙醇胺）浸提剂，提取石灰性或中性土壤中的有效态 Fe、Mn、Cu、Zn 元素。浸提液经离心过滤直接用 ICP-AES 法测定 Fe、Mn、Cu、Zn 的含量。

2. 仪器与设备

ICAP-9000 型多道直读光谱仪、铂坩埚或聚四氟乙烯坩埚、电热板。

3. 试剂配制

（1）DTPA 浸提剂。

称取 DTPA {二乙三胺五乙酸，$[(HOCOCH)_2NCH_2 \cdot CH_2] \cdot NCH_2COOH$，优级纯}1.967 g 于 1 L 容量瓶中，加 TEA [三乙醇胺，$(HOCH_2CH_2)_3N$，优级纯]13.3 mL，加亚沸水或二次去离子水 950 mL，再加 1.47 g 无水氯化钙（$CaCl_2$，优级纯），用盐酸溶液[$c(HCl) = 6$ mol/L]调节 pH 值至 7.3，然后定容至刻度。

（2）标准溶液。

用光谱纯试剂或高纯试剂分别配制 100 mg/L Fe、Mn、Cu、Zn 元素的贮备液。测定时，用 DIPA 浸提剂稀释配制 Fe、Mn、Cu、Zn 元素 10 mg/L 混合，标准溶液为高标溶液。浸提剂 DTPA 溶液为低标溶液。

4. 操作步骤

称取 10.0 g 过 2 mm 筛孔（尼龙筛）的风干土样放于 150 mL 聚乙烯塑料瓶中，加入 20.0 mL

DTPA 浸提剂。在 25 °C 下，塑料瓶放于振荡机振荡 2 h，过滤备用。然后，用配制好的高、低标溶液建立 ACT（分析样品用的软件程序），进行仪器标准化。将滤液通过蠕动泵输入雾化器，由 ICP-AES 同时测定 Fe、Mn、Cu、Zn 元素。经计算机收集并处理各元素的分析数据。

5. 注意事项

（1）DTPA 浸提是一个非平衡体系，所有影响土壤与 DTPA 的反应速率的因子，都会影响锌、铜等的提取量，因而，提取条件必须标准化。例如，土壤的粉碎程度、振荡时间、振荡强度、浸出液的酸度、提取时的温度等都应严格控制。

（2）酸性土壤用盐酸溶液[$c(HCl) = 0.1$ mol/L]浸提。方法如下：称取 10.0 g 过 2 mm 筛孔（尼龙筛）的风干土放于 150 mL 聚乙烯塑料瓶中，加 50.0 mL 浸提剂，放于荡机振荡 1.5 h 过滤或离心，将滤液通过蠕动泵输入雾化器，由 ICP-AES 测定，测定时的高标和低标应一同用盐酸浸提剂配制。

8.3 土壤中 Fe、Mn、Cu、Zn、Mo 等元素的全量测定方法（ICP 法）

1. 方法与原理

HF-HNO_3-$HClO_4$ 消煮土壤试样，HF 破坏了硅酸盐的晶格，形成 SiF_4，并挥发掉，从而消除土壤中 Si 对被测定元素的干扰。土样消煮完全后，用 1：1 HNO_3 溶液溶解，制成待测液可直接用 ICP-AES 法同时测定 Fe、Mn、Cu、Zn、Mo 等元素。

2. 仪器与设备

1）仪器

ICAP-9000 型多道直读光谱仪、铂坩埚或聚四氟乙烯坩埚、电热板。

2）最佳测定条件

正向功率 1.1 kW；反射功率 < 5 W；工作气体：氩气；载气流量 0.6 L/min；冷却气体流量 15 L/min；观察高度 15 cm；曝光时间 7 s；样品提升量 1.5 mL/min；取两次测定值的平均值（选择最佳测定条件需经条件实验）。

3. 试剂配制

（1）HNO_3 优级纯。

（2）HF 优级纯。

（3）$HClO_4$ 优级纯。

（4）标准溶液的配制。

① 用二次去离子水或亚沸水配制 1：1 HNO_3 溶液，为 Cu、Zn 的低标液。

② HFHNO-HCIO 的消煮液蒸干，加 1 mL 1：1 HNO_3，转移至 25 mL 容量瓶中定容，即空白溶液，为 Fe、Mn、Mo 元素仪器标准化的低标液。

③ Cu、Zn 标准液的配制，用 Cu、Zn 光谱纯试剂分别制备 1.0 mg/mL 的 Cu、Zn 贮备液。

在测定时，再配制成 100 μg/mL Cu 和 1 000 μg/mL Zn 的混合标准液（用 50 g/L 的硝酸稀释配制）。该溶液为仪器标准化 Cu、Zn 元素的高标液。

④ Fe、Mn、Mo 标准溶液的配制，用土壤标准样品或水系沉积物标准样品与待测样品相同可处理制成的溶液，其 Fe、Mn、Mo 的推荐值为 Fe、Mn、Mo 元素仪器标准化的高标液。

4. 操作步骤

称取研磨通过 0.149 mm 尼龙筛的均匀土壤试样 0.100 g 于 30 mL 铂坩埚中或聚氯乙烯坩埚中，用亚沸水或二次去离子水湿润土壤，然后加入 7 mL HF 溶液和 1 mL 浓 HNO_3 溶液，在电热板上消煮蒸发近干时，取下坩埚。冷却后，沿坩埚壁再加入 5 mL HF 溶液，继续消煮近干，取下坩埚。冷却后，加入 2 mL $HClO_4$，继续消煮到不再冒白烟，坩埚内残渣呈均匀的浅色（若呈凹凸状为消煮不完全）。取下坩埚，加入 1∶1 HNO_3 溶液 1 mL，加热溶解残渣，至溶液完全澄清后（若溶液仍然混浊，说明土壤消煮不完全，需加 HF 继续消煮）转移到 25 mL 的容量瓶中，定容摇匀，立即转移到聚乙烯小瓶中备用。用配制好的高、低标准溶液，建立 ACT（分析样品用的软件程序）进行仪器标准化。然后将待测液直接用 ICP- AES 法，同时测定 Fe、Mn、Cu、Zn、Mo 各元素，经计算机处理各元素的分析数据，输出各元素的分析结果。

5. 注意事项

（1）消煮液的酸必须按顺序加入，3 种酸不可同时加入消煮，温度也不可过高，否则 HF 挥发过快，土壤消煮不完全。

（2）消煮液用量因土而异，富含铁、铝的红壤及砖红壤，HF 用量要大并增加消煮次数，否则硅铝酸盐分解不完全，导致结果偏低。

8.4 土壤中有效钼的测定方法（石墨炉–原子吸收法）

1. 测定的意义

土壤全钼含量 0.1 ~ 6 mg/kg，平均为 1.7 mg/kg，土壤含钼量主要取决于成土母质和成土过程，黄土母质发育的土壤含钼量偏低，东北地区黑钙土和草甸土含钼量较高。土壤中钼形态主要有矿物态、代换态、水溶性钼和有机结合态。水溶性和代换态，作物可直接吸收利用，是有效钼。有效态钼以阴离子形态存在，随着 pH 升高，土壤对钼的吸附能力降低，有效性增加，pH > 6 时吸附迅速减弱，pH > 8 时，土壤几乎不再吸附钼。酸性土壤容易缺钼，酸性土壤施用石灰可提高土壤钼的有效性。表 8-2 可以作为土壤有效态钼参考指标。

表 8-2 土壤有效钼参考指标

土壤有效钼的含量/(mg/kg)	钼供应水平	土壤有效钼的含量/(mg/kg)	钼供应水平
< 0.1	很低	0.20 ~ 0.30	丰富
0.10 ~ 0.15	低	> 0.30	很丰富
0.1 ~ 0.20	中等		

2. 方法与原理

目前，最为广泛使用的试剂为 pH = 3.3 的草酸/草酸铵溶液（Tamm 溶液），该试剂具有弱酸性、还原性、阴离子代换作用和络合作用，缓冲容量大，钼的浸提量与生物反应的相关性好。试剂浸提后，一般采用钼/苯羟乙酸/氯酸钠体系催化极谱法测定有效钼的含量，对草酸盐的干扰用灼烧处理。有人用三酸（$HF-HNO_3-HClO_4$）来消化草酸/草酸铵试剂的浸出液，然后再用硫酸/苯羟乙酸/氯酸钾体系的底液测钼，铁的干扰作用大大降低。三酸一次消化，简化了步骤，对干扰物草酸盐的破坏更为彻底，且能保持消化后残留物处于湿润状态，不致产生过度干燥的情况，适用于批量分析。但由于 pH = 3.3 试剂能溶解相当数量的铁铝氧化物，得到的结果往往偏高，尤其在缺钼的酸性土壤中，不能较好地反映植物需钼的真实情况，因而有人在不断探索更好的浸提剂。

常用于土壤和植物中钼测定的方法有原子吸收分光光度法、分光光度法（比色法）、等离子体发射光谱法和极谱法。采用原子吸收分光光度法测钼，因钼的原子化所需的能量高，常用的空气-乙炔火焰测钼时往往只有部分钼被原子化，测定灵敏度较低，而且碱土金属对测定也有干扰，因而一般要用氧化亚氮-乙炔高温火焰或石墨炉无焰原子化方法，才可确保灵敏度，但其过程较复杂，测定成本高，故现在该方法较少用于测钼。

3. 试剂配制

（1）pH = 3.3 的草酸/草酸铵溶液（Tamm 溶液）：24.9 g 草酸铵[$(NH_4)_2C_2O_4 \cdot H_2O$，分析纯]与 12.6 g 草酸（$H_2C_2O_4 \cdot H_2O$，分析纯）溶于去离子水，定容至 1 L。酸度应为 pH = 3.3，必要时可用 pH 校准。

（2）将 10 mL 溶液溶解，加盐酸使其呈中性，转入 1 L 容量瓶中，用去离子水洗涤烧杯多次。

（3）钼标准液：准确称取纯氧化钼（MoO_3）0.150 g（优级纯），加 0.1 mol/L NaOH 溶液 10 mL 溶解，加盐酸使其呈中性，转入 1 L 容量瓶中，用去离子水洗涤烧杯多次洗液一并倒入容量瓶中，定容，摇匀。此液含钼 100 μg/mL，吸取此含钼 100 μg/mL 的原始标准液稀释 100 倍，即为含钼 1 μg/mL 的标准液，或称取 1.840 3 g 钼酸铵于 500 mL 烧杯中以少量水溶解，移入 1 000 mL 容量瓶中，用水稀释至刻度，摇匀，即为 1 000 μg/mL 的钼标准溶液，使用时逐级稀释。

4. 测定步骤

1）溶液配制

称取 25.00 g 风干土样（过 1.0 mm 尼龙筛），放入 500 mL 干燥塑料三角瓶中，倒入 250 mL pH = 3.3 的草酸/草酸铵溶液，在振荡机上振荡 6 ~ 8 h 或放置过夜，用干燥滤纸过滤（事先 6 mol /L HCl 处理过）于另一干燥三角瓶中，弃去最初的 10 mL 滤液，吸取滤液进行测定。或者连续振荡 6 h 后以转速 3 000 r/min 离心 30 min，取上层清液进行测定。

2）工作曲线

分别在 6 个 50 mL 容量瓶中，依次加入 1 μg/mL 钼标准溶液 0 mL、0.5 mL、1.0 mL、2.0 mL、4.0 mL、6.0 mL，定容后，分别测定吸收值，并绘制标准曲线。其钼的浓度分别为 0 μg/mL、

0.01 μg/mL、0.02 μg/mL、0.04 μg/mL、0.08 μg/mL、0.12 μg/mL。

3）原子吸收分光光度计参考工作条件

分析线波长 333.3 nm；狭缝宽度 0.4 nm；灯电流 3.0 mA；干燥 105 °C；灰化 1 400 °C；原子化 2 600 °C；清洗 2 800 °C；氩气流量 0.6 L/min，进样体积 20 μL。

5. 结果计算

$$土壤交换性钼（mg/kg）=PV\times 稀释倍数/m$$

式中 ρ——标准曲线查得 Mo 的浓度（g/mL）；

V——待测液体积（mL）；

m——风干土样品质量（g）。

8.5 土壤中汞、砷的测定方法（微波消解/原子荧光法）

1. 测定的意义

汞（Hg）及其化合物属于剧毒物质，可在人体内蓄积，进入水体的无机汞离子可转变为毒性更大的有机汞，经食物链进入人体，引起全身中毒。砷（As）是人体非必需元素，元素砷的毒性较低，但砷的化合物均有剧毒，砷还有致癌作用。汞和砷都是我国实施排放总量控制的指标，也是我国饮用水水源地月报的监测指标。

在重金属元素分析工作中，样品的预处理是十分重要的环节，实验分析的误差既可能来自仪器，也可能来自样品处理方法，因此选用适当的样品消解方法成为土壤、沉积物等环境样品分析的主要问题。对于土壤和沉积物样品中砷和汞等元素，即使不“打开”硅酸盐晶格结构，也能达到全量分析的目的。常见的消解体系有王水及浓硝酸/浓硫酸等混合酸消解体系。土壤样品中的砷和汞元素含量范围分别为 0.10 ~ 40 μg/g 和 0.01 ~ 0.3 μg/g，且易挥发，采用常规的湿法消解，极易造成砷和汞的挥发损失。采用微波消解法消解土壤和沉积物样品中汞、砷时，消解时间短，且密闭的高压消解罐能有效防止样品中有效成分的挥发损失。该方法利用压力自控密闭微波消解系统对环境样品中土壤和沉积物进行酸溶预处理，经过滤、定容后通过原子荧光光谱计测定样品中汞、砷的含量。

原子荧光光谱法是介于原子发射光谱和原子吸收光谱之间的光谱分析技术，其原理是通过待测元素的原子蒸气在辐射能激发下所产生荧光的发射强度来确定待测元素含量。原子荧光光谱法虽是一种发射光谱法，但它和原子吸收光谱法密切相关，兼有原子发射和原子吸收两种分析方法的优点，又克服了两种方法的不足。原子荧光光谱法的灵敏度高、检出限低、线性范围宽、谱线比较简单、仪器价格便宜、分析速度快、操作简便，能实现多元素同时测定，但仍存在荧光淬灭效应、散射光的干扰、测定的金属种类有限等问题。原子荧光光谱仪主要用于分析汞、砷、锑、铋和硒等元素。原子荧光光谱法的干扰主要是能够同时形成化学蒸气的元素，以及共存的重金属和过渡金属元素。硫脲-抗坏血酸溶液能够基本消除样品溶液中共存的硅、钾、钠、钙、镁、铝、硫、锰和锌等元素的干扰。下面介绍微波消解/原子荧光法。

2. 方法与原理

样品经微波消解后试液进入原子荧光光度计，在硼氢化钾溶液的还原作用下，生成砷化氢气体，汞被还原成原子态。在氩氢火焰中形成基态原子，在元素灯（汞、砷）发射光的激发下产生原子荧光，原子荧光强度与试液中元素含量成正比。

3. 仪器和设备

（1）具有温度控制和程序升温功能的微波消解仪，温度精度可达 2.5 °C。消解罐应为 2 μg/L。

（2）具有汞、砷的元素灯。

（3）恒温水浴装置。

4. 试剂和材料

（1）盐酸（HCl），$\rho = 1.19$ g/mL。

（2）硝酸（HNO_3），$\rho = 1.42$ g/mL。

（3）氢氧化钾（KOH）。

（4）硼氢化钾（KBH）。

（5）盐酸溶液（1∶19）：移取 25 mL 盐酸（$\rho = 1.19$ g/mL）用去离子水稀释至 500 mL。

（6）盐酸溶液（1∶1）：移取 500 mL 盐酸用去离子水稀释至 1 000 mL。

（7）硫脲（HNCSNH）：分析纯。

（8）抗坏血酸：分析纯。

（9）还原剂。

硼氢化钾溶液 A：$\rho = 10$ g/L。称取 0.5 g 氢氧化钾（KOH）放入盛有 100 mL 实验用水的烧杯中，玻璃棒搅拌待完全溶解后再加入称好的 1.0 g 硼氢化钾，搅拌溶解。此溶液当日配制，用于测定汞。

硼氢化钾溶液 B：$\rho = 20$ g/L。称取 0.5 g 氢氧化钾放入盛有 100 mL 实验用水的烧杯中，玻璃棒搅拌待完全溶解后再加入称好的 2.0 g 硼氢化钾，搅拌溶解。此溶液当日配制，用于测定砷。

（10）硫脲和抗坏血酸混合溶液：称取硫脲、抗坏血酸各 10 g，用 100 mL 实验用水溶解，混匀，使用当日配制。

（11）汞标准固定液（简称固定液）：将 0.5 g 重铬酸钾溶于 950 mL 实验用水中，再加入 50 mL 硝酸，混匀。

（12）汞（Hg）标准溶液。

汞标准贮备液（$\rho = 100.0$ mg/L）：购买市售有证标准物质/有证标准样品，或称取在硅胶干燥器中放置过夜的氯化汞（HgCl）0.135 4 g，用适量实验用水溶解后移至 1 000 mL 容量瓶中，最后用固定液定容至标线，混匀。

汞标准中间液（$\rho = 1.00$ mg/L）：移取汞标准贮备液 5.00 mL，置于 500 mL 容量瓶中，用固定液定容至标线，混匀。

汞标准使用液（$\rho = 10.0$ μg/L）：移取汞标准中间液 5.00 mL，置于 500 mL 容量瓶中，用固定液定容至标线，混匀，用时现配。

（13）砷（As）标准溶液。

砷标准贮备液（$\rho = 100.0$ mg/L）：购买市售有证标准物质/有证标准样品，或称取 0.132 g 经过 105 °C 干燥 2 h 的优级纯三氧化二砷（As_2O_3）溶解于 5 mL 1 mol/L 氢氧化钠溶液中，用 1 mol/L 的盐酸溶液中和至酚酞红色褪去，用实验用水定容至 1 000 mL，混匀。

砷标准中间液（$\rho = 1.00$ mg/L）：移取砷标准贮备液 5.00 mL，置于 500 mL 的容量瓶中，加入 100 mL 盐酸溶液，用实验用水定容至标线，混匀。

砷标准使用液（$\rho = 100.0$ μg/L）：移取砷标准中间液（$\rho = 1.00$ mg/L）10.00 mL，置于 100 mL 容量瓶中，加入 20 mL 盐酸溶液，用实验用水定容至标线，混匀，现用现配。

5. 操作步骤

1）试样的制备

称取风干、过筛的样品 0.1 ~ 0.5 g（精确至 0.000 1 g，样品中元素含量低时，可将样品称取量提高至 1.0 g）置于溶样杯中，用少量去离子水润湿。在通风橱中，先加入 6 mL 盐酸，再慢慢加入 2 mL 硝酸，混匀使样品与消解液充分接触。若有剧烈化学反应，待反应结束后再将溶样杯置于消解罐中密封。将消解罐装入消解罐支架后放入微波消解仪的炉腔中，确认主控消解罐上的温度传感器及压力传感器均已与系统连接好。按照表 8-3 推荐的升温程序进行微波消解，程序结束后冷却。待罐内温度降至室温后在通风橱中取出，缓慢泄压放气，打开消解罐盖。

把玻璃小漏斗插于 50 mL 容量瓶的瓶口，用慢速定量滤纸将消解后的溶液过滤、转移入容量瓶中，实验用水洗涤溶样杯及沉淀，将所有洗涤液并入容量瓶中，最后用实验用水定容至标线，混匀。

表 8-3　微波消解升温程序

步骤	升温时间/min	目标温度/ °C	保持时间/min
1	5	100	2
2	5	150	3
3	5	180	25

2）试料的制备

分取 10.0 mL 试液置于 50 mL 容量瓶中，按照表 8-4 加入盐酸、硫脲和抗坏血酸混合溶液，混匀，室温放置 30 min，用实验用水定容至标线，混匀。

表 8-4　定容 50 mL 时试剂加入量

名称	汞	砷
盐酸/mL	2.5	5.0
硫脲和抗坏血酸混合溶液/mL	—	10.0

3）测定

将制备好的试料导入原子荧光光度计中，按照与绘制校准曲线相同仪器工作条件进行测定。如果被测元素浓度超过校准曲线浓度范围，应稀释后重新进行测定。

同时将制备好的空白试料导入原子荧光光度计中，按照与绘制校准曲线相同仪器工作条件进行测定。

6. 结果计算

$$\text{汞、砷含量（mg/kg）}=\frac{(\rho-\rho_0)V_0V_2}{mV_1}\times10^{-3}$$

式中 ρ——由校准曲线查得测定试液中元素的浓度（ug/L）；

ρ_0——空白溶液中元素的测定浓度（μg/L）；

V_0——微波消解后试液的定容体积（mL）；

V_1——分取试液的体积（mL）；

V_2——分取后测定试液的定容体积（mL）；

m——称取样品的质量（g）。

7. 注意事项

（1）硝酸和盐酸具有强腐蚀性，样品消解过程应在通风橱内进行，实验人员应注意佩戴防护器具。

（2）实验所用的玻璃器皿均需用（1∶1）硝酸溶液浸泡 24 h 后，依次用自来水、实验用水洗净。

（3）消解罐的日常清洗和维护步骤：先进行一次空白消解（加入 6 mL 盐酸，再慢慢加入 2 mL 硝酸，混匀），以去除内衬管和密封盖上的残留；用水和软刷仔细清洗内衬管和压力套管；将内衬管和陶瓷外套管放入烘箱，在 200 ~ 250 °C 温度下加热至少 4 h，然后在室温下自然冷却。

8.6 土壤中有机物六六六和 DDT 的测定方法

1. 测定的意义

六六六（六氯环己烷），用作有机氯广谱杀虫剂，是环己烷每个碳原子上的一个氢原子被氯原子取代形成的饱和化合物，英文简称 BHC，分子式为 $C_6H_6Cl_6$。六六六一般包括 α-BHC、β-BHC、γ-BHC 和δ-BHC 4 种同分异构体。BHC 为白色晶体，熔点在 112 ~ 310 °C，不溶或微溶于水，易溶于有机溶剂，对酸稳定，在碱性溶液中或锌、铁、锡等存在下易分解，对昆虫有触杀、熏杀和胃毒作用，长期受潮或日晒会失效。BHC 进入机体后主要蓄积于中枢神经和脂肪组织中，刺激大脑运动及小脑，还能通过皮层影响自主神经系统及周围神经，在脏器中影响细胞氧化磷酸化作用，使脏器营养失调，发生变性坏死。DDT（双对氯苯基三氯乙烷），同样用作有机氯广谱杀虫剂，分子式为 $C_6H_6Cl_6$。DDT 为白色晶体或淡黄色粉末，熔点在 108 ~ 109 °C，不溶于水，易溶于有机溶剂，对酸稳定，强碱及含铁溶液易促进其分解。当温度高于熔点时，特别是有催化剂或光的情况下，DDT 经脱氯化氢降解为 DDD 和 DDE。DDT

具有肝毒性，也会改变免疫功能，降低抗体的产生，导致肝肾损害、皮肤病变、心律不齐及心肌损害等。

2. 方法与原理

土壤样品中的六六六和 DDT 农药残留量分析采用有机溶剂提取，经液、液分配及浓硫酸净化或柱层析净化除去干扰物质后，用电子捕获检测器（ECD）检测，根据色谱峰的保留时间定性，外标法定量。

3. 试剂与材料

（1）载气：氮气（N_2）纯度 99.99%。

（2）标准样品及土壤样品分析时使用的试剂和材料。所使用的试剂除另有规定外均系分析纯，水为蒸馏水。

（3）农药标准品：α-BHC、β-BHC、γ-BHC 和 δ-BHC，纯度为 98.0% ~ 99.0%。

（4）农药标准溶液制备：准确称取（3）中的每种 100 mg（精确至 0.000 1 g），溶于异辛烷或正己烷（B-BHC 先用少量苯溶解），在 100 mL 容量瓶中定容至刻度，在冰箱中贮存。

（5）农药标准中间溶液配制：用移液管分别量取 8 种农药标准溶液，移至 100 mL 容量瓶中，用异辛烷或正己烷稀释至刻度。

（6）农药标准工作溶液配制：根据检测器的灵敏度及线性要求，用石油醚或正己烷稀释中间标液，配制成几种浓度的标准工作溶液，在 4 °C 下贮存。

（7）异辛烷（C_8H_{18}）。

（8）正己烷（C_6H_{14}）：沸程 67 ~ 59 °C，重蒸。

（9）石油醚：沸程 60 ~ 90 °C，重蒸。

（10）丙酮（CH_3COCH_3）：重蒸。

（11）苯（C_6H_6）：优级纯。

（12）浓硫酸（H_2SO_4）：优级纯。

（13）无水硫酸钠（Na_2SO_4）：在 300 °C 烘箱中烘烤 4 h，放入干燥器备用。

（14）硫酸钠溶液：20 g/L。

（15）硅藻土：试剂级。

4. 仪器与设备

脂肪提取器（索氏提取器）、旋转蒸发器、振荡器、水浴锅、离心机、气相色谱仪（带电子捕获检测器，Ni 放射源）。

5. 操作步骤

1）样品的采集

按照 NY/T 395 中有关规定采集凉山州境内矿区周边污染的农田土壤样品，采集后风干去杂物，研碎过 60 目筛，充分混匀，取 500 g 装入样品瓶中备用。

2）样品的保存

土壤样品采集后应尽快分析，如暂不分析，可保存在 – 18 °C 冷冻箱中。

3）提取

准确称取 20.0 g 土壤置于小烧杯中，加蒸馏水 2 mL，硅藻土 4 g，充分混匀，无损地移入滤纸筒内，上部盖一片滤纸，将滤纸筒装入索氏提取器中，加 100 mL 石油醚-丙酮（1∶1），用 30 mL 浸泡土样 12 h 后在 75 ~ 95 °C 恒温水浴锅上加热提取 4 h，每小时回流 4 ~ 6 次，待冷却后，将提取液移入 300 mL 的分液漏斗中，用 10 mL 石油醚分 3 次冲洗提取器及烧瓶，将洗液并入分液漏斗中，加入 100 mL 硫酸钠溶液，振荡 1 min，静置分层后，弃去下层丙酮水溶液，留下石油醚提取液待净化。

浓硫酸净化法：适用于土壤、生物样品。在分液漏斗中加入石油联提取液体积的 1/10 的派硫酸，振摇 1 min，静置分层后，弃去硫酸层（注意：用浓硫酸净化过程中，要防止发热爆炸，加派硫酸后，开始要慢慢振摇，不断放气，然后再较快振摇），按上述步骤重复数次，直至加入的石油醚提取液二相界面清晰均呈透明时止。然后向弃去硫酸层的石油醚提取液中加入其体积量 1/2 左右的硫酸钠溶液。振摇 10 余次，待其静置分层后弃去水层。

如此重复至提取液呈中性时止（一般 2 ~ 4 次），石油醚提取液再经装有少量无水硫酸钠的筒形漏斗脱水，滤入 250 mL 平底烧瓶中，用旋转蒸发器浓缩至 5 mL，定容 10 mL。定容，供气相色谱测定。

4）气相色谱中使用农药标准样品的条件

标准样品的进样体积与试样的进样体积相同，标准样品的响应值接近试样的响应值。当一个标样连续注射进样两次，其峰高（或峰面积）相对偏差不大于 7%，即认为仪器处于稳定状态。在实际测定时标准样品和试样应交叉进样分析。

5）进样

进样方式：注射器进样。

进样量：1 ~ 4 μL。

6）色谱图

六六六、DDT 气相色谱如图 8-1 所示。

（1）定性分析。

组分的色谱峰顺序：α-BHC、β-BHC、γ-BHC、δ-BHC、p-DDE、p-DDT、pp′-DDD、p′-DDT。检验可能存在的干扰，采取双柱定性。用另一根色谱柱 1.5%OV-17+1.95%OV-210 的 Chrromosorb WAW-D MCS-HP 80 ~ 100 目进行确证检验色谱分析，可确定六六六、DDT 及杂质干扰状况。

（2）定量分析。

吸取 1 μL 混合标准溶液注入气相色谱仪，记录色谱峰的保留时间和峰高（或峰面积）。再吸取 1 μL 试样，注入气相色谱仪，记录色谱峰的保留时间和峰高（或峰面积），根据色谱峰的保留时间和峰高（或峰面积）采用外标法定性和定量。

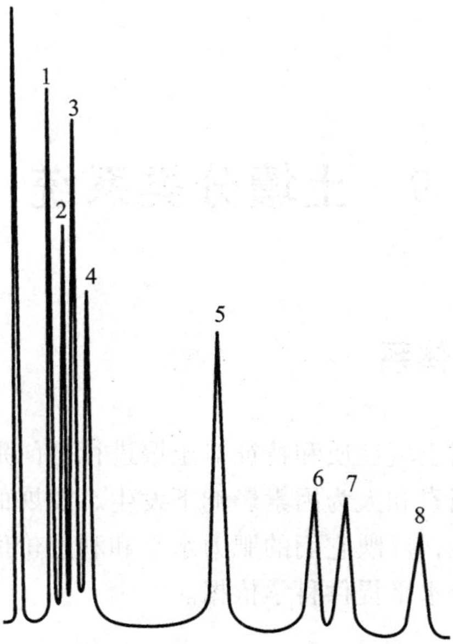

图 8-1　六六六、DDT 气相色谱图

6. 结果计算

$$X = \frac{C_{is} V_{is} H_i (S_i) V}{V_i H_{is} (S_{is}) m}$$

式中　X——样本中农药残留量（mg/kg）;

C_{is}——标准溶液中 i 组分农药浓度（μg/mL）;

V_{is}——标准溶液进样体积（mL）;

V——样本溶液最终定容体积（mL）;

V_i——样本溶液进样体积（μL）;

$H_{is}(S_{is})$——标准溶液中 i 组分农药的峰高（mm 或峰面积 mm^2）;

$H_i(S_i)$——样本溶液中 i 组分农药的峰高（mm 或峰面积 mm^2）;

m——称样质量（g）。

9 土壤分类系统

9.1 土壤分类的指标体系

所谓土壤分类，是指根据土壤性质和特征对土壤进行分门别类，建立一个符合逻辑的多级系统，以阐明土壤在自然因素和人为因素影响下发生、发展的规律，正确反映土壤之间以及土壤与环境之间的内在联系，反映它们的肥力水平和利用价值，为合理利用土壤、改造土壤，提高土壤肥力和农业生产水平提供科学依据。

9.1.1 我国土壤分类概况

我国地域辽阔，自然条件复杂，农业历史悠久，拥有种类繁多的土壤。1978 年，我国提出了《中国土壤分类暂行草案》，1992 年确立《中国土壤分类系统》。这一分类系统的逐步改进和制订，代表了全国土壤普查的科学水平，是目前国内通用的工作分类系统。

在美国土壤系统分类的影响下，我国从 1984 年开始，进行了中国土壤系统分类的研究，经不断修改补充，于 1995 年提出了《中国土壤系统分类》“修订方案”。这个“修订方案”主要是以土壤本身性质为分类标准的定量化分类系统，属于诊断分类体系。

9.1.2 我国现行土壤分类的系统分类原则

1. 发生学原则

土壤是客观存在的历史自然体。土壤分类必须贯彻发生学原则，即必须坚持成土因素、成土过程和土壤属性相结合作为土壤发生学分类的基本依据，但应以土壤属性为基础。因为土壤属性是成土条件和成土过程的综合反映，只有这样才能最大限度地体现土壤分类的客观性和真实性。

2. 统一性原则

在土壤分类中，必须将耕作土壤和自然土壤作为统一的整体进行土壤类型的划分，具体分析自然因素和人为因素对土壤的影响，力求揭示自然土壤与耕作土壤的内在联系及其演变规律。

9.1.3 我国现行土壤分类系统

我国现行土壤分类系统是在 1992 年汇总第二次全国土壤普查成果编撰《中国土壤》时

而拟定的《中国土壤分类系统》。《中国土壤分类系统》从上至下共设土纲、亚纲、土类、亚类、土属、土种、变种七级分类单元，其中土纲、亚纲、土类、亚类属高级分类单元，土属为中级分类单元，土种为基层分类的基本单元，以土类、土种最为重要。下面介绍各级分类单元的划分依据。

1. 土　纲

土纲为最高级土壤分类级别，反映了土壤不同发育阶段中，土壤物质移动累积所引起的重大属性的差异，是土壤重大属性的差异和土类属性的共性的归纳和概括。我国共分 12 个土纲。

2. 亚　纲

亚纲是在同一土纲中，根据土壤形成的水热条件和岩性及盐碱的重大差异来划分。它们之间的差别在于热量条件和水分条件，一般地带性土纲可按水热条件来划分，而初育土纲可按其岩性特征进一步划分亚纲。

3. 土　类

土类是高级分类的基本单元，它是在一定的自然或人为条件下产生独特的成土过程及其相适应的土壤属性的一群土壤。同一土类的土壤，成土条件、主导成土过程和主要土壤属性相同。每一个土类要求如下：具有一定的特征土层或其组合；具有一定的生态条件和地理分布区域；具有一定的成土过程和物质迁移的地球化学规律；具有一定的理化属性和肥力特征及改良利用方向。

1）亚类

亚类是土类范围内的进一步细分，反映主导成土过程以外其他附加的成土过程。一个土类中有代表它典型特性的典型亚类，即它是在定义土类的特定成土条件和主导成土过程作用下产生的，也有表示一个土类向另一个土类过渡的亚类，它是根据主导成土过程之外的附加成土过程来划分的。

2）土属

土属为中级分类单元，具有承上启下的作用。

土属主要根据成土母质的成因、岩性及区域水分条件等地方性因素的差异进行划分。对于不同的土类或亚类，所选择的土属划分的具体标准不一样。如盐土可根据盐分类型划分为硫酸盐盐土、硫酸盐-氯化物盐土、氯化物盐土、氯化物-硫酸盐盐土等。

3）土种

土种是土壤基层分类的基本单元，它处于一定的景观部位，是具有相似土体构型的一群土壤。同一土种要求如下：景观特征、地形部位、水热条件相同；母质类型相同；土体构型（包括厚度、层位、形态特征）一致；生产性和生产潜力相似，而且具有一定的稳定性，在短期内不会改变。

土种主要反映了土属范围内量上的差异，而不是质的差别。可根据土层厚度、腐殖质厚度、盐分质量分数多少、淋溶深度、淀积程度等这些量或程度上的差别划分土种。

4）变种

变种又称亚种，它是土种的辅助分类单元，是根据土种范围内由于耕层或表层性状的差异进行划分，如根据表层耕性、质地、有机质质量分数和耕作层厚度等进行划分。变种经过一定时间的耕作可以改变，但同一土种内各变种的剖面型一致。

中国土壤分类系统的高级分类单元主要反映土壤发生学方面的差异低级分类单元则主要考虑土壤在其生产利用方面的不同。

9.2 分类的原则和依据

土壤分类的目的在于正确认土、识土、改土、用土，揭露土壤肥力的发生发展规律，从而实现科学地利用、培肥和改良土壤，促进农、林、牧业生产的发展。

土壤分类的原则是成土条件、成土过程和土壤属性三者统一的原则，将自然土和农业土壤置于同一分类体系之下。在具体工作时，参照《四川省第二次土壤普查工作分方案》，结合凉山州土壤实际情况，自上而下加以区分，再自下而上加以归并，除同土异名、同名异土，在评土比土中尽量保留当地群众习惯的土壤名称。土壤分类单元采用土类、亚类土属、土种四级分类制，至于变种，便没有进一步再去细分。全州土壤分为 21 个土类、47 个亚类、74 个土属、121 个土种。

各级分类的单元划分的原则与标准如下：

1. 土 类

土类是分类的高级单元，它是在一定的综合自然条件和人为因素作用下，经历着一个主导或几个相结合的成土过程，从而产生相似的剖面发生层次及肥力特征和改良利用方向等土壤属性。不同土类，由于成土条件、成土过程各不相同，所形成的土壤属性有着本质上的差异。如褐土分布在雅砻江高山峡谷的半山下及山间坝地，是在暖温带半湿润气候条件下，土壤经过钙积和黏化过程而发育的一个土类，该类土壤剖面有明显的钙积层和黏化层。残坡积物上发育的褐土多砾石，具有土层薄，砾石含量高，保水保力弱，缺乏有效磷和锌等土壤属性和生产性能。褐土的生成与生物气候相吻合，受自然因素影响较强。水稻土是在气候温暖，有水源灌溉条件保证，各种母土辟为稻田的条件下，经水耕熟化过程而发育的一个土类。发育典型的水稻土剖面通常具有耕作层（A）、犁底层（Pb）、潴育层（W）、潜育层（G）等特殊发育层次，在利用上，以种稻为主，多数为水旱轮作。水稻土的生成和肥力演变，人为因素起着主导作用。

2. 亚 类

亚类是土类的续分，是同一土类的不同发育分段和发育方向，或是不同土类之间的相互过渡，在主要成土过程中，同时产生附加的或次要的成土过程，其剖面形态上互有联系和差异，其肥力水平各不相同。如水耕熟化是水稻土形成的必要条件和成土过程，但由于地形、母土（母质）和人为耕作措施不同，水分在土体中的运动规律各异，导致土体水文层次组合和土壤生产性能的分异，因此，将“水型”作为水稻土亚类划分的主要依据。凉山州水稻土按“水型”划分为四个亚类：

（1）淹育型水稻土：主要分布在河谷 1 ~ 2 级阶地，丘陵、缓坡和冲沟，排水条件好的地段，土体内水分移动均匀缓慢，表下 30 cm 左右土层颜色无明显的分化或分化微弱，但有较明显的铁锰淀积条斑或点，土体构型为 A-Pb-P 或 A-Pb-Wa_1b_1，二者归入该亚类。

（2）潴育型水稻土：分布的地形部位较高，土壤质地较黏或上轻下黏，水分在土体中移动缓慢，干湿交替和氧化还原交替频繁，淋溶淀积和剖面颜色分化明显，若离地表 40 cm 左右的土层出现中度以上的潴育层段，土壤结构面上有连片的灰色胶膜，且深入土体内部（中度淋溶）或有较多的铁锰斑块及软铁子（中度淀积），棱块状结构，土体构型为 A-Pb-Wa_1b_2 或 A-Pb-Wa_2b_2-G，紫色土区的稻田，土壤的淋溶淀积不及上述明显，但凡具有 A-Pb-Wa，A-Pb-Wa_1b_2土体构型者，都归入该亚类。

（3）潜育型水稻土：分布在排水不良地段，受地表水或地下水浸渍，由于浸水时间长，土中的铁锰物质还原，离地表 30 ~ 40 cm 出现中度以上潜育层次，出现灰色、蓝灰色或灰绿色，紫泥田达到紫灰色，块状结构，土粒分散无结构，亚铁、硫化氢反应显著，水、热、气矛盾突出，属低产水稻土。土体构型呈 A-Pb-G、Ag-G 者归入该亚类。

（4）脱潜型水稻土：经过改善排水条件，地下水位降低，土表下 30 ~ 40 cm，氧化作用增加，有 G、W 层棱块状结构发育，并有铁锰淀积物，下层保留明显的 G 层，凡有上述脱潜情况者归入该亚类。又如紫色土，它受母质和地带性水热条件的双重影响，产生了不同程度的淋溶，随着淋溶程度的加深，土壤中的石灰含量和 pH 降低，土壤生产性能出现了明显的差异。因此，紫色土亚类主要根据淋溶的强弱，即石灰含量和 pH 值的高低划分。凡石灰含量小于 2%、pH 值小于 6.5 的划为酸性紫色土，石灰含量 2% ~ 3%、pH 值为 6.5 ~ 7.5 的划为中性紫色土，石灰含量大于 3%、pH 值大于 7.5 的划为石灰性紫色土。

3. 土　属

土属是承上启下的分类单元，是土种共性的归纳，是亚类在发育程度（如有机质分解累积的程度）或母质类型和水文地质条件的进一步区分，土属之间有着肥性的区别。如淹育型水稻土亚类，根据不同母质和水文地质条件，划分为灰潮田、紫潮田、黄红潮田、紫泥田、钙质紫泥田、褐沙泥田、沙黄泥田、红沙泥田、冷沙黄泥田等土属。又如酸性紫色土亚类，根据母质和淋溶程度划分为红紫泥土、淋溶紫泥土等土属。

4. 土　种

土种是土壤分类的基层单元，是农民群众区分土壤类型的单元。土种是土壤成土条件、过程、属性统一性的最终表现，它集中反映了不同发育阶段的农业土壤肥力类型量的差异，也就是说一个土种就是代表一种肥力水平，因此，同一土种具有类似的发育程度和生产性能，即剖面构型、土层厚度、耕层质地、有机质、pH 值、障碍层次基本相似，不同土种的分异指标，应根据土壤主要生产性能的差异而各有侧重。如中性紫色土亚类的暗紫泥土土属，耕层质地为紧沙-轻壤的划为暗紫沙土，轻壤-重壤的划为暗紫沙泥土、重壤-轻黏的划为暗紫泥土。

9.3 凉山州土壤分类调查综合实训

1. 实训目的

通过实地调查凉山州当地不同类别的土壤，对凉山州土壤类别进行划定。

2. 实训内容

（1）通过以卫星相片图为底图进行野外“土壤类别及土地利用”调查和室内制图等教学实习环节，理论和实践相结合，以凉山州某县进行“土壤类别及实地调查”教学实习。

（2）掌握“资源调查与制图”的基本原理和基本技能，培养学生的野外独立工作能力。

（3）绘制土地利用现状图，绘制土壤分布图。

3. 实训要求

（1）以正射影像为工作底图，根据路线调查和典型区的调查，完成土地利用及类型现状图、土壤图等。

土壤利用图：根据土壤利用状况确定土壤利用类型，并按土壤利用分类表标号。

土壤图：根据土壤相应指标确定土壤类型，并按土壤类型表标号。对于新土种，由小组根据土壤指标状况先命名，然后进行统一命名。

（2）根据路线调查和典型区域的调查完成的土地利用现状图、土壤图，在室内完成各小组专题图的拼接，完成实训报告。

4. 实训计划及时间

实习时间计划为 5 天，分野外调查和室内制图两个阶段。

（1）野外调查阶段（4 天）。

（2）室内制图阶段（1 天）。

10 凉山州土壤资源评价与开发利用

10.1 凉山州土壤资源分布特点

10.1.1 土壤资源丰富

凉山彝族自治州位于四川省西南部的横断山区东北部，青藏高原东南部，介于青藏高原与云贵高原之间，属川西山地；西跨横断山，东北接壤于四川盆地，西北连接川西山原及山地，南临金沙江河谷；地域辽阔，全州总面积6.04万平方千米，占全省的10.7%；东西宽360 km，南北长370 km，土地资源十分丰富。但全州耕地面积少，而林牧荒地多，有大量的土地资源亟待开发，合理利用。所以，如何有效地开发土地资源，提高土地生产力，从而提高社会效益、经济效益、生态效益，是凉山州亟待解决的问题。

10.1.2 地域差异明显

全州地貌复杂，地势西北高、东南低、北部高，地表起伏大。境内山川纵横，雄伟壮观，山高谷深，岭谷相间，高低悬殊。全州地貌以山地为主，约占总面积的71.7%。其中，高原面积为12 093.8 km^2，占全州土地总面积的19.98%，主要分布在东部和西部地区，海拔3 500 ~ 4 500 m；山地43 365.12 km^2，约占全州土地总面积的71.65%。其中，耕地约有2 666.67 km^2，约占耕地总面积的60%，各县均有分布，丘陵面积为3 026.64 km^2，约占全州土地总面积的5%，主要分布在会理、会东、普格、德昌、西昌市等地。平坝1 198.6 km^2，占全州土地总面积的1.98%，平坝耕地占全州耕地面积的20%，主要分布在以安宁河谷两岸的冲积阶地，其次是盐源及会理的黎溪盆地底部等地。水域面积843.13 km^2，占全州总面积的1.39%，其中湖泊86.67 km^2，盐源泸沽湖、西昌邛海、雷波马湖是全州主要的三大湖泊。

10.1.3 自然环境多种多样

由于凉山州境内相对高差达5 393余米，导致凉山州垂直气候十分明显，加之地域辽阔，从而形成了多种多样的自然环境条件。从整个情况看，又有明显的分区特点：

1. 南亚热带气候区

一般海拔在1 300 m以下，面积为4 258.5 km^2，占全州总面积的7.4%，主要包括安宁河下游和金沙江河谷，即宁南、会理、会东、布拖、金阳、雷波等沿江地带。本区热量丰富，光照条件十分优越，粮食作物一年三熟，同时也是凉山州热带、亚热带经济作物的主要产区。

2. 中亚热带气候区

一般海拔在 1 300 ~ 1 800 m，全州面积为 11 571.98 km^2，占全州总面积的 19.1%，包括西昌、德昌、普格、会理北部和金阳、喜德、冕宁、盐源的一部分。其主要特点是：冬无严寒，夏无酷暑，光照充足，生长季节长。本区降水比南亚热带气候区多，空气较为潮湿，是凉山州的商品粮、油基地。

3. 北亚热带、暖温带地区

海拔一般在 1 800 ~ 2 400 m，面积 18 845.82 km^2，占全州总面积的 31.1%，包括越西、喜德、甘洛、冕宁、雷波、金阳等县的部分地区，本区热量尚能一年两熟，是凉山州粮、油、肉、水果、蔬菜的主产区之一。

4. 温带地区

海拔一般在 2 400 ~ 3 500 m，面积 11 271.46 km^2，占全州总面积的 18.6%，主要包括昭觉、布拖、木里、金阳北部、美姑、甘洛西南部、喜德东北部和冕宁、盐源北部地区。本区气候温凉，湿润，霜期长，熟制一年，是凉山州林业、牧业、多种经营、中药材的集中产区。

5. 寒温带、高山寒带区

海拔一般为 3 500 ~ 5 000 m，面积 14 429.89 km^2，占全州总面积的 23.8%，主要分布在木里、盐源、雷波、越西、冕宁等县的高海拔地区，植被主要是亚高山草甸和高山草甸。

综上所述，凉山州地域辽阔，自然环境复杂多样，气候区系跨度大，有丰富的光照、热量、降水条件，生物资源十分丰富，土地资源的开发利用潜力大，并有明显的经济、社会、生态效益。

10.1.4 土壤类型较齐全

全州有水稻土 1 067.27 km^2，占土地总面积的 1.84%，占耕地总面积的 18.12%，集中分布在安宁河流域。低山、丘陵地区共 266.67 km^2，占水稻土面积的 25%。全州有新积土 579.27 km^2，占各类土壤面积的 0.87%，以德昌、布拖、冕宁、盐源、越西、昭觉分布较为集中；全州有紫色土 9 026 km^2，占各类土壤总面积的 15.46%，集中分布在会理、会东、昭觉、越西、喜德、甘洛等县。全州有黄壤 2 038.47 km^2，占各类土壤总面积的 3.49%，主要分布在雷波、甘洛、美姑等地。全州有红壤 9 770.27 km^2，占各类土壤总面积的 16.74%，主要分布在冕宁、西昌、德昌、会理、会东、盐源等县海拔 2 600 m 以下的中山山地、丘陵、盆地和台地。全州有燥红土 572.93 km^2，占各类土壤总面积的 0.98%，主要分布在凉山州海拔 1 300 m 以下的金沙江、普隆河低热河谷。全州有灰褐土 653.4 km^2，占各类土壤总面积的 1.12%，集中分布于雅砻江干旱河谷，以木里较为集中。全州有黄棕壤 7 720 km^2，占各类土壤总面积的 13.22%，多数县有分布，以盐源、冕宁、雷波、甘洛较为集中。全州有棕壤 7 878.27 km^2，占各类土壤总面积的 13.49%，以木里、盐源、会东、冕宁等县较为集中。全州有暗棕壤 11 042.4 km^2，占各类土壤总面积的 18.91%，以木里分布最多，达 6 222.27 km^2。全州有棕色针叶林土（灰化土）841.33 km^2，占各类土壤总面积的 1.44%，以木里、越西较为集中。全州有山地草甸土 696.53 km^2，占各类土壤总面积的 1.19%，以越西、喜德、西昌等县较为集中。全州有亚高山草甸土 2 082.4 km^2，占各类土壤总面积的 3.57%，以木里、冕宁、盐源、会理、德昌等县较为集中。全州有沼泽土 177.33 km^2，占各类土壤总面积的 0.30%，以昭觉、盐源分布较多。全州有石灰土 2 556.13 km^2，占各类土壤总面积的 4.38%，多数县有分布，以会东、会理、宁南、金阳较为集中。全州有高山寒漠土 1 563.33 km^2，占各类土壤总面积的 2.68%，与高山草甸土呈复区分布。全州有石质土 187.93 km^2，占全州各类土壤总土面积的 0.32%，美姑、冕宁面积较大。

10.2 凉山州土壤资源分布和利用现状

凉山州境内地形、地质、气候十分复杂，具有明显的立体气候、立体生态、立体农业的特点。所以，凉山州土地资源分布和利用现状也具有明显的垂直和水平分布的规律。

根据全国、四川省土壤普查和土地资源概查的技术规程，凉山州土地资源概查从 1979 年开始到 1985 年全面完成，初步查清了全州土地资源的数量、分布、利用现状。

10.2.1 耕　地

耕地是以发展种植业为目的的土地（包括田、地硬、毛渠、零星插花荒地等）。全州年报耕地面积 3 206.27 km^2，实际调查耕地毛面积 6 146.33 km^2，净面积 4 355.4 km^2，占全州总面积的 10.18%。

1. 按利用方式分类

根据利用方式的不同，耕地分为田、旱地（包括轮歇地）、菜地三大类。

1）田

田包括冬水田、冬炕田，甘蔗田，年报面积 771.4 km^2，实际调查毛面积 1 156.27 km^2，净面积 927.87 km^2，占耕地面积的 18.81%，分布最高上限海拔 2 660 m，最低下限 380 m，主要分布在海拔 2 300 m 以下气候温暖、有水源灌溉的河谷平坝、丘陵、山麓、台地，尤以安宁河谷面积最大，是凉山州商品粮、油菜基地。

2）旱地

全州旱地统计面积 2 434.87 km^2，实际调查毛面积 4 987 km^2，净面积 3 427.53 km^2，旱地占耕地面积的 81.14%，主要分布在海拔 380 ~ 3 500 m 之间的河谷、丘陵、中低山山麓缓坡，各县、市均有分布，尤以美姑、布拖、金阳、昭觉、盐源、木里等县面积最大，是凉山州旱粮、经济作物的主要产区。

3）菜地

全州实际调查毛面积为 16.47 km^2，净面积为 3 km^2，占耕地总面积的 0.05%，主要集中分布在各县、市城镇近郊，地势平坦，土壤肥沃，气候温暖，排灌方便，特别适宜发展早熟蒜薹、海椒、番茄等早市蔬菜和保鲜蔬菜。

2. 按生境条件分类

根据生境条件，全州耕地可以分为四个类型。

1）金沙江干热河谷南亚热带的土壤

该类土壤分布海拔 1 300 m 以下，年均温 18 °C 以上，其特点是光照充足，终年难见霜雪，一年三熟，是双季稻和甘蔗的主要集中产地，可亩产吨粮、万斤蔗，最高亩产值可达千元。有耕地 514.67 km^2，其中水田 93.33 km^2，这一地带是发展糖、桑、果等亚热带作物基地，本区生产上的主要矛盾是水热不同步，春夏干旱频繁。

2）宽谷、沟坝中亚热带的土壤

海拔 1 300 ~ 1 800 m，年均温 14 ~ 18 °C，热量一般比较充足，水利设施好，旱涝保收的高产、稳产农田较多，耕作技术较精细，多为一年两熟。主要种植水稻、玉米、胡豆、油菜、小麦、蔬菜等作物，有耕地 2 069.33 km^2，复种指数为 170% 左右，是凉山州的粮、油集中产区。

3）"一半山" 北亚热带、暖温带的土壤

海拔 1 800 ~ 2 500 m，年均温 11 ~ 16 °C，面积大，分布广，有耕地 2 413.33 km^2，是凉山州主要粮食产区之一，主要作物有水稻、小麦、玉米、洋芋、荞麦、黄豆、甜菜等。稻田一般为水稻-小麦、水稻-油菜，一年两熟，旱地一般为玉米-小麦-黄豆、玉米-洋芋-黄豆轮作。山坡中、上部一年一熟，主要种植洋芋、荞麦、燕麦等农作物。

4）温带土壤

海拔 2 500 ~ 2 800 m，这里由于气候寒冷，霜期长、光热条件差，复种指数低，作物一年一熟，有耕地 1 149 km^2，作物主要是洋芋、荞麦、燕麦、黄豆等。本区人少地多，耕作制度落后，轮歇、丢荒现象比较普遍，但增产潜力比较大，是凉山州重要的旱粮土壤。

10.2.2 园　地

园地包括果园、桑园、菜园以及其他园地，其中以苹果、梨、桑、茶等经济林木较多。全州有园地 105.53 km^2，占总土地面积的 0.18%。

1. 果　园

果园主要分布在海拔 400 ~ 2 800 m 的沟谷、平坝、缓坡台地等，全州有果园用地 55.73 km^2，种植各种果树 800 多万株。主要有苹果、梨、柑橘、香蕉、杧果、石榴等，品种间呈交叉复区分布，没有截然的界限。其中苹果约占一半，分布广泛，尤其是盐源、越西、喜德、昭觉等县多。由于生态环境适宜，苹果单株产量高，质量好，不仅在省内外市场有一定声誉，还远销香港市场，是凉山州重要的外贸苹果基地。

2. 桑　园

桑园主要分布在安宁河流域以及宁南、会东、会理、甘洛、越西、喜德、雷波、金阳、普格等县，在海拔 1 000 ~ 1 800 m 的沟谷、平坝地区，成片分布较少，多为零星分布。近年来，各地发展密植良桑园生长快，产桑叶量高，桑叶品质好，养蚕时间长。由于宜蚕条件好，生长快，病害少，单张产茧量高，蚕丝质量好，等级高，在国内外市场均有竞争能力。

3. 茶　园

茶园主要分布在温暖湿润、雨量充沛、云雾多、日照少的酸性土壤上。茶叶特性好，品质优良，风味独特，雷波、宁南、冕宁、德昌等县面积较大。

其他园地集中分布在海拔 1 500 m 以下的干热河谷地区，以桐巷、女贞、油桐等为主；花椒、三七、核桃、板栗等分布在海拔 2 500 m 以下的地区。

10.2.3　林　地

林地包括森林地、灌木林地、疏林地、未成林地、迹地、苗圃、竹林地等。全州林地总面积 32 613.2 km^2，占总土地面积的 54%，主要分布在海拔 380 ~ 4 800 m 的地带，由于气候、地形、人为因素等的影响，没有明显的分界线，多为复区交错分布。

1. 森林地

森林地主要由用材林、防护林、经济林、薪炭林、竹林等组成。森林地面积达 21 241 km^2，占林地面积的 65.13%，面积在 100 万亩以上的县有木里、盐源、会理、德昌、冕宁、会东、西昌、甘洛、美姑、雷波等县。干热河谷植被主要是稀树草丛。中山山地以云南松、桦山松为主的山地常绿针叶林或松栎混交林。高山有冷杉林及冷杉、云杉混交林。

2. 灌木林地

全州灌木林地面积为 7 703.33 km^2，占林地面积的 23.62%，主要包括高山灌丛、亚高山灌丛、山地灌丛、干热河谷灌丛等，尤以高山灌丛较多。山地灌丛分布在海拔 1 300 ~ 2 500 m 的低中山区，地貌大多为中部山原地区。高山灌丛分布在海拔 3 600 ~ 4 800 m 的高寒高原山区，干热河谷灌丛分布在海拔 1 300 m 以下的金沙江干热河谷。

3. 疏林地

疏林地指林木郁闭度低于 0.3 以下的林地，全州有 2 760.6 km^2，多为森林砍伐和林间开荒形成的残次林，高山则属于稀疏的自然林。

4. 未成林地

未成林地主要是火烧地和采伐地更新后的幼林地，是森林的后续资源，必须加强抚育管理。全州有 505.8 km^2。会理、会东、越西等县面积较大，应尽快更新和抚育成林。

5. 苗圃地

苗圃地包括各种林木和果木等育苗基地，各县市都有苗圃，但面积仅 0.87 km^2。

6. 竹林地

竹林地包括箭竹、水竹、罗汉竹、慈竹等，分布在海拔 2 000 m 以上的温润地区。当前，由于过量砍伐和采集竹笋，使竹林资源急剧减少。

10.2.4 草 地

草地包括天然草地、人工草地、改良草地、未利用草地四大类，主要分布在海拔 2 000 ~ 4 000 m 的缓坡山地、低洼地等，面积 16 174.27 km^2，占土地总面积的 26.78%。凉山草地植被有垂直分布规律，在海拔 1 500 m 以下，为山地草丛草地，海拔 1 500 ~ 2 800 m 为山地草甸、山地草丛草地，海拔 2 800 ~ 3 800 m 为亚高山草甸和高寒灌丛草地，海拔 3 800 ~ 4 500 m 以高山草甸为主，并有部分高寒灌丛草地。全州草地植被又具有水平分布情况，由西北到东南分布着适应寒冷而湿润的植物过渡到适应干热环境的稀树灌丛。

10.2.5 疏林草地

疏林草地是指树冠覆盖度为 10% ~ 30%，森林郁闭度在 0.5 以上，且能放牧的草甸林地，分布在海拔 2 500 m 以下中低山、丘陵区。由于州内人造林地多，森林主要以云南松等乔木为主，林下比较开阔，牛、羊能进入采食，在各县均有不同程度的利用，是州内的一大优势，面积 2 309.2 km^2，占土地总面积的 3.82%。

10.2.6 城镇居民用地

城镇居民用地包括城镇用地和农村居民用地两大类，城镇较集中，农村居民用地分散，各县都有分布。

10.2.7 工矿用地

工矿用地包括矿用地和工矿用地两大类，集中分布于城市附近和矿山近郊。

10.2.8 交通用地

交通用地包括州境内的铁路、公路、农村道路、机场等，各县均有分布。

10.2.9 水 域

水域包括各大小河流、湖泊、水库、坑塘、沟渠、堤坝水上建筑，各县均有分布。

10.2.10 特殊用地

特殊用地包括国防、名胜古迹，以及疗养区、自然保护区和其他特殊用地，主要分布在冕宁、德昌、西昌、美姑、雷波、会理、普格等县。

10.2.11 难利用土地

难利用土地指在目前条件下，难以利用的裸岩石砾地、裸土、沼泽、雪山冰川、陡岩、河漫滩等，各县均有分布。

10.3 凉山州土壤资源评价

凉山州土壤资源十分丰富，占四川省的 10.6%，仅次于甘孜州、阿坝州，居四川省第三位，人均 182.67 km^2，大大高于全省、全国人均占地水平。尤其是非耕地面积大，具有发展林、牧业的巨大潜在优势。土地门类齐全，种类繁多，应有尽有，特别是地貌和气候的跨度大，耕地肥力属性良好，所处自然环境复杂多样，适用于各种农作物生长，林业用地广阔，森林覆盖率提高到 25.3%，高于全省、全国水平。凉山草地资源丰富，放牧时间较长，经营利用方式各异。

10.3.1 评级的依据

土壤的生产力是土壤肥力诸因素综合外观表现的一个量度指标，耕地生产力则是土壤肥力、耕地环境和农艺措施的综合结果。土壤肥力是土壤内在的、本质的特性，具有相对的稳定性。而不同类型土壤肥力间的差异，又可以用它们各自的物理、化学指标作具体描述。这也给土壤生产力评级提供了一个可以定性、定量的评价可能。因此，不同土种的生产条件，利用方式、理化性质的具体差异，就是进行生产力评级的依据。

10.3.2 评级原则和方法

土地生产力评价是一个综合指标。主要考虑以下几个参评因素：一是土壤所处的环境条件，如海拔高度、地表坡度等；二是土壤生产水平，也就是种植的主要作物的常年产量；三是土壤属性和肥力因素，包括土体厚度、质地和有机质、全氮、全磷、速效磷、全钾、速效钾微量元素等养分丰缺，酸碱度、代换量的高低，排灌条件等；四是影响土壤生产力的障碍因素，如砾质含量、侵蚀程度、障碍层次等。

在具体评级方法上，采用封闭式的综合打分评级法。把影响土壤生产力的参考因素分解出来，再根据各因素在影响生产力中作用的大小，来确定每个因素得分的多少。再把每个因素分成若干等份，列成因素分级表，参照全州各土种的各项指标，得到各土种各因素的综合得分。最后将全州所有土种得分的高低分成几个等级。同时，从凉山州实际出发，把水稻土、山区旱地土壤、坝丘区旱地、园地土壤分开拟定评级标准。这就更能客观地反映土壤资源的利用价值。

10.3.3 评级结果

从评级的结果看，凉山州耕地分为四等八级。一等田土占 8.86%，二等田土占 20.97%，三等田土占优势，其面积占 40.03%，四等田土亦占相当比重，其面积占 30.14%。八个级别：

一等一级土种 4 个，一等二级土种 3 个，二等一级土种 5 个，二等二级土种 8 个，三等一级土种 6 个，三等二级土种 6 个，四等一级土种 9 个，四等二级土种 3 个。坝丘区旱地三等二级和四等一级的土种占优势，共 12 个，山区旱地以三等一级居多，共 18 个土种。

全州水箱土生产力较高，一、二等居多。其中，一等有 7 个土种，占水稻土面积的 35.2%；二等共 13 个，占水稻土面积的 34.3%；三等有 12 个土种，占水稻土面积的 18.0%；四等有 12 个土种，占水稻土面积的 12.5%。

凉山州丘坝区旱作土生产力居中，以四等土面积较大。其中，一等土仅 3 个土种，面积 59.9 km^2，占耕地总面积的 6.33%；二等土仅 7 个土种，面积 226.58 km^2，占全州耕地总面积的 5.2%；三等土共 10 个土种，面积 232.09 km^2，占耕地总面积的 5.32%；四等土面积大，共 11 个土种，面积 644.73 km^2，占耕地总面积的 14.79%。

山区土壤生产力较差，缺失一等一级、二级和二等一级，以三等土面积大。其中，二等土 368.48 km^2，占全州耕地面积的 8.45%；三等土面积 1 345.62 km^2，占耕地面积的 30.87%；四等土面积 553.19 km^2，占耕地面积的 12.70%。

1. 耕地的利用和评价

凉山州耕地净面积占全州总土地面积的 7.2%，由于耕地面积辽阔，自然生态环境多样，适用于种植各种农作物，在经营利用耕地发展种植业方面，采取了多种形式，取得了很大成就。一是逐步扩大了耕地，提高了垦殖指数；二是提高了复种指数；三是耕地生产力得到了显著提高；四是粮食比例发生了较大的变化。

凉山州分布在山坡的耕地占 3/4 左右，山高坡陡，耕地零星分散，不便于集约化经营，农业生产条件差，土层浅薄，含石量高，保蓄力障碍因素多。水稻土中冷湿田多，“冷”“烂”“毒”三害俱全。坡土水土流失加剧，肥力下降快。要进一步提高土地生产力，对坡土亟待加以整治。沟坝、耕地地貌平缓，土质肥沃，排灌方便，粮食单产较高。但是，营养失调，使土地肥力有下降趋势。非农业用地逐年增加，使有限的耕地面积逐年下降较快。由于水系、渠系紊乱，排灌设施不配套，造成了部分冷湿田，严重影响了粮食单产的提高。城镇郊区土壤污染逐步加剧，使土壤中有毒物质增加，影响了作物的品质。

2. 林地的利用和评价

凉山州林业土壤广阔，共有 32 613.2 km^2，占全州土地总面积的一半以上。林业植被垂直分布十分明显，主要组合特征为在干热河谷底部发育着稀树草丛，河谷盆地和阶地上栽培着各种热带、亚热带的经济林木。海拔 1 000 ~ 1 500 m 地段有云南油杉林及其他栎类分布，中山山地以云南松树或松栎混交林为主，局部河谷地区保存有亚热带偏干性常绿阔叶林。高山有冷杉林及冷杉、云杉混交林分布。

凉山州林业土地的开发利用也存在不少问题：一是对原始森林集中过伐，采伐集材方式多为皆伐，使不少地区森林资源枯竭，生态严重失调，水土大量流失，灾害性天气加剧；二是造林规划性差，没有做到适地适树，造林树种单一，栽植不注意规范化，从而使造林成活率低，保存面积小，更新跟不上采伐；三是宜林的荒山荒坡多，亟待绿化造林；四是幼林保管差，病虫害严重，中幼林抚育间伐任务大；五是木材综合利用率低，资源损失浪费大；六是森林火灾年年都有发生，森林损失较严重。

3. 草地的利用和评价

凉山州草地面积大，植物丰富。全州拥有草地 16 174.27 km^2，占全州总面积的 26.78%，是耕地面积的 3 倍。同时，由于凉山州具有多种地形条件和各种各样的气候类型，有利于各种植物的生长。据不完全统计，草本植物有 117 科、710 属、1 909 种，在草地植物中饲用价值最大的禾本科、豆科占 1/5 左右。营养成分含量高，州内草地类型齐全，适宜多种牲畜放牧的草地面积大，既有高山成片草地，又有村庄附近的零星小块草地，有利于草地建设的规划和农户种草养畜。州内山地疏林草地类面积为最大，占总草地面积的 19.6%，林下草地潜力大，且产草量高，草地有毒有害植物少。在牧草等级方面，各类草地中，优、良、中等牧草占绝对优势，一般都在 60% 以上，亚高山草甸类占 87%。不同等级牧草在各类中分布总的趋势是，从高山到低山，优等植物减少，低等植物从低山到高山逐步增加。

州内草地存在的问题是：牧草生长的季节不平衡和地区不平衡，造成冬季缺草，导致高山地区牲畜掉膘，死亡损失大，靠天养畜，草地生产力低。这主要表现在产草量低和出栏率低。草地有所退化，植被稀疏，可食性牧草产量低，载畜量低。毁草开荒严重，草地管理差，影响了草地的合理利用和草地生产力的提高。

凉山州草地等级的划分。“等”是表示草地牧草品质的优劣，主要是按照牧草适口性，粗蛋白含量评分后的积分值高低，划分出各种牧草的优、良、中、低、劣。再根据各等牧草在该类型中所占的比重，评定出草地类型的“等”。根据上述“等”的划分标准，州内草地类型一等草地占 0.06%，二等草地占 34.67%，三等草地占 61.75%，四等草地占 3.53%。所以州内草地类型以三等草地为多。“级”是表示草地地上部分的植物量。根据“级”的划分标准，全州一级草地面积占 12.7%，二级草地面积占 9.1%，三级草地面积占 36.17%，四级草地面积占 26.58%，五级草地面积占 13.72%，六级草地占 15.74%。一般高山草甸，气候寒冷，热量较少，牧草生长期短，产草量为五级。在海拔稍低的亚高山草甸中，产草量以三、四级为主。在中山地带的草丛类，由于水热条件充足，生长期长，多为高大禾草，属二、三级草场。

10.4 凉山州土壤资源合理开发与利用

凉山州土地资源丰富，自然气候复杂多样，但目前土地的生产力比较低，丰富的土地资源优势还没有发挥。如何从经济效益、生态效益、社会效益出发，合理开发利用凉山州土地资源，是摆在我们面前的重大课题。

10.4.1 合理开发宜农荒地，扩大耕地面积

凉山州南亚热带地区的会东、会理、宁南、布拖等部分地区，光热资源充足，有效积温高，年日照时数长，土地的生产率比较高；宜农荒地较多，具有投资少、收效快、效益高的特点。关键问题是兴修水利，发展灌溉，发展亚热带经济作物和经济林。

凉山州安宁河谷的中上游西昌、德昌、冕宁等地以及普格、金阳、喜德、盐源部分中亚热带地区，漫滩多、洪积扇多，虽然石多土少，障碍因素多，但一经围垦，改造培肥，仍然是高产田土。对于河漫滩荒地，可以采取整修河堤，捡石挖坑，面土施用有机肥，大量种植果树或条沟种植桑树的方法来提高土地的生产力，增加农民群众的经济收入。对于洪积扇上的土地，采取捡石砌坎，改坡地为水平台地，面土增厚土层，种植绿肥培肥地力，带状轮作玉米-小麦-黄豆，或者规范化种植果树、桑树，充分利用光热资源，提高土地的经济、生态、社会效益。凉山州温带地区的昭觉、布拖、木里、金阳北部、美姑、甘洛西南部等地，还有不少荒地，轮歇地尚待开发利用。这些地区坡面较缓的山原地带，可以建成人工牧草基地，实行粮草轮作，也可以种植果树，树下种植药材，或建设商品木材基地。总之，凉山州还有不少尚待开发的荒坡地，需要统一规划，科学治理，分段实施，必将取得显著效益。

10.4.2 大力发展经济作物，加快商品基地建设

1. 建设糖料生产基地

凉山州金沙江河谷和安宁河谷中下游海拔 1 300 m 以下地带，包括宁南、会东、会理、德昌等县系南亚热带气候，年日照时数达 2 400 多小时，辐射强度为 120 ~ 135 $kcal/cm^2$，年均温 15 ~ 19 °C，≥10 °C 的积温在 6 000 °C 左右，光热资源充足，无霜期长达 290 ~ 300 天，是甘蔗生长的最适宜区，平均亩产可高达 5 ~ 6 t，高产田亩产达 10 t 以上，糖分平均含量在 13% ~ 15%。凉山州布拖、昭觉、盐源以及普格、冕宁、越西、美姑等县，年均温在 10 ~ 14 °C，≥10 °C 的积温为 2 400 ~ 5 000 °C，日照一般在 2 000 h 上下，年降水量 1 000 mL 左右，适宜发展甜菜生产，布拖甜菜大面积平均亩产 1.2 t，糖分含量也在 17% 左右。

2. 建设烤烟生产基地

凉山州会理、会东、普格、宁南等县发展烤烟生态环境适宜，土地资源丰富。生产出的凉山烟叶属云烟型，油润丰满，香味醇和，色泽金黄，燃烧性好，可与云烟媲美。

3. 建设水果商品生产基地

凉山州自然条件十分优越，二半山地区和平坝地区都适宜各种果树的生长，品种繁多，产量较高。凉山州气温在 11 °C 左右，降雨量在 701 ~ 1 000 mm，年日照时数在 1 500 h 以上的地区适宜苹果生长。盐源、越西、喜德、昭觉等县果园集中成片，近年来农民家庭小果园蓬勃发展，由于加强了科学管理，增加了对果园的投入，增施了农家肥、氮磷肥、微肥等，同时重视病虫害的综合防治，从而显著地提高了果树单株产量和果品质量，取得了明显的经济效益。同时，在苹果的良种繁育、贮藏、包装等基础设施的建设上，都有较大突破。在这些地区，为了充分利用土地资源，提高土地生产力，建议进一步大力发展果树生产，做好科学的果树发展规划（包括栽植最佳地区、栽植的品种等）以及规范化的栽植、科学管理，从而使凉山州苹果生产有一个大的突破。

凉山州的德昌、宁南、会理、会东、金阳、雷波等县沿江地区，适宜于香蕉、杧果、油梨、番木瓜、石榴、柑橘等生长，要有计划地发展亚热带水果，尽快形成批量商品。

4. 建设蚕桑生产基地

栽桑养蚕既能为国家增加外汇，又能使农民尽快富裕，同时还能促进生态平衡。凉山州海拔 1 800 m 以下的沟坝地区和二半山区，气候温和、雨量充沛、日照充足，适宜栽桑养蚕，桑叶产量高，质量好。凉山蚕茧质地优良，鲜茧出丝率在 14% ~ 16%，鲜舒率在 70% 以上，很适合丝绸发展。

10.4.3 建设人工草场

凉山州草地资源丰富，同时宜牧面积较大。为了尽快提高草地的产草量和载畜量，改变目前商品率低的状况，建议以建设人工草场为基础，以改良畜种为手段，以增加畜产品为目的，从而促进凉山州经济起飞。建设人工草场，要搞好合理布局规划，搞好草场产品，从而促进存地建设，同时实行模草轮作，使产草量大幅度提高；另外，抓好畜产品、商品基地建设，尽快使人工草场建设取得显著的经济效益。

10.4.4 大力发展宜林优势

凉山州地域辽阔，气候多样，宜林条件十分优越。同时，尚有数量可观的荒山荒坡可供造林，发展林业生产潜力相当大。 一般林区土层深厚，土壤有机质含量丰富，是属于南方少有的高肥力森林土地，有利于各种树种的生长。所以一般林木生长快，材质好，用途广。因此，必须十分珍惜森林资源，当前必须坚决严禁乱砍滥伐，毁林开荒，保护好森林资源，同时，狠抓育苗、造林、迹地更新，加强幼树抚育，从而缩短森林生产周期，提高木材蓄积量、恢复生态平衡。

10.4.5 大搞立体农业，充分利用光热资源，提高土地生产率

凉山州地处南亚热带气候区的会理、会东、宁南、德昌等县，具有丰富的光热资源优势。要放开眼界，开拓前进，在稻田、水域、旱地等各种土地资源上，大搞多层次、多形式、多种作物的立体农业，以提高土地的生产率，增加农民群众的收入。在其他气候区，也要根据当地的自然环境条件，搞好立体农业、庭院农业，有限的土地资源取得最佳的经济效益、生态效益。

10.5 凉山州土壤资源评价与利用综合实训

以农产品产地土壤重金属污染详查数据为基础，科学评价耕地土壤环境质量，摸清凉山州某县耕地土壤环境质量状况，不仅能服务于农用地分类管控，还能为受污染耕地的安全利用和修复、重度污染耕地的种植结构调整或退耕还林还草提供支撑。

1. **技术流程**

土壤资源评价技术流程如图 10-1 所示。

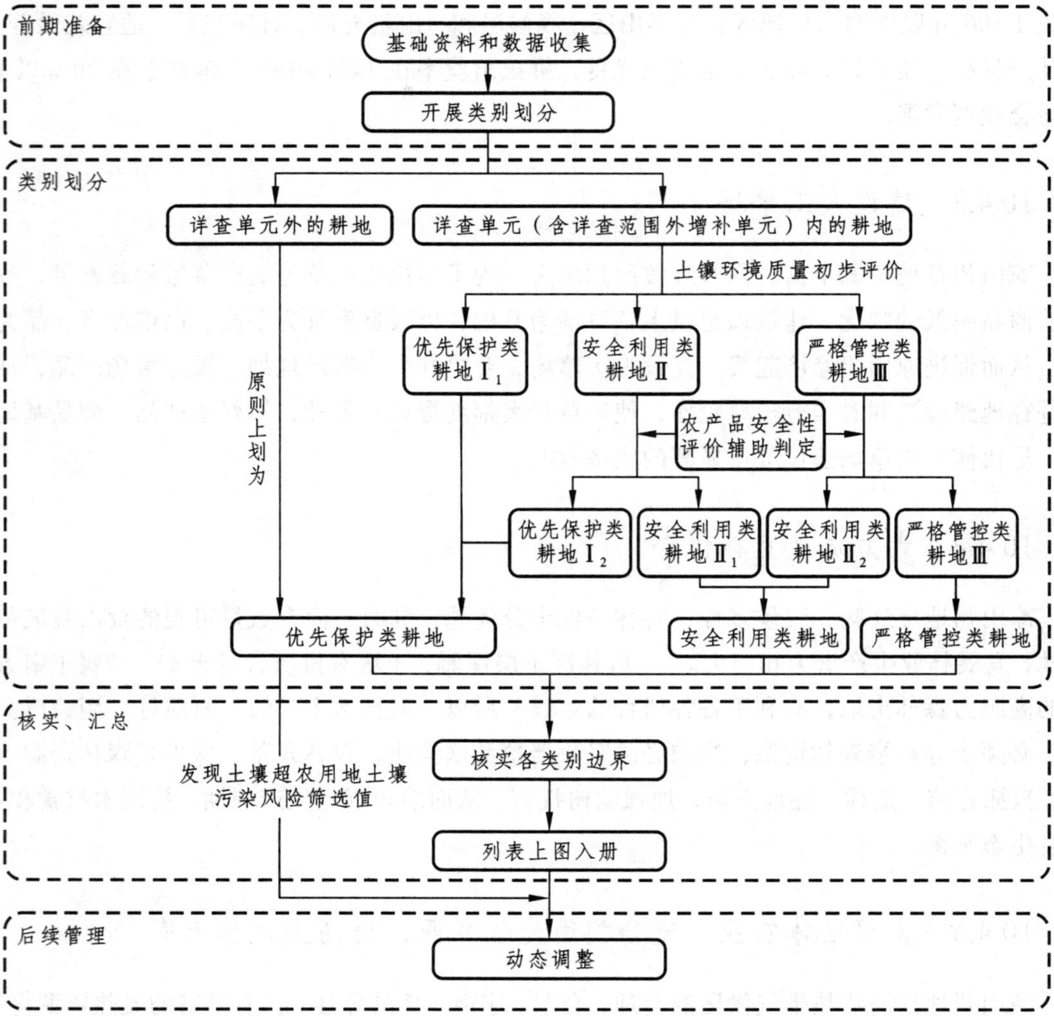

图 10-1　土壤资源评价技术流程

2. **耕地土壤环境质量类别初步划分与辅助判定**

初步划分耕地土壤环境质量类别，详查单元（含详查范围外增补单元）内耕地。详查单元是详查布点时基于污染源类型和污染物传输扩散特征、土地利用方式和地形地貌等因素划分的相对均一性调查单元。详查单元包含详查范围外根据相关技术规定纳入详查统计的增补单元。详查单元内的耕地，类别划分方法参照《农用地土壤环境风险评价技术规定（试行）》的五项综合（镉、汞、砷、铅和铬）评价相关规定，主要步骤如下：

（1）详查点位表层土壤环境质量评价。

依据《土壤环境质量　农用地土壤污染风险管控标准（试行）》（GB 15618—2018）中的筛选值 S_i 和管制值 G_i，基于表层土壤中镉、汞、砷、铅和铬的含量 C_i 评价耕地土壤污染的风险，并将其土壤环境质量类别分为三类（见表 10-1）。

表 10-1 单因子土壤污染风险评价及环境质量分类

污染物含量	风险	质量分类
$C_i \leqslant S_i$	无风险或风险可忽略	优先保护类Ⅰ
$S_i < C_i \leqslant G_i$	污染风险可控	安全利用类Ⅱ
$C_i > G_i$	污染风险较大	严格管控类Ⅲ

注：单因子包括镉、汞、砷、铅、铬按表层土壤的镉、汞、砷、铅、铬中类别最差的因子确定该点位综合评价结果。

Ⅰ类：$C_i \leqslant S_i$，土壤污染风险低，可忽略，应划为优先保护类；

Ⅱ类：$S_i < C_i \leqslant G_i$，可能存在土壤污染风险，但风险可控，应划为安全利用类；

Ⅲ类：$C_i > G_i$，土壤存在较高污染风险，应划为严格管控类。

（2）划分评价单元并初步判定其耕地土壤环境质量类别。

凉山州某县详查单元内点位耕地土壤环境质量类别不一致，依据聚类原则，利用空间插值法结合专家经验判断，将详查单位划分为不同的评价单元，同时使每个评价单元内的点位耕地土壤环境质量类别保持一致。

一是当评价单元内点位类别一致时，该点位类别即为该评价单元的类别。

二是当评价单元内存在不同类别点位时，某类别点位数量占比超过 80%，其他点位（非严格管控类点位）不连续分布，该单元则按照优势点位的类别计；如存在 2 个或以上非优势类别点位连续分布，则按地物边界（地块边界、村界、道路、沟渠和河流等地物边界），兼顾土壤类型，划分出连续的非优势点位对应的评价单元。

三是对孤立的严格管控类点位，根据影像信息或实地踏勘情况划分出对应的严格管控类范围；如果无法判断边界，则按最靠近的地物边界（地块边界、村界、道路、沟渠、河流等），划出合理较小的面积范围。

四是当评价单元内存在不连续分布的优先保护类和安全利用类点位，且无优势点位时，可将该评价单元划为安全利用类。在镉、汞、砷、铅和铬单因子评价单元划分及耕地土壤环境质量类别初步判定的基础上，将以上因子叠合形成新的评价单元，评价单元内部耕地土壤环境质量综合类别按最差类别确定。

（3）耕地土壤环境质量类别辅助判定。

初步划定为安全利用类或严格管控类的评价单元，在详查中采集过食用农产品样品的，根据农产品质量状况辅助判定其耕地土壤环境质量类别，判定依据见表 10-2。

未采集过食用农产品样品的评价单元，结合食用农产品质量的实际情况（包括历史状况），按照《农用地土壤污染状况详查点位布设技术规定》《农产品样品采集流转制备和保存技术规定》的要求，在详查原土壤点位适当补充采集检测食用农产品（原则上为水稻或小麦，一般每个评价单元不低于 3 个农产品点位），开展辅助判定。

表 10-2 利用农产品安全评价结果调整评价单元单因子土壤环境质量类别

评价单元土壤环境质量初步判定	判定依据（评价单元内或相邻单元农产品重金属超标情况） 评价单元内农产品点位 3 个及以上	判定依据（评价单元内或相邻单元农产品重金属超标情况） 评价单元内农产品点位少于 3 个	综合判定后单因子土壤环境质量类别
优先保护类	—	—	优先保护类（I_1）
安全利用类	均未超标①	均未超标；且周边相邻单元农产品点位未超标	优先保护类（I_2）
安全利用类	上述条件都不满足的其他情形		安全利用类（II_1）
严格管控类	未超标点位数量占比≥65%，且无重度超标②的点位	均未超标，且周边相邻单元农产品点位未超标	安全利用类（II_2）
严格管控类	上述条件都不满足的其他情形		严格管控类（Ⅲ）

注①：主要食用农产品中 5 项重金属国家标准限量值；
注②：指农产品中重金属含量超过 2 倍国家标准限量值。

单因子辅助判定后的单元农用地土壤环境质量类别仍需进行 5 因子（镉、汞、砷、铅和铬）综合，单元类别按类别最差的因子计。

凉山州某县未采集过食用农产品样品，结合食用农产品质量的实际情况（包括历史状况），在详查原土壤点位适当补充采集检测食用农产品（水稻或小麦）无法满足安全利用类和严格管控类辅助判定的标准。因此，本次未对详查划定结果进行修订。

（4）详查单元外耕地。

对于凉山州某县详查单元以外的耕地，首先结合农产品质量点位数据和土壤普查数据，对风险值进行筛查，经对数据进行处理与空间识别，凉山州某县详查以外的耕地均符合划为优先保护类耕地的标准。因此，凉山州某县详查以外的耕地均为优先保护类。

3. 耕地土壤环境质量类别边界核实

通过对划分成果与凉山州某县历年土壤和农产品质量监测数据进行对比筛选，对超过筛选值的图斑划为相应的类别，并结合群众反映情况，对相应的耕地土壤环境质量类别进行重新判定。凉山州某县近年灌溉水系和土地用途变更等未发生重大调整，耕地土壤环境质量类别划分情况与乡镇行政边界也能较好吻合。

4. 其 他

对于凉山州某县耕地土壤环境质量类别划分结果安全利用类和严格管控类农用地中，如常年主栽农产品协同监测结果不超标，认为实现了安全利用。

5. 动态调整

根据《农用地土壤环境质量类别划分技术指南》对凉山州某县现有耕地土壤环境质量进行类别划分，土壤环境质量结果会随着农业生产条件以及土地利用方式的变化而改变。因此，应该根据土壤环境质量类别划分结果建立长期监测点，对土壤环境和农产品质量进行长期跟踪调查，以实现对凉山州某县耕地土壤环境质量类别的动态更新。

附 录

附录 A 中国土壤分类系统

我国现行土壤发生分类级别共分土纲、亚纲、土类、亚类、土属、土种 6 级，《中国土壤分类与代码》（GB/T 17296—2009）规定的土纲 12 个，亚纲 30 个，土类 60 个，亚类 229 个，土属 638 个，土种 3 246 个。表 A1 列出“国标”中 60 个土类的土壤特征描述及所属土纲、亚纲。

表 A1 中国土壤分类系统—高级分类及土类特征

土 纲	亚 纲	土 类	土壤特征
铁铝土	湿热铁铝土	砖红壤	热带雨林季雨林下，遭强烈脱硅富铝化的土壤。氧化硅大量迁出，游离铁占全铁的 80%，具有深厚的红色风化壳。黏粒硅铝率 < 1.6，风化淋溶系数 < 0.05，黏粒矿物以高岭石、赤铁矿与三水铝矿为主。盐基饱和度 < 15%，pH = 4.5 ~ 5.5。具有 A-Bs-Bv-C 剖面构型，生长橡胶及多种热带作物
		赤红壤	南亚热带季雨林下，脱硅富铝化程度仅次于砖红壤但比红壤强的土壤。铁的游离度介于二者之间，黏粒硅铝率为 1.7 ~ 2.0，风化淋溶系数为 0.05 ~ 0.15，盐基饱和度为 15% ~ 25%，pH = 5.0 ~ 5.5。具有 A-Bs-C 剖面构型，生长龙眼、荔枝等
		红壤	中亚热带常绿阔叶林下中度脱硅富铝化的土壤。黏粒中游离铁占全铁的 50% ~ 60%，红色土层深厚。黏粒硅铝率为 1.8 ~ 2.4，风化淋溶系数 < 0.2，黏土矿物以高岭石、赤铁矿为主。盐基饱和度 < 35%，pH = 4.2 ~ 5.9。具有 A-Bs-Bv 或 A-Bs-C 剖面构型，底层可见深厚红、黄、白相间网纹红土，生长柑橘、油桐、油茶、茶等
	湿暖铁铝土	黄壤	中亚热带阴湿常绿阔叶林条件下中度富铝化的土壤。富含水合氧化物（针铁矿），B 层呈鲜黄色或蜡黄色。土壤淋溶作用明显，pH = 4.5 ~ 5.5；表层有机质累积较多，可达 100 g/kg。具有 O-A-AB-B-C 剖面构型。多为林地，间亦耕种
淋溶土	湿暖淋溶土	黄棕壤	北亚热带暖湿落叶阔叶-常绿阔叶混交林下林，强度淋溶、弱度富铝化的酸性黄棕色土壤。具有 A-B-C 或 A-(B)-C 剖面构型。B 层黏聚现象明显，硅铝率为 2.5 左右，铁的游离度较红壤低，交换性酸 B 层大于 A 层，pH = 5.5 ~ 6.0。多由砂页岩及花岗岩风化物发育而成
		黄褐土	北亚热带、中亚热带北缘及暖温带南缘淀积黏化十分明显，微酸至中性的弱度富铝化土壤。具有 A-B-C 或 A-Bt-C 剖面构型，土色灰黄棕。土体中游离碳酸钙已遭淋溶，但交换性钙在交换性阳离子中占主要地位，底部可散见球形石灰结核。黏化淀积明显，B 层黏聚，有时呈黏磐。黏粒硅铝率为 3.0 左右，pH 表层为 6 ~ 6.8，底层 7.5，盐基饱和度由表层向底层逐渐趋向饱和。多由细粒黄土状母质发育，也有基性岩坡积、洪积物发育的

续表

土　纲	亚　纲	土　类	土壤特征
淋溶土	湿暖温淋溶土	棕壤	湿润暖温带落叶阔叶林下，处于硅铝风化阶段，具有黏化特征的棕色土壤，土体见黏粒淀积，盐基充分淋失，pH = 6～7。大部分已经垦殖，旱作为主；山地多森林覆盖
	湿温淋溶土	暗棕壤	温带湿润地区针阔叶混交林下发育，具有明显有机质富集和弱酸性淋溶的土壤，具有 O-A-B-C 剖面构型。A 层有机质含量可达 200 g/kg，弱酸性淋溶，铁铝轻微下移。B 层呈棕色，结构面见铁锰胶膜，呈弱酸性反应，盐基饱和度为 70%～80%。土壤冻结期长
		白浆土	温带湿润地区平缓岗地森林、草甸下发育的土壤。上轻下黏，多具有“二层性”层次排列，具有明显的白浆化作用。上层土壤周期性滞水，还原铁锰漂洗，部分侧向位移，移出土体，部分沿裂隙下渗，以铁锰胶膜淀积，或以微结核残存。形成表层有机质层含量为 50～100 g/kg、呈暗灰色的腐殖质层，其下为灰黄至灰白色白浆层（E 层），质地较轻；下部 B 层质地黏重，具有明显淋溶淀积的黏粒胶膜、棕褐色铁锰-腐殖质胶膜及二氧化硅粉末，呈暗棕色。生长林灌、草甸或种植旱作
	湿寒温淋溶土	棕色针叶林土	寒温带针叶纯林下，具有酸性淋溶特征的弱度发育土壤，具有 O-A-AB-B-C 剖面构型。凋落物腐解，富里酸下渗，络合部分铁铝下移，使表层盐基饱和度降低。由于冻结期更长，冻层阻隔，溶性物质还可随水上移。B 层呈棕色，全剖面呈酸性反应，盐基饱和度为 50%～70%
		灰化土	寒温带湿润气候、针叶林植被条件下，铁铝有机质络合淋溶强烈的土壤。大多见于无冻层的砂质土壤，表层有机质层及腐殖质层深厚，下移的富里酸络合淋移铁铝成分，并在 B 层形成明显腐殖质与铁铝络合淀积层
半淋溶土	半湿热半淋溶土	燥红土	热带、亚热带干旱河谷与雨影区稀树草原下形成盐基饱和的红色土壤，具有 A-B-C（D）剖面构型。复盐基明显，交换性钙、镁占阳离子交换量的 80% 以上，pH = 6～7，有时达 7.5
	半湿暖温半淋溶土	褐土	暖温带半湿润区，具有黏化与钙质淋移淀积的土壤，具有 A-B-Bk-C 剖面构型。盐基饱和，处于硅铝风化阶段，有明显黏淀层与假菌丝状钙积层。B 层呈棕褐色，pH = 7～7.5，盐基饱和达 80% 以上，有时过饱和
	半湿温半淋溶土	灰褐土	温带干旱、半干旱山地及青藏高原地区河流两岸山坡和峡谷，云、冷杉林植被下，腐殖质累积与积钙作用明显的土壤。Ao 层有机质可达 100 g/kg，下见暗色腐殖层，有弱黏淀特征，见棕褐色土层，钙积层在 40～60 cm 以下出现，铁、铝氧化物无移动，pH = 7～8
		黑土	温带半湿润草甸草原下，具有深厚均腐殖质层的无石灰性黑色土壤，具有 A-ABh-BhC-C 剖面构型。均腐殖质层厚 30～60 cm，有机质含量一般为 30～60 g/kg。底层具有轻度滞水还原淋溶特征，见硅粉，盐基饱和度在 80% 以上，pH = 6.5～7.0

续表

土　纲	亚　纲	土　类	土壤特征
钙层土	半湿温钙层土	黑钙土	温带半湿润草甸草原下形成具有深厚均腐殖质层和碳酸钙淋溶淀积层的土壤。腐殖质层厚 50 cm 左右，有机质含量为 50～80 g/kg。其下钙积层明显。表层 pH 为 7.0，逐渐往下 pH 达 8.0～8.5，冬季冻层达 1.3～1.5 m
	半干温钙层土	栗钙土	温带半干旱草原下，形成的具有栗色腐殖质层和灰白色钙积层的土壤。表层栗色腐殖质层，厚 20～30 cm，有机质含量为 15～45 g/kg。愈趋半干旱，有机质层愈薄，含量亦减。其下，灰白色积钙层发育明显，积钙层见于 20～30 cm 深处，厚达 20～40 cm，呈斑点状或层状积钙。石膏及易溶盐局部聚积
	半干暖温钙层土	栗褐土	暖温带半干旱草原及灌木林下形成的弱黏化弱淋溶土壤。通体石灰反应，碳酸钙含量为 70～80 g/kg，具有弱度石灰淋溶、弱度黏化特征。较栗钙土无明显灰白色钙积层；较黑垆土无深厚的腐殖质层
		黑垆土	黄土塬面上，暖温带半干旱草原植被条件下由黄土母质发育的具有低有机质含量（10 g/kg 左右）但很深厚（1 m 或更深）的腐殖质层的土壤。原位黏化，但无明显黏化层，具有假菌丝状石灰累积。无盐化，多旱耕，一般由耕种熟化层、腐殖质层、石灰淀积层和母质层组成
干旱土	干温干旱土	棕钙土	温带干旱草原向荒漠过渡，具有浅棕色薄腐殖质层、灰白色薄积钙层的土壤。地表多石砾，见黑色地衣，具有多角形裂隙，石膏聚积，积钙层接近地表
	干暖温干旱土	灰钙土	暖温带干旱草原区低腐殖质、具有弱淋溶特征的土壤。母质多为黄土，少数为冲积扇洪积物发育。植被覆盖率为 10%～40%。仅夏季土壤发生淋溶，易溶盐、碳酸钙、石膏弱度淋移，分层累积 15～30 cm 处。碳酸钙含量可达 120～250 g/kg。石膏含量可达 25 g/kg，尚可在底部见易溶盐累积，含量可达 10 g/kg。pH＝8.5～9.0，表层初显结皮
漠土	干温漠土	灰漠土	温带漠境地区初显石灰表聚及易溶盐与石膏分层累积的土壤。地表有明显结皮层，下为淡棕色片状土层，含砾石。石灰表聚外，尚可见深层积钙，pH 大于 8.0，表层有机质累积弱且层薄，含量仅 6～15 g/kg
		灰棕漠土	温带极端干旱环境下砾质化明显的土壤。地表见砾幂及褐色结皮，亦见干面包状结皮，石灰表聚，下见纤维状石膏聚积，亦见铁质黏化现象。有机质含量少于 5 g/kg，且土层甚薄。铁铝结合的胡敏酸，多于钙结合者；而铁铝结合的富啡酸少于钙结合者是本土类特征
	干暖温漠土	棕漠土	暖温带极端干旱条件下，具有明显盐磐的漠土，常与砾质戈壁共存。植被率极低，且矮小。土壤石灰、石膏、易溶盐分层聚积地表，见孔状结皮、砾幂、黑结皮，多砾石，结皮层下见红棕或玫瑰色铁染色层。下为石膏，再下为盐磐层。整个土层不足 50 cm，结皮层以下碳酸钙含量为 60～110 g/kg，石膏含量为 300～550 g/kg，盐磐层含盐量可达 300～600 g/kg，盐磐层的存在是棕漠土的重要特征

续表

土　纲	亚　纲	土　类	土壤特征
初育土	土质初育土	黄绵土	暖温带半湿润和温带半干旱、干旱环境下，由黄土母质直接耕翻形成的初育土。由于土壤侵蚀严重，表层耕层长期遭侵蚀，只得加深耕作黄土母质层，因而母质特性明显，为A-C型土。由于风成黄土富含细粉粒，质地、结构均一，疏松绵软，富含石灰，磷钾储量较丰，但有效性差。土壤有机质缺乏，含量仅5 g/kg左右，速效磷含量35 mg/kg
		红黏土	第三纪及部分第四纪红色黏土形成的母质性状明显的初育土。其黏粒含量高，塑性强，生物作用微弱，母质特性明显，pH = 7～8，部分为5～6，有时夹有砂姜
		新积土	新近冲积、洪积、坡积、塌积、海潮沉积或人工堆垫而成的土壤。成土期短，母质特性明显，属A-C型或（A）-C型土。因物质来源复杂，土壤理化性质变异大
		龟裂土	干旱漠境地区大型沙丘间较开阔平坦地段，质地黏重，表层为不规则龟裂结皮，其下具有碱化或似碱化特征的土壤。土壤通体呈碱性，具有不同程度的盐渍化，石膏含量较低，不超过40 g/kg，碳酸钙含量为60～220 g/kg
		风沙土	干旱、半干旱漠境地区及滨海地区，风沙移动堆积形成的多种形态的风沙沉积物上发育的初育土。由于成土时间短暂，无剖面发育，属C型，（A）-C型及A-C型土，反映了风沙流动堆积与固定的不同阶段。风沙土通体为松散的中细砂，黏粒含量极低，质地类型限于砂土或壤质砂土，一般无碳酸钙和易溶盐的淋淀，中性至微碱性，并具反复堆积的特征
	石质初育土	石灰（岩）土	热带、亚热带石灰岩山区，经溶蚀风化，形成厚薄不同的钙饱和或含游离钙的土壤。碳酸盐淋溶明显，但淋溶程度不一；多黏土，富含钙质或铁质胶结物。风化程度不一，盐基饱和度高，中性至微碱性。土壤有机质含量及胶结状态有较大差异
		火山灰土	由火山喷发碎屑物和尘状火山灰堆积物发育而成，玄武岩等固结岩风化物亦可形成此土。剖面发生层分异小，色泽差异大，母质特征明显，呈A-C构型。多由灰黑色及暗褐色等疏松多孔的玻璃质熔岩块叠置而成，表层有机质含量较高，可达100 g/kg以上，往下明显降低。无泥炭化特征。火山灰土较深厚，细粉砂和粗粉砂含量高，富含浮岩碎块。孔隙率高达50%～80%，容重 $< 1\ g/cm^3$。土壤阳离子交换量 > 25 cmol（+）/kg，交换性盐基以钙镁为主，盐基饱和，土壤pH = 6～7
		紫色土	热带、亚热带紫红色岩层直接风化形成的A-C型土壤。其理化性状与母岩直接相关，土层较薄，剖面层次发育不明显，仍为初育阶段。由于母岩富含矿质养分，且风化迅速，不失为肥沃的土壤
		磷质石灰土	热带珊瑚礁岛上，在茂密植被和海鸟频繁活动下形成富含石灰和磷素的土壤
		粗骨土	各种基岩风化残、坡积物形成的一类石砾含量 > 50%（按体积计）的A-C型，甚至（A）-C型土壤。浅薄的A层之下即为含石砾的土状母质层，甚少剖面分异与发育特征。A层略显有机质累积
		石质土	裸露岩层新风化残积物直接发育、富含砾石的薄层A-R型初育土。A层厚度 < 10 cm，岩石碎屑为30%～50%，以下为未风化母岩层

续表

土　纲	亚　纲	土　类	土壤特征
半水成土	暗半水成土	草甸土	沉积物受地下水浸润并在草甸植被下发育的土壤，具有腐殖质层及锈色斑纹层。A-Cu 或 A-C-Cu 构型
	淡半水成土	潮土	近代河流冲积平原或低平阶地，受地下水影响，底土氧化还原作用交替，形成锈色斑纹层；长期耕作，形成旱耕层，甚至还有亚耕层，有机质含量为 10～15 g/kg，剖面为 A11-A12-Cu 或 A11-C-Cu 构型
		砂姜黑土	河湖沉积物经脱沼与长期耕作形成的土壤，具有早期沼泽草甸成土作用的残余特征。剖面自上而下为耕作层、黑土层、黄棕色过渡层、砂姜黄土层或砂姜层。底土砂姜层见面砂姜；砂姜瘤与砂姜磐，系早期形成物残存。土壤质地相对黏重
		林灌草甸土	漠境地区和干旱地区平原河流两岸及扇缘地下水溢出带，以胡杨林占优势的林灌草丛下形成的土壤，具有 Ao-A1-AC-C 构型。有机质累积明显，在氧化还原交替作用下形成铁锈斑纹，有盐化作用，易溶盐含量为 5～10 g/kg，普遍含有苏打成分；碳酸钙含量为 140～200 g/kg，pH = 7.8～8.8
		山地草甸土	热带、亚热带和暖温带中山顶部及缓坡在山地顶部草甸或灌丛草甸植被下形成的、具薄层草皮层（As）及锈色斑纹或络合铁锰胶膜层的薄层土壤，为 As-A-C-D 构型
水成土	矿质水成土	沼泽土	长期或季节性积水，喜湿植被生长，有机质累积明显，还原作用强烈，形成潜育层的土壤
	有机水成土	泥炭土	具有厚度大于 50 cm 的泥炭层，其下为潜育层的土壤。具有 H-G 构型。泥炭层分解程度不一，尚可见腐泥层及多种有机质累积
盐碱土	盐土	草甸盐土	半湿润至半干旱地区，高矿化地下水经毛细管作用上升地表，盐分累积 > 6 g/kg 的土壤，具有 Az-C 构型，其易溶盐组成中所含的氯化物与硫酸盐比例有差异
		滨海盐土	滨海沉积物在海潮或高浓度地下水作用下形成的通体含以氯化物为主的可溶盐的土壤，分布于沿海一带，呈 Az-Cz 土体构型。滨海盐土和地下水的盐分组成与海水基本一致，氯盐占绝对优势，次为硫酸盐和重碳酸盐；以钠、钾离子为主，钙、镁次之。土壤表层含盐量 > 6 g/kg，地下水矿化度多在 10～30 g/L，土壤积盐强度随距海由远至近、从南到北而逐渐增强。土壤 pH = 7.5～8.5，长江以北的土壤富含游离碳酸钙
		酸性硫酸盐土	热带、亚热带滨海红树林植被下形成的具有硫化物和硫酸盐累积的强酸性盐土，具有 A-Gsu 构型，红树林植物体富内含硫，以残体形式大量归还土壤，还原条件下形成大量黄铁矿等硫化物，可见黄钾铁矾矿 $[KFe_3(SO_4)_2(OH)_6]$；氧化条件下，黄铁矿（FeS_2）氧化成硫酸铁和硫酸，使土壤呈强酸性，pH 可低至 2.8
		漠境盐土	极端干旱的漠境条件下，土壤水分遭受强烈蒸发，盐分表聚，甚少淋洗，盐分大量分层累积的盐土。可形成盐壳与盐磐，含盐量通常在 100 g/kg 以上，甚至达 500 g/kg 以上。也有由于山洪带来的盐分在谷口外大量累积，还有古积盐土体的残存
		寒原盐土	高原温带、亚寒带干旱、半干旱气候条件下，退缩内陆湖盆、河间洼地及温泉附近，大量盐分累积形成的盐土。除一般盐分离子外，尚可见硼酸盐
	碱土	碱土	土壤吸收性复合体中，交换性钠离子达 20% 以上，pH > 9 的强碱性土壤。土壤易溶性盐一般不超过 5 g/kg。由于土壤黏粒下移累积，表层质地变轻，且见蜂窝状孔隙。碱化层黏化，并可出现不良结构，干时坚实板结，湿时泥泞

续表

土　纲	亚　纲	土　类	土壤特征
人为土	人为水成土	水稻土	长期季节性淹灌水耕或水旱耕条件下，母质或母土发生周期性氧化还原交替和物质淋溶淀积，导致出现一系列新的土壤发生层和土体构型的土壤。原来母质或母土的特性有重大的改变，自上而下可依次出现淹育层（Aa）、犁底层（Ap）、渗育层（P）、潴育层（W）、脱潜层（Gw）与潜育层（G）等多种发生层
	灌耕土	灌淤土	干旱与半干旱地区长期引用高泥沙含量灌溉水淤灌，灌水落淤与耕作施肥交叠作用下，形成厚度 > 50 cm 灌淤土层的土壤。淤灌与耕翻从根本上改变了原来土壤的层次，形成的灌淤层深厚均匀，其下原来的表土及其他土层变为埋藏层
		灌漠土	干旱荒漠及荒漠草原地带，引用清水灌溉，经长期灌溉形成较肥沃耕层，而无明显灌淤层的土壤。经长期耕灌后，从根本上改变了土壤的水分与养分状态。表土层中有机质累积可达 10～30 g/kg。土壤中原来上升累积的盐分发生向下淋移，石灰与石膏也有下淋现象
高山土	湿寒高山土	草毡土	原称高山草甸土。高原寒带半湿润气候和高寒草甸植被下发育的强度生草腐殖质积累和弱度氧化还原特征的高山土壤。蒿草根累积，弱度分解，呈草毡状。土体滞水，冻融交替，弱度氧化还原交互进行，造成氧化铁微弱游离
		黑毡土	原称亚高山草甸土。高原亚寒带湿润、半湿润气候和高寒草甸植被下发育的具强度生草腐殖质积累和弱度氧化还原特征的高山土壤。青藏高原高寒略较温湿的原面上，蒿草与杂生草类的草毡层初步分解，形成暗色初步腐殖化的草根盘结层。色泽较暗，有机质含量较高，可达 100～150 g/kg，底土见锈色纹斑，土壤 pH = 6.5～8.0
	半湿寒高山土	寒钙土	原称高山草原土。高原寒带半干旱区稀疏草原植被条件下形成的具有弱腐殖质积累和底层积钙的高山土壤。有机质层厚 15 cm，含量为 10～30 g/kg，碳酸钙含量为 50～120 g/kg，上部低，下部高，土壤 pH = 7.5～8.5
		冷钙土	原称亚高山草原土。高原亚寒带半干旱地区草原植被下发育的弱腐殖质积累和钙积作用的高山土壤。有机质含量为 15～30 g/kg，碳酸钙含量为 50～200 g/kg，呈斑点状或脉络状，且含少量易溶盐与石膏，土壤 pH = 7.5～8.5
		冷棕钙土	原称山地灌丛草原土。高原温带半干旱谷地、稀疏灌丛植被下，弱腐殖质积累和弱度淋溶与钙积的土壤。生长灌丛草原，有机质含量为 10～30 g/kg。钙积层位于中下部，厚 30～50 cm，碳酸钙含量为 20～60 g/kg，土壤 pH = 7.5～8.5，多耕种，一年一熟
	干寒高山土	寒漠土	原称高山漠土，高寒干旱地区荒漠植被下发育的腐殖质积累弱、易溶盐-石膏和碳酸盐积累明显、土壤砾砂化并形成砾幂及漆皮的高山土壤，土壤 pH = 7.8～9.0
		冷漠土	原称亚高山漠土。亚高山干寒荒漠植被下发育的无腐殖质层发育、有薄层孔状结皮、表层碳酸钙和石膏积累明显、富含砾石、砾幂普遍的高山土壤。表层有机质含量在 10 g/kg 左右，亚表土黏粒略有增加，易溶盐、石膏见于剖面下部，土壤 pH = 8.0～8.5
	寒冻高山土	寒冻土	原称高山寒漠土。高山冰雪带下缘，寒冻物理风化为主，弱生物累积，土层薄，含石砾多，仅在岩屑中见少量细土物质堆积，生长稀疏垫状植物及雪莲的土壤。是分布位置最高的高山土壤。土壤 pH = 7.0～8.5，有的有石灰反应

注：土纲、亚纲、土类名称摘自《中国土壤分类与代码》（GB/T 17296—2009），土壤特征摘自《中国土壤》（1998）。

附录B 凉山州土壤不同分类、分级表

根据土壤分类的原则和依据、土壤命名的方法，在野外调查，化验分析，评土比土，消除同名异土、同土异名的基础上，将凉山州土壤分为 21 个土类、47 个亚类、74 个土属、121 个土种。土壤分类系统见表 B1。土壤质地分类见表 B2，土壤容重分级见表 B3，土壤总孔隙度分级见表 B4。

表 B1 凉山州土壤分类系统表

土类					亚类			
代号	名称	面积/km^2	占总面积比例/%	占自然土壤比例/%	代号	名称	面积/km^2	占土类比例/%
02	潮土	47.4	0.08	0.09	021	灰潮土	14.56	30.71
					022	紫潮土	10.38	21.91
					023	黄红潮土	17.89	37.73
					024	棕潮土	4.57	9.65
03	新积土	41.59	0.07	0.08	031	新积土	29.69	71.38
					032	石灰性新积土	11.9	28.62
04	紫色土	6 932.17	11.48	13.50	041	酸性紫色土	5 260.93	75.89
					042	中性紫色土	504.4	7.28
					043	石灰性紫色土	1 166.86	16.83
05	赤红壤				051	赤红壤		
06	红壤	8 739.5	14.47	17.02	061	山原红壤	3 039.96	34.78
					062	黄红壤	4 149.9	47.48
					063	棕红壤	1 259.63	14.41
					064	粗骨红壤	290.02	3.32
07	黄壤	1 613.4	2.67	3.14	071	黄壤	1 566.9	7.12
					072	粗骨黄壤	46.5	2.88
08	燥红土	470.74	0.78	0.92	081	红褐土	470.74	100
09	红色石灰土	1 556.73	2.58	3.03	091	红色石灰土	1 241.08	79.72
					092	淋溶红色石灰土	315.65	20.28
10	黑色石灰土	404.2	2.58	0.79	101	黑色石灰土	149.5	36.99
					102	棕色石灰土	111.63	27.62
					103	黄色石灰土	143.07	35.39
11	褐土	939	1.56	1.83	111	褐土	681.46	72.57
					114	燥褐土	256.23	27.29
					115	暗褐土	1.31	0.14

续表

土类					亚类			
代号	名称	面积/km^2	占总面积比例/%	占自然土壤比例/%	代号	名称	面积/km^2	占土类比例/%
12	黄棕壤	8 229.8	13.63	16.02	121	黄棕壤	7 329.16	89.06
					122	黄褐土	513.74	6.24
					123	粗骨黄棕壤	386.89	4.70
13	棕壤	7 578.21	12.55	14.76	131	棕壤	7 435.56	98.12
					133	粗骨棕壤	142.65	1.88
14	暗棕壤	8 676.86	14.37	16.89	141	暗棕壤	7 821.83	90.15
					142	白浆化暗棕壤	855.03	9.85
15	棕色针叶林土	865.36	1.43	1.68	151	棕色针叶林土	241.83	27.95
					152	灰化棕色针叶林土	606.25	70.05
					153	白浆化棕色针叶林土	17.28	2.00
16	沼泽土	94.63	0.16	0.18	162	腐泥沼泽土	91.29	96.47
					163	草甸沼泽土	3.34	3.53
17	泥炭土	454	0.01	0.01	171	泥炭土	4.54	100
19	山地草甸土	765.07	1.49	1.49	191	山地草甸土	765.07	100
21	亚高山草甸土	3 387.18	1.27	6.60	211	亚高山草甸土	1 144.45	33.79
					212	亚高山灌丛草甸土	2 242.73	66.21
22	高山草甸土	920.28	1.52	1.79	221	高山草甸土	920.28	100
23	高山寒漠土	91.18	0.15	0.18	231	高山寒漠土	91.18	100

注：资料来源于凉山州第二次全国土壤污染调查。

表 B2 凉山州土壤质地分类表

质地		砂壤	轻壤	中壤	重壤	黏土
有机质	平均值/%	2.83	3.16	3.29	3.35	3.06
	变异系数	45.7	56.6	62.6	60.3	22.2
	样本数	2	13	38	49	14
阳离子代换量/(mg/100 g 土)	平均值/%	12.65	16.85	18.46	23.68	27.24
	变异系数	72.8	58.2	39	33.4	22.8
	样本数	2	14	39	49	15
全氮	平均值/%	0.153	0.158	0.165	0.174	0.154
	变异系数	48.1	53.2	58.8	52.7	14.9
	样本数	2	14	40	50	15

续表

质　地		砂壤	轻壤	中壤	重壤	黏土
碱解氮	平均值/×10^{-6}	118	129	130	142	126
	变异系数	14.4	53.5	46.9	41.2	22.2
	样本数	2	14	38	49	15
速效磷	平均值×10^{-6}	24	12	12.7	11.2	11
	变异系数	76.6	71.6	56.7	59.0	65.4
	样本数	2	13	38	49	15
速效钾	平均值×10^{-6}	100	112.2	119.6	145.8	144.1
	变异系数		96.2	49.1	49.4	36.4
	样本数	1	12	40	47	13

注：资料来源于凉山州第二次全国土壤污染调查。

表 B3　凉山州土壤容重分级表

项　目	一	二	三	四	五	六	七	八
土壤容重/(g/cm³)	< 1.00	1.00 ~ 1.10	1.10 ~ 1.15	1.15 ~ 1.20	1.20 ~ 1.25	1.25 ~ 1.30	1.30 ~ 1.40	> 1.40
耕地面积/km²	805.07	248.26	34.27	417.82	427.02	1 042.49	2 080.46	1 090.99
占耕地比例/%	13.10	4.04	0.55	6.80	6.95	16.96	33.85	17.75
田面积/km²	—	41.45	15.75	203.97	136.29	252.37	434.44	71.99
占田比例/%	—	3.58	1.36	17.64	11.79	21.83	37.57	6.23
旱地面积/km²	805.07	206.81	18.52	213.85	290.73	790.12	1 646.02	1 019
占旱地比例/%	16.13	4.14	0.37	4.29	5.83	15.83	32.99	20.42

注：资料来源于凉山州第二次全国土壤污染调查。

表 B4　凉山州土壤总孔隙度分级表

项目	一	二	三	四	五	六	七	八
总孔隙度/%	> 60.95	57.65 ~ 60.95	56.00 ~ 57.65	54.35 ~ 56.00	52.70 ~ 54.35	51.05 ~ 52.70	47.75 ~ 51.05	< 47.75
耕地面积/km²	808.09	243.56	16.24	392.82	630.64	1 113.36	1 881.19	1 060.46
占耕地比例/%	13.15	3.96	0.26	6.39	10.26	18.12	30.61	17.25
田面积/km²	3.02	40.96	16.24	216.7	175.19	253.34	390.24	60.18
占田比例/%	0.26	3.54	1.40	18.75	15.15	21.95	33.75	5.20
旱地面积/km²	805.07	202.61	—	176.12	455.45	859.63	1 490.95	1 000.28
占旱地比例/%	16.12	4.06	—	3.53	9.13	17.23	29.88	20.05

注：资料来源于凉山州土壤调查报告。

附录C　土壤学中常用法定计量单位的表达式

表 C1　土壤学中常用法定计量单位的表达式

量的名称及符号	法定计量单位	非标准的量或单位	备　注
质量 m	千克（kg）、克（g）、毫克（mg）、微克（μg）	重量	
物质B的浓度，B物质的量浓度 c_B	摩尔每升（$mol \cdot L^{-1}$）	当量浓度 N	物质B的浓度：B物质的量除以混合物的体积，即 $c_B = n_B \cdot V^{-1}$；当量浓度：用1L溶液中所含溶质的克当量数来表示的溶液浓度，用符号 N 表示。一当量为得失一个电子当量浓度＝物质的量浓度/化合价
物质B的质量分数 ω_B	克每千克（$g \cdot kg^{-1}$）、毫克每千克（$mg \cdot kg^{-1}$）、微克每千克（$\mu g \cdot kg^{-1}$）	质量百分数（%）、毫克百克（mg/100 g）、百万分之一（ppm）、十亿分之一（ppb）	物质B的质量分数：B的质量与混合物的质量之比，即 $\omega_B = m_B \cdot m^{-1}$ $1\ ppm = 10^{-6}$ $1\ ppb = 10^{-9}$
物质B的质量浓度，ρ_B	千克每立方米（$kg \cdot m^3$）、克每升（$g \cdot L^{-1}$）、毫克每升（$mg \cdot L^{-1}$）、微克每升（$\mu g \cdot L^{-1}$）	质量浓度	B的质量浓度：B的质量除以混合物的体积，即 $\rho_B = m_B / V$
溶质B的质量摩尔浓度 b_B	摩尔每千克（$mol \cdot kg^{-1}$）、摩尔每克（$mol \cdot kg^{-1}$）、毫摩尔每克（$mmol \cdot g^{-1}$）	质量克分子浓度 质量摩尔浓度	溶质B的质量摩尔浓度：溶液中溶质B的物质的量除以溶剂A的质量，即 $b_B = n_B / m_A$
阳离子交换量CEC	厘摩尔每千克（$cmol \cdot kg^{-1}$）	毫克当量每百克（meq/100 g）	克当量=相对原子质量/化合价 $1\ cmol \cdot kg^{-1} = 1\ meq/100\ g$
面积 A	公顷（hm^2）、平方米（m^2）	亩	$1\ hm^2 = 15$ 亩 1 亩 $= 666.667\ m^2$
密度 ρ	千克每立方米（$kg \cdot m^{-3}$）、克每立方厘米（$g \cdot cm^{-3}$）		密度：质量除以物质所占的体积，即 $\rho = m / V$
相对密度 d		比重（d）	相对密度：在给定条件下，某一物质的密度 ρ_1 与另一参考物质的密度 ρ_2，在指明此两种物质所处状态下的比，即 $d = \rho_1 / \rho_2$；比重：是某物质的密度与4 °C纯水密度 $1\ g \cdot cm^{-3}$ 的比值
容重（土壤密度）	克每立方厘米（$g \cdot cm^{-3}$）		
相对原子质量 A_r		原子量（A、A_W）	

续表

量的名称及符号	法定计量单位	非标准的量或单位	备　注
相对分子质量 M_r		分子量（M、M_W）	
摩尔质量 M_B	千克每摩尔（$kg \cdot mol^{-1}$）、克每摩尔（$g \cdot mol^{-1}$）	克分子量、克原子量、克当量	
长度 l、L	米(m)、厘米(cm)、毫米（mm）、微米（μm）		
摄氏温度 t、θ	摄氏度（°C）		
体积 V	升（L）		$1\ L = 1\ dm^3 = 10^{-3}\ m^{-3}$
时间 t	秒（s）、分（min）、时（h）、天（d）		1 min = 60 s；1 h = 60 min = 3 600 s；1 d = 24 h = 86 400 s
速度 v	米每秒（$m \cdot s^{-1}$）		
压力和压强 p	帕斯卡（Pa）	巴（bar）、标准大气压（atm）、毫米汞柱（mmHg）	1 atm = 101.325 kPa；1 mmHg = 133.322 Pa；$1\ bar = 10^2\ kPa$

注：非标准的量或单位目前已不再使用。

参考文献

[1] 马献发. 土壤学实验[M]. 北京：中国林业出版社，2020.

[2] 迟春明，卜东升，张翠丽. 土壤学实验与实习指导[M]. 成都：西南交通大学出版社，2016.

[3] 胡慧蓉，王艳霞. 土壤学实验指导教程[M]. 北京：中国林业出版社，2020.

[4] 卢树昌. 土壤肥料学实验教程[M]. 北京：中国农业出版社，2019.

[5] 鲍士旦. 土壤农化分析[M]. 北京：中国农业出版社，2000.

[6] 卢树昌. 环境土壤学实验指导书[M]. 天津：天津农学院. 2011.

[7] 卢树昌，桂枝，王小波. 土壤肥料学实验指导书[M]. 天津：天津农学院，2015.

[8] 张甘霖，龚子同. 土壤调查实验室分析方法[M]. 北京：科学出版社，2012.

[9] 林先贵. 土壤微生物研究原理与方法[M]. 北京：高等教育出版社，2010.

[10] 黄昌勇. 土壤学[M]. 北京：中国农业出版社，2000.

[11] 刘光崧. 土壤理化分析与剖面描述[M]. 北京：中国标准出版社，1996.